5G网络规划设计技术丛书　　　　华信咨询设计研究院专家团队

5G网络深度覆盖技术基础解析

李益锋　于江涛　王晓军　刘华春　余　毅　陈明华◎编著

人民邮电出版社

北　京

图书在版编目（CIP）数据

5G网络深度覆盖技术基础解析 / 李益锋等编著. --
北京 : 人民邮电出版社，2023.6
（5G网络规划设计技术丛书）
ISBN 978-7-115-61593-0

Ⅰ. ①5… Ⅱ. ①李… Ⅲ. ①第五代移动通信系统－
研究 Ⅳ. ①TN929.538

中国国家版本馆CIP数据核字(2023)第062168号

内 容 提 要

本书首先概要分析了移动通信和室内分布系统的发展历程，阐述了室内分布系统覆盖的重要性及5G室内分布系统建设的难点，并对5G业务进行了深入解析，对5G网络的室内分布系统进行分类，并对各类室内分布系统的结构、优劣及适应场景进行了分析说明，同时，介绍了室内分布系统的信源，并重点介绍了室内分布系统的有源器件、无源器件、天线、馈线、漏泄电缆和连接器以及相关参数。然后，本书从室内分布系统的建设原则开始详细分析了室内分布系统建设的流程、勘察、模测、容量设计、室内传播模型及矫正、链路预算，天馈线的布局及方案设计、系统仿真、小区规划、切换、电源设计等。最后，本书介绍了室内分布系统的验收、工程管理、共建共享及室内分布系统的安全管理。

本书适合从事 5G 室内分布系统规划设计、工程管理的技术人员使用，同时本书也可以作为通信及电子类专业的大学生或其他相关技术人员的参考书。

◆ 编　　著　李益锋　于江涛　王晓军
　　　　　　　刘华春　余　毅　陈明华
　　责任编辑　刘亚珍
　　责任印制　马振武

◆ 人民邮电出版社出版发行　　北京市丰台区成寿寺路 11 号
　　邮编　100164　电子邮件　315@ptpress.com.cn
　　网址　https://www.ptpress.com.cn
　　固安县铭成印刷有限公司印刷

◆ 开本：787×1092　1/16
　　印张：18.75　　　　　　　2023 年 6 月第 1 版
　　字数：387 千字　　　　　2023 年 6 月河北第 1 次印刷

定价：149.80 元

读者服务热线：(010)81055493　印装质量热线：(010)81055316
反盗版热线：(010)81055315
广告经营许可证：京东市监广登字 20170147 号

编委会

序 PREFACE

当前，第五代移动通信技术（5th Generation Mobile Communication Technology，5G）已日臻成熟，国内外各大主流电信运营商积极准备 5G 网络的演进升级。促进 5G 产业发展已经成为国家战略，我国政府连续出台相关文件，加快推进 5G 商用，加速 5G 网络建设进程。5G 和人工智能、大数据、物联网及云计算等的协同融合成为信息化新时代的引擎，为消费互联网向纵深发展注入后劲，为工业互联网的兴起提供新动能。

作为信息社会通用基础设施，当前国内 5G 产业建设和发展如火如荼。在网络建设方面，5G 带来的新变化、新问题需要不断地探索和实践，尽快找出解决办法。在此背景下，在工程技术应用领域，亟须加强针对 5G 网络技术、网络规划和设计等方面的研究，为 5G 大规模建设做好技术支持。"九层之台，起于累土"，规划建设是网络发展之本。为抓住机遇，迎接挑战，做好 5G 建设工作，华信咨询设计研究院有限公司组织编写了系列丛书，为 5G 网络规划建设提供参考和借鉴。

本书作者工作于华信咨询设计研究院有限公司，长期跟踪移动通信技术的发展和演进，一直从事移动通信网络规划设计工作。作者已出版有关 3G、4G 网络规划、设计和优化的图书，也见证了 5G 移动通信标准诞生、萌芽、发展、应用的历程，参与了 5G 试验网的规划设计，积累了 5G 技术和工程建设方面的丰富经验。本书有助于工程设计人员更深入地了解 5G 网络，更好地进行 5G 网络规划和工程建设。

中国工程院院士

郭桂蓉

前言 FOREWORD

随着移动通信技术的不断发展,近年来,移动网络制式不断演进、智能手机高度普及,基于无线通信的应用程序大量涌现。用户不仅对室外无线通信有较高的体验要求,而且对室内环境中的无线通信质量也提出了更高的要求。这是由于现代生活中的信息化程度越来越高,而与生产、交流及日常生活相关的活动大多数是在室内环境中发生的,所以室内无线覆盖的优劣日益受到重视,特别是进入"万物互联"的5G时代。相关研究结果表明,70%以上的话务量和80%以上的数据业务量都是在室内场景发生的。因此,为了满足人们室内通信日益增长的需求和不断提升用户感知,搭建优质的室内覆盖环境、增强室内场景的无线覆盖质量具有非常重要的意义。

国内的几大电信运营商,5G网络通过四期工程的建设,室外网络基本完成了重点乡镇及行政村以上的连续覆盖。为了进一步提升5G网络的覆盖,深度覆盖成为重中之重,而深度覆盖主要集中于室内分布系统的建设。本书是华信咨询设计研究院"5G网络规划设计技术丛书"中关于5G深度覆盖技术系列书之一,另外一本为《5G网络深度覆盖技术实战进阶》。本书基于当前阶段的5G网络建设,结合5G室内分布系统实际工作情况,首先对5G室内分布系统的组成架构进行了分类,然后全面详细地分析了室内分布系统规划设计的整体思路、方法和设备器件的选择,并对5G网络室内分布系统规划设计进行了全方位解析,同时,还对室内分布的验收、工程建设管理、安全管理进行了深入探讨。

本书共有7章。第1章概述了当前移动通信和室内分布系统的总体发展趋势和重要性,解析了5G网络的相关业务分类及典型业务,并对当前室内分布系统的现状和5G室内分布系统建设的挑战进行了分析。

第 2 章立足于室内分布系统的结构特征，按照有无源、信源、传输媒介对室内分布系统进行了分类，并对按有无源分类的传统无源分布系统、漏泄电缆分布系统、微型射频拉远单元（Pico Remote Radio Unit，PRRU）分布系统、皮基站分布系统、光纤分布系统和移频多输入多输出（Multiple-Input Multiple-Output，MIMO）分布系统进行了详细的描述。

第 3 章系统地介绍了无源室内分布系统中使用的器件材料，涵盖了室内分布信源、室内分布无源器件、室内分布有源器件、室内分布天线、馈线、漏泄电缆以及连接器。

第 4 章阐述了室内分布系统方案的全过程规划设计思路，介绍了室内分布系统的规划设计原则和工作流程，提出了室内分布系统的勘察及模拟测试的要求，并对室内分布系统的容量设计、室内传播模型及矫正、室内分布系统链路预算、天馈线布局设计、分布系统方案设计及仿真、5G 室内分布系统的小区规划、电源设计以及先进设计工 / 器具的使用方法和特点进行了分析和探讨。

第 5 章详细描述了 5G 室内分布系统的验收，主要分析了室内分布系统工程施工工艺检查、无线网络的性能验收、验收流程以及工程的初验和终验的相关要求。

第 6 章主要分析了室内分布系统的工程建设管理，分别就室内分布工程全过程管理、5G 室内分布系统施工建设要求、5G 室内分布系统共建共享管理和 5G 室内分布系统节能管理进行了分析。

第 7 章主要介绍了 5G 室内分布系统安全管理，5G 室内分布系统安全管理包括安全生产管理、5G 网络安全的挑战和要求，以及 5G 网络安全管理三大领域。

本书由华信咨询设计研究院的李益锋、于江涛、王晓军、刘华春、余毅、陈明华共同编著。其中，李益锋编写了第 2 ～ 4 章，并对全书进行统稿和资料收集整理；于江涛编写了第 1 章；王晓军编写了第 6 章；刘华春、余毅共同编写了第 5 章；陈明华编写了第 7 章。

本书在编写的过程中，得到华信咨询设计研究院多位领导和同事的大力支持，特别是李虓江博士的鼎力相帮，在此表示衷心感谢！同时，也向张建国、金超、贾帆、陶昕、徐曦晟等同人表示感谢！另外，本书还得到中国电信浙江分公司的支持和帮助，参考了许多学者的专著和研究论文，在此一并感谢！

本书紧密结合实际工程中遇到的问题和实地调研中应用的数据，达到理论联系实践的目的，使读者能在较短的时间内快速有效地了解和把握 5G 室内分布系统的规划设计、优化维护和工程管理工作，以及充分了解新技术、接触新理念。本书适合从事 5G 室内分布系统规划设计、工程管理的技术人员使用，同时本书也可以作为通信及电子类专业的大学生或其他技术人员的参考书。

由于编著者水平有限，编写时间仓促，加之技术发展日新月异，书中难免有疏漏不妥之处，敬请广大读者批评指正。

编著者

2023 年 2 月于杭州

目录 CONTENTS

第1章　5G室内分布系统概述

1.1　移动通信发展总体概述 / 2

1.2　室内分布系统的发展历程 / 4

1.3　室内分布系统建设的重要性 / 6

1.4　室内覆盖的解决思路 / 7

1.5　5G业务解析 / 8

　　1.5.1　5G业务分类 / 9

　　1.5.2　5G典型业务解析 / 11

1.6　5G室内分布系统的现状 / 15

　　1.6.1　覆盖能力差 / 15

　　1.6.2　材质损耗增加 / 17

　　1.6.3　带宽不匹配 / 18

　　1.6.4　通道数不足 / 19

　　1.6.5　器件天线不支持 / 20

　　1.6.6　有源设备改造困难 / 21

第2章　5G室内分布系统分类及其结构

2.1　室内分布系统简介 / 24

2.2　5G室内分布系统分类 / 25

2.3　无源分布系统结构 / 28

　　2.3.1　传统无源分布系统的结构 / 28

　　2.3.2　漏泄电缆分布系统的结构 / 29

2.4　有源分布系统的结构 / 31

　　2.4.1　PRRU分布系统的结构 / 31

　　2.4.2　皮基站分布系统的结构 / 34

　　2.4.3　光纤分布系统的结构 / 36

　　2.4.4　移频MIMO分布系统的
　　　　　　结构 / 39

2.5　分布系统的结构小结 / 41

第3章　室内分布系统器件

3.1　室内分布系统器件概述 / 44

3.2　室内分布系统信源 / 44

　　3.2.1　宏蜂窝基站 / 45

　　3.2.2　微蜂窝基站 / 45

3.2.3 分布式基站 / 46

3.2.4 直放站 / 47

3.3 有源器件和无源器件 / 49

3.4 有源器件 / 49

3.4.1 干线放大器 / 49

3.4.2 GNSS中继放大器 / 51

3.5 无源器件 / 53

3.5.1 信号强度的计算单位 / 53

3.5.2 合路器 / 55

3.5.3 功分器 / 57

3.5.4 耦合器 / 59

3.5.5 电桥 / 62

3.5.6 衰减器 / 64

3.5.7 负载 / 65

3.6 POI / 66

3.7 5G室内分布系统天线 / 68

3.7.1 天线的相关指标 / 68

3.7.2 室内分布系统天线的选用 / 73

3.7.3 全向吸顶天线 / 73

3.7.4 定向吸顶天线 / 74

3.7.5 定向壁挂式天线 / 75

3.7.6 对数周期天线 / 76

3.7.7 贴壁天线 / 76

3.8 馈线 / 77

3.8.1 馈线的基本概念 / 77

3.8.2 馈线的命名规则 / 78

3.8.3 馈线的主要性能指标 / 79

3.8.4 馈线的截止频率 / 80

3.9 漏泄电缆 / 81

3.9.1 漏泄电缆的原理 / 81

3.9.2 漏泄电缆的命名规则 / 82

3.9.3 漏泄电缆的主要性能指标 / 83

3.9.4 漏泄电缆的截止频率 / 85

3.9.5 广角漏泄电缆 / 85

3.9.6 非线性损耗漏泄电缆 / 88

3.10 连接器 / 91

第4章 室内分布系统规划设计

4.1 室内分布系统设计总体原则 / 98

4.1.1 室内分布系统工程设计原则 / 98

4.1.2 电信运营商的频率使用情况 / 99

4.1.3 中国移动网络技术指标 / 99

4.1.4 中国联通网络性能要求 / 102

4.1.5 中国电信网络性能要求 / 107

4.2 室内分布系统设计总体流程 / 110

4.2.1 确定需要覆盖的楼宇 / 111

4.2.2 初期的物业协调 / 112

4.2.3 建筑物的图纸获取 / 112

4.2.4 初勘 / 112

4.2.5 初审 / 113

4.2.6 精勘与模测 / 113

4.2.7 方案设计 / 114

4.2.8 方案评审 / 114

4.2.9 设计变更 / 115

4.2.10 工程建设 / 115

4.2.11 系统验收 / 116

4.3 室内分布系统的勘察 / 116

4.3.1 室内勘察的准备工作 / 116

4.3.2 室内无线环境勘察 / 117

4.3.3 室内施工条件勘察 / 119

4.4 模拟测试 / 123

4.5 室内分布系统容量设计 / 127

4.5.1 室内分布系统容量设计
简介 / 127

4.5.2 室内分布系统容量计算 / 127

4.5.3 5G室内分布系统容量
计算 / 129

4.6 室内传播模型 / 131

4.6.1 室内无线环境的特点 / 131

4.6.2 室内传播经验模型 / 132

4.7 室内传播模型的矫正 / 137

4.7.1 自由空间路径损耗的
测试分析 / 139

4.7.2 材料穿透损耗测试分析 / 140

4.7.3 阴影衰落余量分析 / 140

4.8 室内分布系统链路预算 / 140

4.8.1 室内环境传播模型 / 141

4.8.2 室内分布系统覆盖能力
分析 / 141

4.9 天线和馈线布局设计 / 143

4.9.1 天线选取与设置 / 143

4.9.2 馈线的选取与设置 / 145

4.9.3 天线口功率设置 / 146

4.9.4 漏泄电缆输入功率设置 / 155

4.10 分布系统方案设计 / 163

4.10.1 分布系统方案的选择 / 163

4.10.2 传统无源分布系统的
设计 / 164

4.10.3 漏泄电缆分布系统的设计 / 170

4.10.4 PRRU分布系统的设计 / 174

4.10.5 皮基站分布系统的设计 / 177

4.10.6 光纤分布系统的设计 / 179

4.10.7 移频MIMO分布系统的
设计 / 182

4.11 室内分布系统仿真 / 186

4.11.1 射线跟踪模型 / 186

4.11.2 建模 / 187

4.11.3 室内分布系统设计注入 / 188

4.11.4 模型穿透损耗的导入 / 188

4.11.5 仿真 / 189

4.12 5G室内分布系统小区
规划 / 189

4.12.1 物理小区标识规划 / 189

4.12.2 跟踪区规划 / 192

4.12.3 邻区规划 / 192

4.12.4 室内分布系统小区规划 / 194

4.13 切换与外泄控制 / 194

4.13.1 漏泄控制策略 / 194

4.13.2 切换设置原则 / 195

4.14 室内分布系统电源设计 / 196

4.14.1 供电系统 / 197

4.14.2 接地与防雷 / 199

4.15 室内分布系统设计工具 / 199

4.15.1 室内平面快速重建系统 / 199

4.15.2 室内分布系统设计软件 / 203

4.15.3 室内分布系统仿真软件 / 205

第5章　5G室内分布系统验收

5.1　工程施工工艺检查 / 214

　5.1.1　机房、站点环境
　　　　检查 / 214

　5.1.2　设备、天馈系统的安装
　　　　检查 / 215

　5.1.3　线缆布放、走道及槽道
　　　　工艺验收 / 218

5.2　无线网性能验收 / 224

　5.2.1　验收前性能测试 / 224

　5.2.2　5G室内分布系统的性能
　　　　指标 / 224

　5.2.3　性能验收 / 225

5.3　验收流程 / 225

5.4　工程初验、工程试运行和
　　　工程终验 / 226

　5.4.1　工程初验 / 226

　5.4.2　工程试运行 / 227

　5.4.3　工程终验 / 227

第6章　5G室内分布系统建设管理

6.1　5G室内分布系统工程建设的
　　　全过程管理 / 230

　6.1.1　项目全过程流程 / 230

　6.1.2　立项阶段管理 / 230

　6.1.3　实施阶段管理 / 232

　6.1.4　竣工投产阶段管理 / 235

6.2　5G室内分布系统工程的建设
　　　施工要求 / 238

　6.2.1　设备及器件安装要求 / 238

　6.2.2　走线架安装要求 / 241

　6.2.3　线缆布放要求 / 242

　6.2.4　其他线缆安装要求 / 246

6.3　5G室内分布系统的共建
　　　共享 / 253

　6.3.1　设备（信源）的共建
　　　　共享 / 253

　6.3.2　分布系统的共建共享 / 254

　6.3.3　共建共享的责任划分 / 255

6.4　5G室内分布系统节能 / 255

　6.4.1　设备选型节能 / 256

　6.4.2　室内分布配套节能 / 260

　6.4.3　合理组织网络、优化
　　　　网络 / 260

第7章　5G室内分布系统安全管理

7.1　安全生产管理 / 262

　7.1.1　安全生产责任 / 262

　7.1.2　设计技术交底、施工安全
　　　　技术交底 / 265

　7.1.3　分布系统施工安全生产
　　　　要求 / 265

7.2　5G网络安全的挑战与要求 / 271

　7.2.1　5G网络安全的挑战 / 271

7.2.2　5G网络安全要求 / 275

7.3　5G网络安全管理 / 277

7.3.1　网络与信息安全的
　　　　重要性 / 277

7.3.2　5G安全总体目标 / 278

7.3.3　5G网络安全架构 / 278

7.3.4　5G无线网络安全要求 / 280

参考文献

5G 室内分布系统概述

Chapter 1

第1章

移动通信从第一代移动通信系统（1th Generation Mobile Communication System，1G）的模拟网络开始，历经第二代移动通信系统（2th Generation Mobile Communication System，2G）、第三代移动通信系统（3th Generation Mobile Communication System，3G）、第四代移动通信系统（4th Generation Mobile Communication System，4G），到目前的"万物互联、万物智联"第五代移动通信系统（5th Generation Mobile Communication System，5G）时代，室内覆盖也从补盲阶段历经优化发展阶段、协同规划阶段到多技术的协同规划发展阶段，室内分布系统也变得越来越重要，其建设地位从室内覆盖作为室外移动网络的补充升级到同等地位。本章重点分析了5G网络的业务和5G室内分布系统的现状。

●● 1.1 移动通信发展总体概述

以 1987 年"大哥大"在我国商用开启移动通信为标志，移动通信系统以大约每 10 年迭代一次的速度快速发展，早期 5W（Whoever、Wherever、Whenever、Whomever、Whatever）即任何人可在任何时候、任何地方与任何人进行任何形式的通信目标已经实现，现在正向更快速率、更多接入数、更短时延、更高可靠性，以及"万物互联、万物智联"的目标迈进。

我国移动通信业务发展历程如图 1-1 所示。1G 诞生于 20 世纪 80 年代，使用模拟语音调制技术和频分多址，其唯一的业务是语音，通信终端主要为"大哥大"，其价格高昂，通信资费昂贵，是当年奢侈品的代名词。1987 年，我国从瑞典引入全接入通信系统（Total Access Communication System，TACS）标准的第一代模拟蜂窝移动通信系统（1G），在广东省建成并投入商用。

1. 无线应用协议（Wireless Application Protocol，WAP）。

2. 全球移动通信系统（Global System for Mobile communications，GSM）。

3. 通用分组无线服务（General Packet Radio Service，GPRS）。

4. 码分多址技术（Code Division Multiple Access，CDMA）。

5. EDGE 系统（Enhanced Data rates for Global Evolution of GSM and IS-136，EDGE），又称 2.75 代技术。

6. 同步码分多址系统（Time Division-Synchronous Code Division Multiple Access，TD-SCDMA）。

7. 宽带码分多址技术（Wideband Code Division Multiple Access，WCDMA）。

8. 时分双工长期演进技术（Time Division Duplexing Long Term Evolution，TD-LTE）。

9. 频分双工长期演进技术（Frequency Division Duplexing Long Term Evolution，FDD-LTE）。

图1-1 我国移动通信业务发展历程

2G 源于 20 世纪 90 年代初期，使用数字无线电技术代替了模拟调制技术，主要采用窄带码分多址技术制式和时分多址技术制式，2G 支持短信业务和高质量的数字语音业务。1995 年，我国引入第一款 GSM 手机爱立信 GH 337，但该手机不支持中文操作，直到 1999 年，我国首款真正意义上的全中文手机摩托罗拉 CD928+ 上市，支持电话簿和短信的中文输入，短信业务开始爆发。2000 年，我国移动短信发送量突破 10 亿条，2001 年则达到 189 亿条，短短一年时间增长近 20 倍，成为移动通信历史上真正的"爆发"级业务。2G 时代末期出了 WAP，旨在实现移动终端接入互联网的开放网络协议标准，其主要应用是新闻浏览、小说阅读、彩信、电子邮件等，由于网速慢、资费高，这些新业务都没有得到很好的发展，处于"移动互联网"的萌芽阶段。

3G 诞生于 21 世纪初，采用基于扩频通信的 CDMA，使数据传输速率大幅度提升，开始支持多媒体数据通信。2009 年 1 月，工业和信息化部分别向中国联通、中国电信和中国移动发放了 3G 牌照，中国联通 3G 网络采用欧洲标准的 WCDMA，中国电信 3G 网络采用美国标准的 CDMA2000，中国移动 3G 网络采用中国标准的 TD-SCDMA。其理论下行速率分别达到 14.4Mbit/s、3.1Mbit/s、2.8Mbit/s，标志着我国进入移动宽带时代。2007 年发布的 iPhone，2008 年第一款搭载 Android 操作系统的手机 HTC G1 上市，这是智能手机时代真正开启的标志性事件。之后智能手机迅速迭代，中央处理器（Central Processing Unit，CPU）主频由 MHz 到 GHz，由单核到八核，内存由数十 MB 到数百 GB，屏幕分辨率实现高清，相机的像素达数千万级别，导航等各种传感器嵌入，其性能媲美个人计算机（Personal Computer，PC）。移动宽带和智能手机共同促进移动互联网时代的到来，社交、电商、线上到线下（Online To Offline，O2O）、手游等各类 App 纷纷涌现，也意味着 WAP 时代的终结。2013 年，移动互联网用户超过 PC 互联网，应用商店的 App 数目已达百万个。社交方面，在 WAP 时代，主要应用是连接人与信息，步入移动互联网时代，连接人与人的社交应用微博、微信兴起，社交媒体内容媒介由文字向图片、语音、表情包转变。电商方面，PC 互联网应用也纷纷向移动端转移，其中包括连接人与商品的淘宝和京东等，移动电商快速崛起。2013 年"双 11"，淘宝 21% 的交易来自移动端，而 2012 年来自移动端的交易占比仅为 5%。O2O 方面，2010 年"千团大战"是 O2O 的始作俑者，而到了"随时随地"连接的移动互联网时代，移动支付等基础环境日渐完备，O2O 大放异彩，移动互联网开始向传统行业下沉，实现人与服务的连接，打车、外卖、家政、美妆、停车等 O2O 模式层出不穷。手游方面，网络宽带化缓解了视频卡顿的现象，终端智能化使页面更加精美，操作体验更加优良、流畅，2013 年也是手游爆发元年，爆款手游的月流动资金达 1 亿元。

4G 系统改进并增强了 3G 的空中接入技术，基于正交频分复用技术（Orthogonal Frequency Division Multiplexing，OFDM）和多输入多输出（Multiple-Input Multiple-Output，MIMO）等技术，采用全 IP 的核心网，使数据传输速率、频谱利用率和网络容量得到提升，具备更高的安全性、智能性和灵活性，并且时延得到进一步降低。2013 年 12 月 4 日，工业和信息化部正式向三大电信运营商发放 TD-LTE 制式的 4G 牌照，标志着我国移动通信迈入 4G 时代。2015 年 2 月 27 日，工业和信息化部向中国电信和中国联通发放 FDD-LTE 制式的 4G 牌照，4G 网络建设全面铺开。与 3G 相比，4G 最显著的特征是数据传输速率大幅提升，上下行速率提升了 10 倍以上，打破了视频传输瓶颈。TD-LTE 上行速率为 50Mbit/s，下行速率为 100Mbit/s，FDD-LTE 上行速率达到 40Mbit/s，下行速率达到 150Mbit/s，4G 网络足以满足视频上传和播放的需求。在终端侧，更大的屏幕、更高的分辨率、上千万像素的摄像头等成为手机厂家的最大卖点，在激烈的竞争中以高性价比吸引了众多的消费者。根据工业和信息化部统计数据，随着网络传输瓶颈的打破和移动终端性能的提升，移动视频用户数快速增长，由 2015 年一季度的 4.78 亿人迅速增至 2017 年 6 月底的 11 亿人，增长率将近 130.13%。根据艾瑞咨询统计，2015 年，中国 76.7% 的视频用户选择手机收看网络视频，而 PC 使用率为 54.2%，手机取代 PC 成为收看网络视频的第一终端；移动视频月度时长增长 40%。综合在线视频、短视频、移动直播等视频类业务是 4G 的新业务增长点。

移动通信已经深刻地改变了人们的生活，但人们对高性能移动通信的要求从未停止。为了应对未来"爆炸式"的移动数据流量增长、海量的设备连接、不断涌现的各类新业务和应用场景，5G 应运而生，5G 时代将会实现"万物互联、万物智联"。5G 时代"万物互联、万物智联"场景示意如图 1-2 所示。

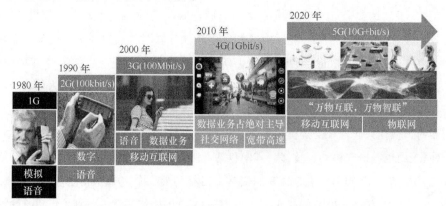

图1-2 5G时代"万物互联、万物智联"场景示意

●●1.2 室内分布系统的发展历程

室内分布系统的建设主要是从 2G 时代开始，从 1995 年 2G 网络商用开始，到目前经历了近 30 年的发展，移动通信网络也从 2G 网络发展到 5G 网络，网络对室内分布系统覆盖的要求不断提高，覆盖的技术日新月异。室内分布系统覆盖总体上可分为初期补盲阶段、优化发展阶段、协同规划阶段和多技术的协同规划发展 4 个具有代表性的阶段。

1. 初期补盲阶段

这个阶段的室内覆盖主要是作为室外覆盖的一个延伸，起到移动网络的补盲作用。该阶段主要发生在 2G 网络的初期阶段，从 1995 年开始到 2002 年，在移动网络建设初期，网络建设的目标主要是实现室外的连续覆盖，移动用户数量很少，对系统负荷与业务质量的要求也是偏低的。因此，在移动通信起步的初始阶段还没有对室内覆盖的具体需求。随着移动通信技术的发展，手机的普及与移动用户数量的逐步增加，用户的行为习惯从过去在室内使用固定电话，在室外使用手机，逐步转变为在室内外都使用手机。用户行为习惯的改变，使建筑物室内的网络覆盖质量越来越受到关注，用户对网络的要求也在不断提升。为了实现各种室内场景下的信号覆盖，刚开始大部分直接采用的是直放站的形式引入室外信源信号，在实际操作中缺乏统一的规划指导，建设方案简单，只要能达到补盲目标覆盖区域的目的，并能够提供语音和短信业务即可。这种方式也一直是网络建设初级阶段的核心建设思路。

2. 优化发展阶段

这个阶段主要发生在 2G 网络的后期阶段，主要是 2002 年到 2009 年，随着移动通信技术的不断成熟，移动通信网络布局的逐步完善，移动用户数量获得了持续稳定的快速增长。同时，伴随计算机、信息技术（Information Technology，IT）互联网技术的飞速发展，使只提供语音和短信业务的室内覆盖已不能满足用户的需求。网络的建设不仅要满足不断增长的用户数量和业务需求，还需保障用户接入网络后的通信服务质量要求，并要提供一定的数据接入服务能力。这一阶段，室内网络覆盖建设的重要性逐步得到关注，对其建设的重视程度也逐渐达到与室外网络建设相同的级别。对于所建设的室内分布系统，其作用不仅是补盲，还需关注提升室内网络覆盖的质量、有效地吸收话务量，从而分担室外基站的业务负荷。其间，室内分布系统开始使用基站（宏蜂窝基站、微蜂窝基站等）作为室内分布系统的信号源，并且引入监控系统，提高网络运行的质量。另外，室内分布系统的新技术、新方法、新型设备器件不断涌现，使室内覆盖从补盲阶段的直放站直接外接天线覆盖，逐步转变为"多点位、小功率"的室内分布系统天线覆盖。

3. 协同规划阶段

从 3G 网络开始，室内覆盖进入一个新阶段，移动通信网络也从单一的 GSM 网络，进入 GSM、CDMA、WCDMA、CDMA 1X 等多种制式网络并存的时代。这一时期，室内 Wi-Fi 网络开始重点建设，使无线频段范围从 GSM 的 900MHz 到 Wi-Fi 的 2.4GHz。这就要求在室内分布系统设计时需要考虑同时兼容各种制式、各种频段的通信系统。为了提升网络的整体效果，各家电信运营商越来越关注室内外网络的协同规划与多制式网络的统一规划设计，逐步将室内分布系统建设纳入室内外整体网络一并规划。

4. 多技术的协同规划发展

该阶段主要由 4G 网络开始，室内发生的业务越来越多，比重也越来越大，有相关权威机构统计，在 4G 网络后期，有 70% 的业务发生在室内，用户对室内覆盖的要求进一步提高，室内覆盖的目标区域也开始按场景划分，针对不同的场景，选择不同的覆盖要求。为了满足各种室内覆盖不同场景的具体要求，室内覆盖的技术手段也在不断涌现。例如，PRRU 分布系统、漏泄电缆分布系统、皮基站分布系统、光纤分布系统等逐步应用到室内分布系统的建设中。随着无线通信的发展，移动网络的制式也越来越多，有 GSM、CDMA、WCDMA、TD-SCDMA、TD-LTE、FDD LTE、时分双工新空口（Time Division Duplexing New Radio，TDD NR）、频分双工新空口（Frequency Division Duplexing New Radio，FDD NR）等，网络频段也变得更多，从 700MHz 到 4.9GHz。为了提升网络整体效果，各家电信运营商也更关注室内外网络的协同规划，以及多制式网络的统一规划设计，逐步将室内分布系统建设纳入室内外整体网络一并规划。为了深入贯彻国家对电信基础设施共建共享与节能减排的要求，在这一时期，中国铁塔股份有限公司的成立，在提升网络性能的同时，室内分布系统逐步要求采用多制式网络共享合路的方式进行建设，以充分节约投资。

●● 1.3 室内分布系统建设的重要性

从 2G、3G 网络的运营经验分析可知，移动用户超过一半的话务量发生在室内。而到了 4G 时代网络中室外的语音业务量仅占整个网络业务不到 30%，而室内业务占整个网络业务的 70%，数据业务量则更加明显，室外的数据业务量仅占整个网络业务的 20%，而室内业务占整个网络业务的 80%，室内业务的占比进一步提高。到了"万物互联、万物智联"的 5G 时代，随着 5G 各类业务的开展及深入，数据流量及网络连接数大量增加，因此，对电信运营商而言，要充分考虑室内用户的业务需求，提升室内的网络容量。而在建筑物内部往往会出现很多弱信号区，存在盲区多、易断线、网络信号不稳定等问题。

1. 覆盖

从覆盖角度来看，现代建筑采用了大量的混凝土和金属材料，这些材料会屏蔽和衰减无线信号。在部分高层建筑物的低层，移动通信信号较弱；在超高建筑物的高层，信号杂乱或者没有信号。

2. 容量

从容量角度来看，不同类型的室内场所有不同的业务需求。在大型购物商场、会议中心等建筑物内，移动电话使用密度过大，局部网络容量不能满足用户需求，无线信道容易发生拥塞现象。

3. 质量

从质量角度来看，在部分没有完全封闭的高层建筑的中高层，由于信号杂乱，经常出现"乒乓切换"现象，通信质量难以保证。

为了解决上述问题，有必要通过引入室内分布系统，完成室内盲区的覆盖，吸收室内话务量，改善室内通话质量。无论对网络的覆盖、容量、质量 3 个方面中的任何一个方面，5G 网络发展都必不可少，因此，有效解决 5G 网络的室内深度覆盖已经成为电信运营商发展 5G 网络业务的关键所在。

●● 1.4 室内覆盖的解决思路

随着社会经济的不断发展，城市化进程逐步加快，各种大型建筑越来越广泛地分布于城市之中。近年来，在视频、直播等新兴移动互联网业务驱动下，移动互联网流量保持高速增长，年负荷率超过 50%。2022 年 11 月，月均用户流量达到 26.75GB，预计 2027 年，月均用户流量至少达到 50GB。传统移动通信网络以语音和数据业务为主，5G 时代移动通信业务种类将更加多元化：将 5G 技术与城市核心规划要求相结合，助力智慧城市建设；构建 5G 能力开放平台，推动"大众创业、万众创新"；服务"信息化和工业化融合，即两化融合"及工业互联网，以 5G 工业级的网络性能与制造业开展深入合作，促进产业振兴和升级；整合 5G 的虚拟现实（Virtual Reality，VR）技术、增强现实（Augmented Reality，AR）技术、高清视频能力，满足视频应用、娱乐升级的提速需求；贯彻国家"一带一路"发展倡议，全年提升城市信息基础设施能力。一方面，随着 5G 业务种类持续增多和业务边界不断扩展，结合 4G 移动数据多发场景，预计未来增强移动宽带、海量通信和关键任务通信等重点领域会有 80% 以上的移动数据流量发生在室内。另一方面，对于电信运营商而言，20% 的室内覆盖带来了 80% 的收益，高价值商务用户 80% 的工作时间位于室内，但近 50% 的用户对室内感知体验不满意。面对室内覆盖这一大市场的"丰满理想"和室内覆盖体验不佳的"骨感现实"，电信运营商既"幸福"又"烦恼"。

传统的室内信号覆盖主要包括以下两种解决思路，具体说明如下。

一是借助室外信号覆盖室内。对于室内纵深比较小的应用场所、楼宇高度不高于周围楼群平均高度的情况，可以考虑借助室外基站信号直接覆盖室内。如果室外基站信号较强，则经过建筑物的穿透损耗后仍能完成对室内的覆盖。依靠室外小区的信号穿透，解决了大量建筑物内部的信号覆盖。该覆盖方法虽然经济便利，但是在室外网络建设时需要考虑室内穿透损耗。考虑到 5G 网络主力采用中高频（2.6GHz、3.5GHz、4.9GHz）、高频毫米波（28GHz）频段，电磁信号的空间衰减和介质损耗较 4G 大大增加，因此，5G 室外覆盖室内的深度覆盖能力几乎不存在；同时，考虑到利用室外站覆盖室内只能够通过不断增加室外站实现 5G 的室内覆盖，因此，5G 室内覆盖面临机房资源和传输资源都较少等多个方面挑战。由此可见，完全借助室外信号覆盖室内的思路不能完全解决 5G 网络室内深度覆盖。

二是建设室内分布系统。对于室内纵深比较大的应用场所、高度比周围楼群的平均高度高 5 层的楼宇，或者像地下室之类的室外信号很难覆盖的地方，应建设独立的室内分布系统。所谓室内分布系统，即基站信源信号通过通信介质分路，均匀地分配到每副独立安装在建筑物、小区灯杆、绿地等区域的小功率低增益天线，从而实现目标区域信号的良好覆盖。室内分布系统的建设可完善大中型建筑物、重要地下公共场所及高层建筑的室内覆盖，较为全面地改善建筑物内部的通信质量，提高移动终端的接通率，开辟高质量的室内移动通信区域。同时，室内分布系统还可以分担室外宏蜂窝话务量，扩大网络容量，从而保证用户良好的通信质量，整体上提高移动网络的服务水平。

●●1.5 5G 业务解析

2023 年之后，超高清、三维（Three Dimensions，3D）和浸入式视频逐步流行，增强现实、云桌面、在线游戏等更趋完善，大量的个人和办公数据将会存储在云端，海量实时的数据交互可媲美光纤的传输速率，社交网络等"过顶传球"（Over The Top，OTT）（一般指通过互联网向用户提供各种应用服务，这种服务由电信运营商之外的第三方提供）业务将成为未来的主导应用之一。智能家居、智能电网、环境监测、智能农业、智能抄表等全面铺开，视频监控和移动医疗无处不在，车联网和工业控制驱动着新一轮工业革命的车轮。5G 时代丰富多彩，5G 网络就像人体遍布全身的神经网络，连接一切、感知一切，5G 新业务、新应用在强大网络的支撑下会给人们带来更多的惊喜。5G 网络的应用场景示例如图 1-3 所示。

图1-3 5G网络的应用场景示例

结合当前 5G 应用的实际情况和未来发展趋势，AR/VR、超高清视频、车联网、联网无人机、远程医疗、智慧电力、智能工厂、智能安防、人工智能（Artificial Intelligence，AI）和智慧园区成为 5G 网络的十大应用场景。

1.5.1　5G 业务分类

5G 业务种类繁多，由于服务对象不同，5G 的主要业务可分为移动互联网业务与移动物联网业务两大类。根据业务特点及对时延的敏感程度不同，移动互联网业务进一步划分为会话类业务、流类业务、交互类业务、传输类业务和消息类业务五大类；移动物联网业务可进一步划分为控制类业务和采集类业务两大类。

1. 会话类业务

会话类业务是时延敏感的实时性业务，其业务特性为上下行业务量基本相等，会话类业务最关键的服务质量（Quality of Service，QoS）指标是传输时延，时延抖动也是影响会话类业务的重要指标，可允许出现一定的丢包率，一般会话类业务具有最高的 QoS 保障等级。会话类业务主要包括语音会话业务、视频会话业务、虚拟现实业务等。

2. 流类业务

流类业务即以流媒体方式进行的音频、视频播放等实时性业务。流媒体是指采用流式传输的媒体格式，在播放前并不下载整个文件，通过边下载、边缓存、边播放的方式使媒体数据正确地输出。流类业务对时延没有会话类业务敏感，时延抖动也是影响流类 QoS 的一项重要指标，允许出现一定的丢包率。

3. 交互类业务

交互类业务是指终端用户和远程设备进行在线数据交互的业务。其特点是请求响应模式，传送的数据包内容必须透明传送。交互类业务的时延取决于人们对于等待时间的容忍度，其时延比会话类业务要长，比流类业务要短。交互类业务对时延抖动没有要求，可以有较低的误比特率，但是对丢包率的要求很高。交互类业务主要包括浏览类业务、位置类业务、交易类业务、搜索类业务、游戏类业务、云桌面业务、增强现实业务及虚拟现实业务等。

4. 传输类业务

传输类业务是完成大数据包的上传及下载的业务，对传输时间无特殊要求，对时延和时延抖动要求较低，对丢包率的要求很高。传输类业务主要包括邮件类业务、上传下载文件类业务、云存储业务等。

5. 消息类业务

消息类业务是完成小数据包的发送与接收的业务，对传输时间无特殊要求，对时延和时延抖动要求较低，对丢包率的要求很高。消息类业务主要包括短消息业务（Short Message Service，SMS）类、多媒体消息业务（Multimedia Messaging Service，MMS）类及 OTT 类业务。

移动物联网业务包括采集类业务和控制类业务两大类。

其中，采集类业务根据采集速率要求分为低速采集类业务与高速采集类业务两种。采集类业务对时延无特殊要求，低速采集类业务主要包括智能家居、智能农业、环境监测等；高速采集类业务主要包括高清视频监控等。

控制类业务根据时延要求分为时延敏感类业务和非时延敏感类业务两种。时延敏感类业务主要有智能交通、智能电网、工业控制等；非时延敏感类业务主要是智能路灯等。

从时延维度来看，以上分类可归纳为不同业务的时延敏感度。不同类型业务对时延敏感度示意如图 1-4 所示。

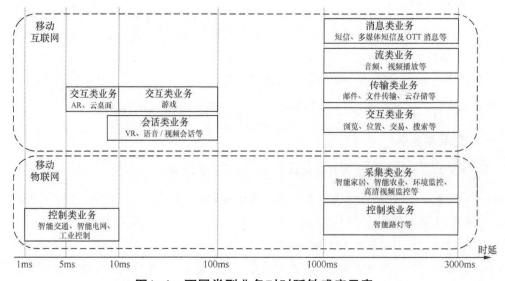

图1-4　不同类型业务对时延敏感度示意

由图 1-4 可知，同一类业务的不同应用在时延上产生了不同的要求，同一类业务的不同应用在速率要求上也不尽相同，使用这种分类方法不能很好地归纳 5G 网络性能的需求，因此，需要将 5G 业务分类细分到应用，并增加速率（带宽）的维度，5G 新业务对时延与带宽的需求如图 1-5 所示。

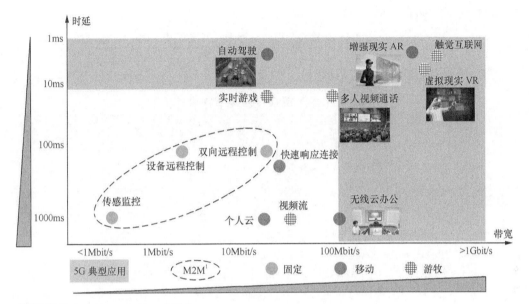

1.机器到机器（Machine to Machine，M2M）。

图1-5　5G新业务对时延与带宽的需求

从移动通信业务发展的历程中可以总结出一个定律，一项业务要得到广泛的应用，必须充分满足用户需求，并为用户提供良好的使用体验。对于移动互联网而言，良好的使用体验就是时延。我们通过仔细分析可以发现，移动互联网时延实际上可以分为两种：一种是数据传输时延；另一种是达到人体无感知的时延要求。数据传输时延可以通过大带宽即超高传输速率解决，而人体无感知时延是几十毫秒甚至几毫秒级的，这需要在网络架构设计时予以满足。

图 1-5 清晰地显示了不同类型 5G 业务的各类应用在时延及带宽二维面上的分布，这只是一种概念展示，网络规划需要的是有具体技术指标的业务模型。接下来，我们详细地介绍 5G 典型业务，确定其时延与传输速率技术指标，并完成 5G 典型的业务模型。本书主要介绍的业务模型以移动互联网业务为主，暂不涉及移动物联网 5G 业务模型。

1.5.2　5G 典型业务解析

1. 高清视频

高清视频按分辨率可分为 1080P 高清、4K 高清、8K 高清以及 8K（3D）高清。5G 时代，高清视频播放会成为主流业务。事实上，高清视频除了视频播放业务，视频会话、AR/VR、实时视频分享等业务的本质也是高清视频传送，只是这些业务的时延需求不同。不同分辨率的高清视频的传输速率是该类业务的关键技术指标。

高清视频传输速率的计算如下。

$$视频传输速率 = \frac{每帧画面像素点数 \times 每像素点比特数 \times 每秒传输帧数}{视频压缩率} \quad 式（1-1）$$

高清视频传输速率需求计算见表1-1。

表1-1 高清视频传输速率需求计算

高清视频格式	每帧画面像素点数	每像素点比特数	每秒传输帧数 / fps[1]	视频压缩率	传输速率 / (Mbit/s)
1080P	1920 × 1080	12bits	60	100%	15
4K	4096 × 2160	12bits	60	100%	60
8K	7680 × 4320	12bits	60	100%	240
8K（3D）	7680 × 4320	24bits	120	100%	960

注：1. 每秒传输帧数（Frame Per Second，FPS），一般写为 fps。

1080P 高清视频播放的下行体验速率应达到 15Mbit/s，4K 高清视频播放的下行体验速率应达到 60Mbit/s，8K 高清视频播放的下行体验速率应达到 240Mbit/s，8K（3D）高清视频播放的下行体验速率应达到 960Mbit/s。高清视频播放业务需要小于 100ms 的时延才能为用户提供良好的业务体验，我们建议时延为 50 ～ 100ms。

2. 视频会话

视频会话从参与会话人数上可以分为两方视频会话与多方视频会话两大类。5G 时代，高清视频会话业务有可能替代语音会话业务成为沟通交流的主流业务。

为了提供良好的视频会话体验，5G 视频会话业务一般要求达到 1080P 高清视频的分辨率。根据 1080P 高清视频传送的速率要求，两方视频会话的上行体验速率应达到 15Mbit/s，下行体验速率应达到 15Mbit/s；三方视频会话时，上行一路，下行为两路，因此，上行体验速率应达到 15Mbit/s，下行体验速率应达到 30Mbit/s，多方视频会话的体验速率依此类推，视频会话业务的时延只有小于 100ms，才能为用户提供良好的业务体验，我们建议时延为 50 ～ 100ms。

3. 增强现实

增强现实是一种实时计算摄影机影像的位置及角度并加上相应图像、视频、3D 模型的技术。这种技术的目标是在屏幕上把虚拟世界应用在现实世界，并使用户可以实时互动。

增强现实属于时延敏感的交互类业务，为用户提供良好的视频会话体验，增强现实业务一般要求达到 1080P 或 4K 高清视频的分辨率，并且要求用户对时延无感知。根据 1080P 高清视频传输速率要求，增强现实业务（1080P）上行体验速率应达到 15Mbit/s，下行体验速率应达到 15Mbit/s；根据 4K 高清视频传输速率要求，增强现实业务（4K）上行体验速率应达到 60Mbit/s，下行体验速率应达到 60Mbit/s。人眼视神经的最快反应时间去除摄像头的图像采集和终端设备的投影处理时间，达到用户对图像时延无感知，网络需要保障的单向端到端时延大约小于 10ms，我们建议时延为 5 ～ 10ms。

4. 虚拟现实

虚拟现实是一种可以创建和体验虚拟世界的计算机仿真系统，它可以利用计算机生成一种模拟环境，是一种多源信息融合的、交互式的三维动态视景和实体行为的仿真系统，使用户沉浸到该环境中。

虚拟现实是属于时延敏感的交互类 / 会话类业务，一般都是 3D 场景，因此，虚拟现实业务一般要求达到 4K 或 8K（3D）高清视频的分辨率。根据 4K 高清视频传输速率要求，虚拟现实业务 4K 的下行体验速率应达到 240Mbit/s。根据 8K（3D）高清视频传输速率要求，虚拟现实业务 8K（3D）的下行体验速率应达到 960Mbit/s；交互类虚拟现实业务对上行体验速率暂无具体要求。虚拟现实业务需要小于 100ms 的时延才能为用户提供良好的业务体验，我们建议时延为 50 ～ 100ms。

5. 实时视频分享

实时视频分享（视频直播）属于时延敏感的交互类 / 会话类业务，目前，实时视频分享在 4G 时代已成为最火爆的主流业务之一，5G 时代，为用户提供清晰度更高、更流畅的体验是必然的要求，一般要求视频达到 1080P 或 4K 高清视频的分辨率。

根据 1080P 高清视频传输速率的要求，实时视频分享业务（1080P）的上行体验速率应达到 15Mbit/s。根据 4K 高清视频传输速率要求，实时视频分享业务（4K）的上行体验速率应达到 60Mbit/s；交互类实时视频分享业务对下行体验速率暂无具体要求。实时视频分享业务需要小于 100ms 的时延才能为用户提供良好的业务体验，我们建议时延为 50 ～ 100ms。

6. 云桌面

云桌面可以把数据空间、管理服务以提供桌面化的方式发布给操作者，适合作为平板计算机、手机等手持化移动应用的网络操作系统，也可以将传统个人计算机升级为网络操作。基于数据空间的云桌面，主要通过虚拟化应用将云端资源发布给各操作终端，仍属于数据平台云操作系统。基于管理服务的云桌面，主要是通过面向服务的体系结构（Service Oriented Architecture，SOA）理念，将企业服务总线（Enterprise Service Bus，ESB）和企业业务总线（Enterprise Business Bus，EBB）的内容发布给各操作终端，属于业务平台云操作系统。

云桌面属于时延敏感的交互类业务，当前，主流计算机终端的屏幕分辨率为 1080P 高清，因此，云桌面可类比 1080P 高清视频传输速率要求，并考虑一定余量，云桌面业务的上行和下行的体验速率均应达到 20Mbit/s。人眼视神经的最快反应时间去除输入输出（Input/Output，I/O）信息处理时延、操作系统处理时延及显示器处理时延，云桌面业务的时延要求为单向端到端小于 10ms。

7. 云存储

云存储是在云计算概念上延伸和发展出来的一个新的概念，是一种新兴的网络存储技术。云存储是指通过集群应用、网络技术或分布式文件系统等功能，将网络中大量不同类型的存储设备通过应用软件集合起来协同工作，共同对外提供数据存储和业务访问功能的系统。

云存储属于非时延敏感的传输类业务，云存储业务的传输速率可以媲美光纤传输，因此，云存储业务的上行体验速率应达到 500Mbit/s，云存储业务的下行体验速率应达到 1000Mbit/s。云存储等传输类业务一般没有特殊的时延要求。

通过上面的分析，我们已经对 5G 典型业务的特性及其技术指标的推导过程有了清晰的认识，将这些技术指标整理为一张表，即为 5G 典型业务模型。5G 典型业务模型见表 1-2。5G 典型业务模型是从用户需求与用户体验出发，对 5G 网络性能提出的一个分类要求，将这些业务需求与场景结合即为 5G 场景业务模型。5G 业务场景模型提供的各类场景下的流量密度、时延、体验速率等技术指标就是 5G 无线网络规划的输入数据之一。

表1-2　5G典型业务模型

典型业务	基本假设	建议时延 /ms	上行体验速率 /（Mbit/s）	下行体验速率 /（Mbit/s）
视频会话	移动状态下，1080P 视频传输	50～100	15	15
	静止状态下，4K 视频传输		60	60
4K 高清视频播放	移动状态下，4K 视频传输		无具体要求	60
8K 高清视频播放	静止状态下，8K 视频传输		无具体要求	240
增强现实（AR）	移动状态下，1080P 视频传输	5～10	15	15
	静止状态下，4K 视频传输		60	60
虚拟现实（VR）	移动状态下，4K 视频传输	50～100	无具体要求	240
	静止状态下，8K（3D）视频传输		无具体要求	960
实时视频共享	移动状态下，1080P 视频传输		15	无具体要求
	静止状态下，4K 视频传输		60	无具体要求
云桌面	无感知时延	10	20	20
云存储	媲美光纤传输	无具体要求	500	1000

•• 1.6 5G 室内分布系统的现状

1.6.1 覆盖能力差

采用室外信号覆盖室内的模式主要用于单层面积小、无线信号易穿透的单体建筑，通过优化室外网络实现室内覆盖，但对大型楼宇覆盖的效果较差。这种模式常用的技术手段包括设置宏基站、微基站、射频拉远单元（Remote Radio Unit，RRU）、直放站等。5G 网络使用的频段较高，导致覆盖能力不及 4G 网络。例如，3.3 ～ 3.4GHz、3.4 ～ 3.6GHz、4.8 ～ 5.0GHz 这些较高的频段。其中，3.3 ～ 3.4GHz 已规定仅用于室内覆盖，3.4 ～ 3.6GHz、4.8 ～ 5.0GHz 是室内外同时可以使用的主力频段。

对比 1.8GHz LTE、3.5GHz 新空口（New Radio，NR）和 4.9GHz NR 的室内覆盖能力，高频段 5G 网络和 1.8GHz LTE 覆盖能力对比一如图 1-6 所示。

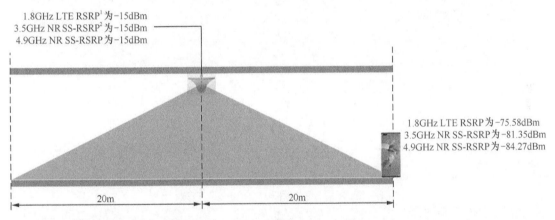

1. 参考信号接收功率（Reference Signal Receiving Power，RSRP）。
2. 同步信号 - 参考信号接收功率（Synchronization Signal-Reference Signal Receiving Power，SS-RSRP）。

图1-6 高频段5G网络和1.8GHz LTE覆盖能力对比一

由图 1-6 可知，天线口输入功率可知 1.8GHz LTE RSRP 为 -15dBm、3.5GHz NR SS-RSRP 为 -15dBm、4.9GHz NR SS-RSRP 为 -15dBm。也就是说，3 个频段天线口的输入功率在一致的情况下，通过室内 20m 视距的传播，手机接收的功率 1.8GHz LTE RSRP 为 -75.58dBm、3.5GHz NR SS-RSRP 为 -81.35dBm、4.9GHz NR SS-RSRP 为 -84.27dBm，天线增益统一为 3dB（本节分析的网络覆盖能力变化，未考虑阴影余量和人体损耗）。接收信号的恶化程度，高频段 5G 网络和 1.8GHz LTE 覆盖能力恶化对比一见表 1-3。

表1-3　高频段5G网络和1.8GHz LTE覆盖能力恶化对比一

网络制式	参考频段	天线口输入功率/dBm	天线增益/dB	20m 处的接收电平/dBm	对比 1.8GHz LTE 恶化度/dB
LTE	1.8GHz			−75.58	—
NR	3.5GHz	−15	3	−81.35	5.78
NR	4.9GHz			−84.27	8.70

　　经过分析，在同样的条件和视距的情况下，通过 20m 的空间传播，3.5GHz 覆盖能力比 1.8GHz 低 5.78dB，4.9GHz 覆盖能力比 1.8GHz 低 8.70dB。

　　传统室内分布系统一般由信源、馈线、器件和天线组成，通信信号在设备器件传输时会产生损耗。分布系统损耗分为馈线传输损耗、功分器 / 耦合器分配损耗、器件插入损耗。由于频段高低产生的损耗差异主要来自馈线传输损耗，对比 1.8GHz、3.5GHz、4.9GHz这 3 个频段的传输损耗，高频段 5G 信号和 1.8GHz LTE 信号传输损耗（1/2 英寸[1]馈线）对比一见表 1-4。

表1-4　高频段5G信号和1.8GHz LTE信号传输损耗（1/2英寸馈线）对比一

网络制式	参考频段/GHz	信源输出功率/dBm	馈线100m损耗/dB	100m 处功率/dBm	对比 1.8GHz LTE 恶化度/dB
LTE	1.8		10.1	5.10	—
NR	3.5	15.2	14.9	0.30	4.8
NR	4.9		19.2	−4.00	9.1

　　由表 1-4 可知，在同样的条件采用 1/2 英寸馈线的情况下，通过 100m 的传输，3.5GHz信号比 1.8GHz 低 4.8dB，4.9GHz 信号比 1.8GHz 低 9.1dB，高频段 5G 信号和 1.8GHz LTE对比一见表 1-5。

表1-5　高频段5G信号和1.8GHz LTE对比一

网络制式	参考频段/GHz	信源输出功率/dBm	1/2 英寸馈线100m损耗/dB	100m 处功率/dBm	天线增益/dB	20m 处接收电平/dBm	对比 1.8GHz LTE 恶化度/dB
LTE	1.8		10.1	5.10	3	−55.48	—
NR	3.5	15.2	14.9	0.30	3	−66.05	10.58
NR	4.9		19.2	−4.00	3	−73.27	17.80

　　在表 1-5 中，假设 3 个频段采用相同的信源，其输出功率统一为 15.2dBm，经过 100m1/2 英寸的馈线传输，接入 3dB 增益的室内分布系统天线，视距传播 20m 后手机接收到的

---

1. 1 英寸等于 2.54cm，1/2 英寸等于 1.27cm。

信号，3.5GHz 信号比 1.8GHz 低 10.58dB，4.9GHz 信号比 1.8GHz 低 17.80dB。

通过上述分析，随着 5G 网络频段的升高，信号的恶化程度非常明显，因此，5G 室内分布系统的建设难度增加了。

1.6.2　材质损耗增加

无线信号在室内传播过程中会遇到各类阻碍物，例如，各类墙体、玻璃窗户、木门等，无线电波只有穿透各种材质的阻碍物，才能覆盖阻碍物对面的区域，各个频段在穿透阻碍物时的损耗是不同的，因此，这种损耗也可以称为材质损耗。5G 网络各频段和 1.8GHz LTE 频段材质损耗参考见表 1-6。

表1-6　5G网络各频段和1.8GHz LTE频段材质损耗参考

频段 /GHz	材质穿透损耗 /dB			
	钢化玻璃（10mm）	砖墙（300mm）	石膏板墙（300mm）	木门（40mm）
1.8	5.64	11.77	8.73	2.86
2.6	5.83	13.32	9.61	3.09
3.5	6.16	16.75	11.25	3.39
4.9	6.84	18.15	12.42	3.48

在 1.6.1 节提到的图 1-6 中，增加一道砖墙，各频段的接收电平值有所不同，高频段 5G 网络和 1.8GHz LTE 覆盖能力对比二如图 1-7 所示。

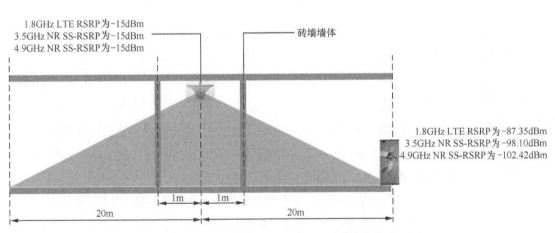

图1-7　高频段5G网络和1.8GHz LTE覆盖能力对比二

在 20m 的信号传播路程中，增加一道砖墙，手机接收的功率 1.8GHz LTE RSRP 为 −87.35dBm、3.5GHz NR SS-RSRP 为 −98.10dBm、4.9GHz NR SS-RSRP 为 −102.42dBm，

高频段 5G 网络和 1.8GHz LTE 覆盖能力恶化对比二见表 1-7。

表1-7　高频段5G网络和1.8GHz LTE覆盖能力恶化对比二

网络制式	参考频段 / GHz	天线口输入功率 / dBm	天线增益 / dB	砖墙穿透损耗 / dB	20m 处的接收电平 /dBm	对比 1.8GHz LTE 恶化度 /dB
LTE	1.8			11.77	−87.35	—
NR	3.5	−15	3	16.75	−98.10	10.76
NR	4.9			18.15	−102.42	15.08

由表 1-7 可知，在同样的条件、增加一道砖墙的情况下，通过 20m 的空间传播，3.5GHz 覆盖能力比 1.8GHz 低 10.76dB，4.9GHz 覆盖能力比 1.8GHz 低 15.08dB。

假设 3 个频段采用相同的信源，其输出功率统一为 15.2dBm，经过 100m 的 1/2 英寸馈线传输，接入 3dB 增益的室内分布系统天线，传播 20m 途中增加一道砖墙后手机接收到的信号，高频段 5G 网络和 1.8GHz LTE 信号传输损耗（1/2 英寸馈线）对比二见表 1-8，3.5GHz 信号比 1.8GHz 低 15.56dB，4.9GHz 信号比 1.8GHz 低 24.18dB。

表1-8　高频段5G网络和1.8GHz LTE信号传输损耗（1/2英寸馈线）对比二

网络制式	参考频段 / GHz	信源输出功率 /dBm	馈线 100m 损耗 /dB	100m 处的功率 /dBm	天线增益 / dB	砖墙穿透损耗 /dB	20m 处的接收电平 / dBm	对比 1.8GHz LTE 恶化度 /dB
LTE	1.8		10.1	5.10		11.77	−67.25	—
NR	3.5	15.2	14.9	0.30	3	16.75	−82.80	15.56
NR	4.9		19.2	−4.00		18.15	−91.42	24.18

通过上述分析，由于 5G 网络频段的升高，信号传输损耗也增加了，所以 5G 室内分布系统的建设难度也增加了。

1.6.3　带宽不匹配

5G 网络的发展使各家电信运营商的频谱资源也发生了变化，共建共享的建设策略使频谱资源得以整合，导致原 4G 室内分布系统部分设备器件预留不匹配，需要进行更换。不匹配的设备器件一般包括直放站、干线放大器和合路器 3 个部分。

到目前为止，各家电信运营商的频谱资源发生变化的情况主要包括以下几个频段。

中国移动的 5G 网络主要频段由 2575 ～ 2635MHz 的 60M 带宽增加到 2515 ～ 2675MHz 的 160M 带宽。

中国电信和中国联通的共建共享高频部分，由中国电信独自使用 3400 ～ 3500MHz 的 100M 带宽和中国联通独自使用 3500 ～ 3600MHz 的 100M 带宽转变为双方共享 3400 ～

3600MHz 的 200M 连续带宽；中国电信和中国联通的共建共享中频部分，由中国电信独自使用 2.1GHz（上行：1920 ～ 1940MHz，下行：2110 ～ 2130MHz）的 2×20M 带宽和中国联通独自使用 2.1GHz（上行：1940 ～ 1960MHz，下行：2130 ～ 2150MHz）的 2×20M 带宽转变为双方共享的 2.1GHz 2×40M 连续带宽。

1. 直放站

中国电信和中国联通的 2.1GHz 频段作为 5G 网络重耕的频段，在原 4G 室内分布系统中，直放站是各自采用 20M 带宽的设备，导致目前带宽不匹配。中国移动原来使用 60M 带宽的直放站也无法满足 2.6GHz 5G 网络的带宽要求。中国电信和中国联通的 3400 ～ 3600MHz 频段为新增频段，一般不涉及直放站频段不匹配的问题。

2. 干线放大器

由于原有的分布系统使用的干线放大器是针对其本身网络的，无法满足新增频段，只有改造原有分布系统，才能满足 5G 网络的覆盖需求。

3. 合路器

普通合路器需要改造的原因和直放站基本一样，需要更换原有合路器，使新的合路器的端口频段带宽能够满足 5G 网络新的带宽。但是在大型覆盖场景，会采用多系统合路平台（Point Of Interface，POI）合路电信运营商各个制式的网络，前期建设的 POI 一般会预留部分端口用于未来网络的发展，然而，预期的带宽和最后实际获得的频段并不一致，需要更换大量设备，以满足 5G 网络的需求。

综上所述，5G 网络的频谱资源发生变化使 5G 室内分布系统的改造建设的难度大大提升了。

1.6.4　通道数不足

5G 作为新一代的通信网络，具有很多的新技术，大规模多输入多输出（Massive MIMO）技术是其中重要的技术之一。Massive MIMO 和波束赋形（Beamforming）相辅相成，Massive MIMO 具有以下四大优点。

① 更精确的 3D 波束赋形，提升终端接收信号强度。

② 同时同频服务更多用户（多用户空分），提高网络容量。

③ 有效减少小区间的干扰。

④ 更好地覆盖远端和近端的小区。

Massive MIMO 通过集成更多射频通道和天线，实现三维精准波束赋形和多流多用户复用技术。Massive MIMO 负责在发送端和接收端将多天线聚合，波束赋形负责将每个信号引导到接收端的最佳路径上，从而提高信号强度，减少信号干扰，提升信号覆盖率和容量。传统天线和 Massive MIMO 天线对比示意如图1-8 所示。

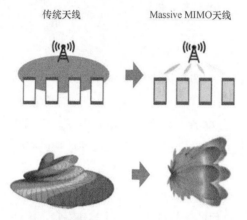

图1-8　传统天线和Massive MIMO天线对比示意

5G 网络中，在同样带宽的条件下，双通道网络的速率要比单通道网络的速率高 1 倍，4 通道网络的速率比双通道网络的速率理论上提升 1 倍。由于终端的天线数量限制，一般情况下，目前，终端基本支持 4 路接收，通过计算，TDD NR 3.5GHz 的 5G 网络在 100M 带宽的情况下，单用户的理论下行速率高达 1.54Gbit/s，通过测试，峰值速率可以达到 1.2Gbit/s 以上。因此，提升网络覆盖的通道数是提升用户体验的重要手段。

在室内分布系统中，传统无源分布系统一般建设单路分布系统或双路分布系统；有源分布系统一般建设双路分布系统或者 4 路分布系统。

在原有的室内分布系统中，90% 以上的传统无源分布系统是单路覆盖，如果要改造为双路或者 4 路（甚至 8 路），那么不仅会导致成本增长，而且可能由于管井布线空间有限，改造工程难以实施，即使改造工程可以实施，也难以保证新旧通道的平衡性。另外，需要更多 3.5GHz 信源，安装空间受限，接电和传输困难。

1.6.5　器件天线不支持

现网无源器件主要由合路器、功分器、耦合器、室内分布天线及馈线组成。其中，合路器根据需要合路的网络制式的频段进行配置，因此，新增频段需要更换合路器。而现网中的功分器、耦合器和室内分布天线，其频段支持 800 ～ 2700MHz，要满足 3.5GHz 频段需求至少要扩展到 3.6GHz，需要更换现网器件。另外，由于馈线和漏线电缆的截止频段，13/8 英寸（1 英寸=2.54cm）馈线和漏线电缆无法支持 3.5GHz 频段。更换器件及馈线、漏线电缆使 5G 室内分布系统的改造建设难度又大大提升了。

1.6.6　有源设备改造困难

在现网 4G 室内分布系统中，属于有源室内分布系统的有 PRRU 分布系统、分布式皮基站分布系统和光纤分布系统 3 种。

有源室内分布系统不同于传统室内分布系统，它主要采用光纤或网线传输数字信号，可以将多路多系统信号合并传输，并支持双通道功率独立调出，保障双通道 MIMO 性能。该类系统在进行网络覆盖时，末端单元的传输线缆可根据网络的带宽需求选用六类线、超六类线、七类线，或者光电复合缆等多种方案。

但是有源设备支持的频段带宽及制式均为 4G 网络，需要增加 5G 网络的覆盖及对应的带宽，其难度均不小。

有源室内分布系统传输线缆根据网络的带宽需求选用六类线、超六类线、七类线或者光电复合缆，相对于传统的射频电缆，这些电缆虽然重量减轻，但施工过程中拉力过大更容易损伤网线，影响网线性能，而且对远端的不间断的有源以太网（Power Over Ethernet，POE）供电，导致网线的老化加剧，利旧原有传输线路同样使 5G 室内分布系统的改造建设的难度增加。

5G 室内分布系统分类及其结构

Chapter 2
第2章

室内分布系统根据侧重点不同，其分类也不同。本书将 5G 室内分布系统分为无源分布系统和有源分布系统两大类。无源分布系统可以分为传统无源分布系统和漏泄电缆分布系统两类。有源分布系统可以分为 PRRU 分布系统、皮基站分布系统、光纤分布系统、移频 MIMO 分布系统等。本章将重点分析各类分布系统的结构和特点，以及各分布系统的优缺点。

●● 2.1 室内分布系统简介

移动通信网络发展之初，室内和室外的无线信号覆盖基本都是由室外宏基站提供的，然而随着室内通信业务的逐步增长和用户对室内通信业务质量要求的提升，再加上室内环境的复杂特性，室外信号已很难实现对室内场景的深度覆盖，很难满足用户不断提升的体验要求。因此，室内分布系统开始使用，室内分布系统的基本理念是通过在室内场景中安装大量的小功率低增益天线，将各制式的通信信号均匀地在室内进行深度覆盖。

室内分布（简称室分）系统的引入作为室外覆盖的有效补充，在全面提升室内无线覆盖质量和持续保障室内通信服务的同时，能够实现多制式的接入，并满足多场景和多业务的需求，增强了用户体验。另外，室内分布系统的使用还能够有效提升网络容量，分担宏基站业务，保证了网络资源的合理分配。

传统的室内分布系统是指基站信号通过器件进行分路，经馈线将信号分配到每副分散安装在建筑物内部的小功率、低增益的天线上，从而实现室内区域无线信号的良好覆盖。传统室内分布系统主要由以下 5 个部分组成。

室内分布系统信源：宏蜂窝基站、微蜂窝基站、分布式基站、直放站。

室内分布系统无源器件：合路器、功分器、耦合器、电桥、衰减器、负载、POI。

室内分布系统传输线：馈线、馈线接头、光纤、五（六）类线。

室内分布系统有源器件：干线放大器、馈线放大器。

室内分布系统天线：各类室内分布天线（包含漏泄电缆）。

传统的室内分布系统示意如图 2-1 所示。

室内分布系统是移动通信网络非常重要的组成部分。它可以为移动通信系统开辟高质量的室内移动通信区域，分担室外小区话务量，减小拥塞，扩大网络容量，从整体上提高移动通信网络的服务水平，以解决高端客户密集区域的覆盖问题和用户投诉问题。其性能的好坏将严重影响到客户体验及电信运营商的收益。

室内分布系统建设的目的主要包括以下 3 个方面。

① 扫除覆盖盲区，典型场景包括新建的楼宇、地下停车场、地下商场、大型楼宇、地下通道和电梯等。

② 均衡网络话务，分担室外宏基站的话务量，改善网络质量。典型场景包括大型购物场所、展览场所、体育馆、机场、车站和码头等。

③ 加强室内覆盖信号，改善室内信号质量和室内无主服务区域的"乒乓切换"现象，提高网络指标。典型场景包括较高的楼层和周围无主覆盖小区的楼房。

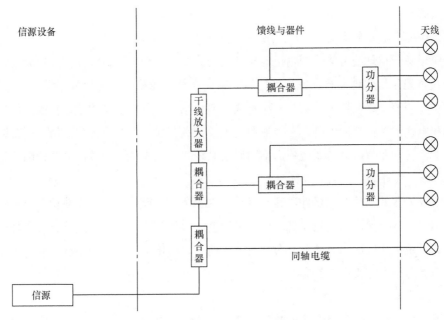

图2-1　传统的室内分布系统示意

●● 2.2　5G 室内分布系统分类

随着移动通信的不断发展，人们对移动业务的需求不断提升，室内分布系统的模式也不断地发生变化，室内分布系统分类的界限变得越来越模糊。一般情况下，室内分布系统可以按照以下两种方式进行划分。

一是按照信号源的不同来划分，室内分布系统可分为宏蜂窝室内分布系统、微蜂窝室内分布系统、分布式基站室内分布系统和直放站室内分布系统 4 种。

二是按照信号传输介质的不同来划分，室内分布系统可分为同轴电缆分布系统、光纤分布系统、漏泄电缆分布系统和五类线分布系统 4 种。其中，同轴电缆分布系统又分为有源和无源两种。

本书根据室内分布系统中的设备、器件是否使用电源进行划分，室内分布系统分为无源分布系统和有源分布系统两大类。

其中，无源分布系统可以分为传统无源分布系统和漏泄电缆分布系统两大类。

有源分布系统可以分为 PRRU 分布系统、皮基站分布系统、光纤分布系统和移频 MIMO 分布系统。

1. 无源分布系统

根据使用信号辐射方式的不同，无源分布系统分为传统无源分布系统和漏泄电缆分布系统两大类。

（1）传统无源分布系统

传统无源分布系统将信号源输出能量通过功分器、耦合器等无源器件合理分配，经馈线和天线将能量均匀地分布在室内各区域。其优点是性能稳定、造价低、设计方案灵活、易于维护和调整线路，还可以兼容多种制式。但传统无源分布系统的覆盖范围受信号源输出功率和电缆传输损耗的限制，一个信源的覆盖范围有限，在低业务广覆盖区域会造成信源投资的浪费。在室内分布系统中，不同通信系统的传输损耗不一致，需要精确计算各系统功率分配，设计难度较高。

干线放大器是一种有源器件。其作用是对主干信号进行放大，以弥补功率分配的不足和线缆损耗，从而保证天线处发射功率的电平值，满足覆盖的需求。干线放大器是在传统无源分布系统中使用的，但是该分布系统的其他组成和传统无源分布系统一样，因此，仍然将其归类为传统无源分布系统。

（2）漏泄电缆分布系统

漏泄电缆分布系统利用漏泄电缆兼具信号的传输和收发特性，替代了传统同轴电缆室内分布系统中的馈线和天线的功能，可以使信号通过漏泄电缆均匀分布到室内的各个区域。漏泄电缆的分布方式具有传输损耗均匀、信号稳定可靠等优点。但一般情况下，漏泄电缆的线路比较长、线径大、施工困难，通常只用于对地铁、隧道、电梯等特定环境的覆盖。

2. 有源分布系统

有源分布系统的相关组成单元会用到电源，根据设备来源等，有源分布系统可以分为 PRRU 分布系统、皮基站分布系统、光纤分布系统、移频 MIMO 分布系统等。

（1）PRRU 分布系统

PRRU 分布系统一般由主设备场景厂家提供，也称为"毫瓦级分布式小站""数字有源室内分布""五类线分布系统"等，是一种毫瓦级的分布式基站。

PRRU 分布系统由基带处理单元（Base Band Unit，BBU）、汇聚单元和远端单元组成。基带处理单元与汇聚单元通过光纤连接，汇聚单元与远端单元通过光纤或者网线连接。远端单元通过 POE 供电，主要代表的产品有华为 Lampsite（PRRU+Rhub）、中兴 Qcell（PRRU+P-Bridge）。

PRRU 分布系统的主要优点是承载话务的容量大，网络组合品种较多，便于选择，易于设计和安装；远端单元有天线内置和天线外置两种，可以根据实际需求选择。作为主设备厂家提供的有源设备，可以直接接入主设备网管实现实时监控，不需要额外增加网管监控。其缺点是成本较高。

（2）皮基站分布系统

皮基站分布系统采用数字化技术，是基于光纤承载无线信号传输和分布的微功率的室内覆盖系统，也称为"白盒化基站分布系统""Femeto 分布系统"。其结构和 PRRU 分布系统类似，是由主机单元、中继单元和远端单元 3 个部分构成。

主机单元通过固网宽带或者专网光纤与小基站网关或者核心网连接，主机单元提供系统的容量，负责整个系统小区的空口资源的分配和管理，下行发射功率的控制，并对中继单元和远端单元进行管理；中继单元向下负责多个远端单元数据的扩展，向上负责多个远端单元数据的汇聚并提交给主机单元，主机单元和中继单元之间通过光纤连接；远端单元主要负责其覆盖区域的空口信号的收发与处理。远端单元采用 POE 供电，远端单元和中继单元之间通过网线连接。

皮基站分布系统类似于 PRRU 分布系统，但不是由主设备厂家提供，主机的芯片架构和主设备厂家不同。其主要优点是建设成本较低，网络业务容量较大，易于设计和安装；远端单元有天线内置和天线外置两种，可以根据实际需求选择。作为非主设备厂家提供的有源设备，无法接入主设备网管实时监控，需要额外增加网管监控。

（3）光纤分布系统

光纤分布系统是一种支持多系统、多业务接入，采用数字化技术，基于光纤承载无线信号传输和分布的室内外覆盖系统。该系统由主单元（Main Unit，MU）、扩展单元（Extend Unit，EU）、远端单元（Remote Unit，RU）3 个部分组成。其中，主单元与扩展单元通过光纤连接，扩展单元与远端单元通过光纤或者网线连接。远端单元通过 POE 供电。

光纤分布系统的传输损耗小，传输容量较大，不受电磁干扰，性能稳定可靠，布线方便，组网灵活，易于设计和安装，可兼容多种移动通信系统。远端单元有天线内置和天线外置两种，用户可以根据实际需求选择。光纤分布系统需要额外增加专用网管进行实时监控；光纤分布系统本身不带网络容量，需要增加信源以保证网络容量。远端单元需要解决远端供电的问题。

（4）移频 MIMO 分布系统

移频 MIMO 分布系统是一种在原有无源室内分布系统无法支持高频信号传输的情况下，将高频信号变频为原无源室内分布系统支持的频段进行传输，在发射端将信号复原为原来频率发射的系统。该系统主要由移频管理单元（近端机）、移频覆盖单元（远端机）、供电单元和管理平台等部分组成。移频覆盖单元（远端机）由供电单元进行远程供电。

针对高频的 5G 系统，例如，中国电信、中国联通 3.5GHz 频段的 5G 信号、中国移动的 4.9GHz 频段的 5G 信号，原有的 4G 分布系统无法支持这些高频，在不改变原有分布系统的情况下，使分布系统满足高频信号的发射，同时可以与原有 2G/3G/4G 射频信号进行合路，在单根馈线上实现 5G 信号 2×2 MIMO 覆盖的目标。其缺点是原设备需要解决远端供电的问题，需要额外增加专用网管进行实时监控；移频 MIMO 分布系统本身不带网络容量，需要增加信源以保证网络容量。

●● 2.3 无源分布系统结构

2.3.1 传统无源分布系统的结构

传统无源分布系统是室内分布系统中技术最成熟的一种建设方式，由于馈线性能稳定、造价便宜、安装方便，所以在实际工程中得到大量应用。传统无源分布系统主要由信源设备、馈线、合路器、功分器、耦合器、干线放大器以及天线等设备组成。典型的传统无源分布系统结构如图 2-2 所示。

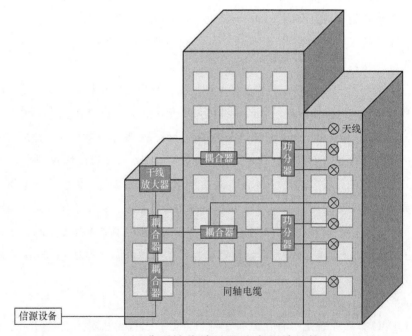

图2-2　典型的传统无源分布系统结构

传统无源分布系统主要在提取信号后，在前端将不同信源的信号进行合路，然后通过耦合器、功分器等无源器件对接收到的信号进行分路，经同轴电缆将信号尽可能均匀地分配到每副分散安装在建筑物各个区域的小功率低增益天线上，从而实现室内信号的均匀分布，解决室内信号覆盖的问题。

传统无源分布系统主要有以下优点。

故障率低，因为系统主要由一系列无源器件组成，所以器件故障的概率很低。

系统容量大，所有的无源器件均具有较高的功率容限。

扩容方便，所有的无源器件很容易组成多系统的室内分布系统，扩容十分方便，信号分配十分灵活；系统投资少。

由于馈线和器件都会对信号造成一定的损耗，而系统中信号功率不经过放大，信源提供的功率有限，所以无源室内分布系统的有效覆盖范围不可能无限大，有一定的限制。

在覆盖区域比较大的情况下，为了保证末端天线口的功率，需在必要的位置加装干线放大器进行功率放大，将输入的低功率信号放大后进行输出，主要用于补偿信号传输和分配引起的功率损耗。

干线放大器是一种有源设备，引入该设备后，可增大信号的传输功率，使原分布系统的信号覆盖范围增大。但有源器件的工作稳定性低于无源器件，系统维护的工作量大，稳定性差，系统成本较高。同时，由于干线放大器的引入会提高系统底噪，多级干线放大器级联会形成噪声累积，影响系统性能，所以在设计中，一般不允许采用串联干线放大器的方式。另外，干线放大器是一种窄带器件，在多系统的传统无源分布系统中无法使用。因此，采用干线放大器补偿功率的损耗是有限的，系统的覆盖范围仍然受到一定限制。

2.3.2　漏泄电缆分布系统的结构

漏泄电缆通过同轴电缆外导体上所开的槽孔，使电缆内传输的一部分电磁能量可以辐射到外界环境中，同样，外界环境的电磁能量也能传入电缆内部。由此可知，漏泄电缆在分布系统中主要起到电磁信号的传递与收发的功能。与一般同轴电缆室内分布系统相比，漏泄电缆分布系统是由信号源、合路器、功分器、耦合器、干线放大器、负载等射频器件以及漏泄电缆组成。但与一般室内分布系统不同的是，由于漏泄电缆兼有传输与天线的作用，漏泄电缆分布系统中一般没有天线，馈线也只用于信源设备与功分器等器件的连接，信号的传输与收发主要通过漏泄电缆。漏泄电缆分布系统组成结构如图 2-3 所示。

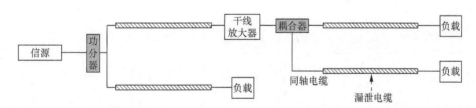

图2-3　漏泄电缆分布系统组成结构

由于无线信号的传播特性，为了增加覆盖范围，提升网络建设的性价比，对于一个需要漏泄电缆覆盖的场景，尽量在信号传播的中点安装信源，经过功分器后向不同方向输送信号，并进行覆盖，漏泄电缆分布系统安装方式示意如图 2-4 所示。

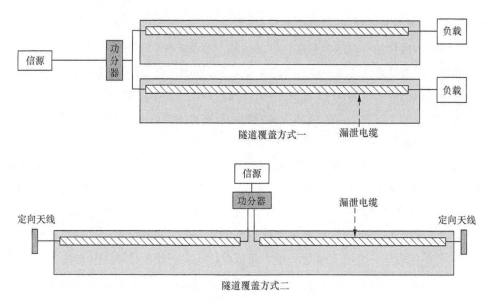

图2-4 漏泄电缆分布系统安装方式示意

如果覆盖的区域较长，例如，公路隧道和一些业务需求较小的隧道，则可使用漏泄电缆分布系统与光纤分布系统相结合的方式，以减小信号在向远端传播过程中的损耗，漏泄电缆分布系统与光纤分布系统相结合的结构示意如图 2-5 所示。

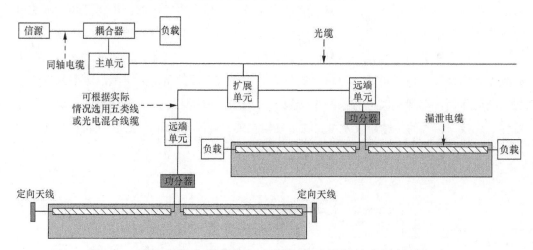

图2-5 漏泄电缆分布系统与光纤分布系统相结合的结构示意

漏泄电缆分布系统可以采用干线放大器提升功率，以保证远端信号的功率达到覆盖要求。需要注意的是，由于干线放大器噪声累积效应会对系统性能造成影响，并且系统中加入干线放大器后会使以后的扩容比较困难，干线放大器应该尽量少用，如果要使用干线放大器，那么尽量避免采用级联的方式。

漏泄电缆末端要加上终端负载，防止信号反射造成驻波比过大影响系统正常工作。

终端处也可以是天线，使隧道内信号延伸到隧道外，和外面的网络形成一个比较好的切换区域。

漏泄电缆的安装位置可以考虑在隧道顶部的正中间或安装在墙壁的半高度处，可通过以下几种方式减少对漏泄电缆衰减及耦合损耗的影响。

① 在隧道、地铁、建筑物等场所中铺设漏泄电缆时，应确保漏泄电缆远离墙壁至少20cm 以上。

② 漏泄电缆在施工过程中应远离其他的电缆（例如，电力线、传输其他信号的漏泄电缆等），建议至少应远离 0.5m 以上。

③ 安装漏泄电缆时，要注意安装环境，当漏泄电缆外部护套覆盖一层水或油污，特别是其中含有导电粒子时，都会使耦合损耗增加。

④ 对漏泄电缆的固定应避免采用金属结构设备，尽量采用塑料等导电性较弱的设备。

⑤ 漏泄电缆在选取时也要注意满足消防等特殊要求，一般选用有阻燃效果、外表皮不含卤素、燃烧无毒性的漏泄电缆。

与传统无源分布系统相比，漏泄电缆分布系统具有以下优点。

在整个漏泄电缆的路径上能提供强度均匀的信号，信号波动范围小，便于覆盖铁路隧道与其他空间狭小的区域。

漏泄电缆本身兼具传输和天线两个方面性能，不需要额外的天线，特别适合用于天线安装空间有限的铁路、公路隧道的覆盖。

需要注意的是，漏泄电缆一般情况下的线路比较长、线径大，在场景内部运输及施工比较困难，这是限制漏泄电缆广泛应用的主要原因。另外，漏泄电缆对安装方法和安装环境有一定的要求，错误的安装方法和不适合的安装环境会大大影响漏泄电缆的覆盖效果。

●● 2.4 有源分布系统的结构

2.4.1 PRRU 分布系统的结构

PRRU 分布系统一般由主设备场景厂家提供，也称为"毫瓦级分布式小站""数字有源室内分布""五类线分布系统"等，是一种毫瓦级的分布式基站。

PRRU 分布系统由基带处理单元、汇聚单元和远端单元组成。PRRU 分布系统结构如图 2-6 所示。汇聚单元通过光纤接收基带处理单元发送的下行基带数据，经过分路处理后通过超五类线（六类线或光电混合缆）传给 PRRU，并将 PRRU 的上行基带数据经过一定的合路处理后向基带处理单元发送。PRRU 发射通道通过超五类线（六类线或光电混合缆）从汇聚单元接收基带信号后进行数模转换，并将信号调制到射频后通过天线发射。

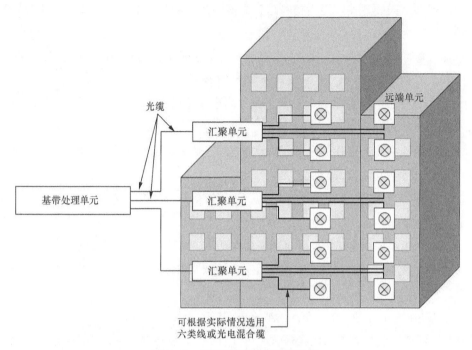

图2-6 PRRU分布系统结构

汇聚单元采用220V交流供电，射频拉远单元通过五类线（六类线或光电混合缆）POE供电。考虑到部分区域的覆盖面积比较小，一般在100m² 以下，特别是营业厅。如果是汇聚单元带着一个射频拉远单元安装在这个场景内，则会造成资源浪费和建设成本增加。这种情况下，可以考虑汇聚单元不跟随射频拉远单元下沉到该场景，只在该场景内安装一个射频拉远单元。汇聚单元与射频拉远单元通过光纤连接，而射频拉远单元则可以通过安装一个电源整流设备供电。PRRU分布系统远端就近取电示意如图2-7所示。

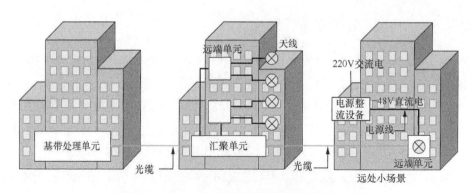

图2-7 PRRU分布系统远端就近取电示意

PRRU 分布系统的主要优点是承载话务容量大，网络组合品种比较多，便于选择，易于设计和安装；远端单元有天线内置和天线外置两种，可以根据实际需求选择。作为主设备厂家提供的有源设备，可以直接接入主设备网管实时监控，不需要额外增加网管监控。

PRRU 分布系统最大的缺点是成本高，另外一个缺点是天线内置的远端单元对于覆盖层高在 3m 以下的宾馆密集型和写字楼密集型的场景，覆盖效果不佳。为了进一步降低成本，提升覆盖效果，可以采用外接天线型的远端单元，也可以采用光缆将汇聚单元分散到楼群中进行覆盖。楼群 PRRU 分布系统及外接天线结构如图 2-8 所示。

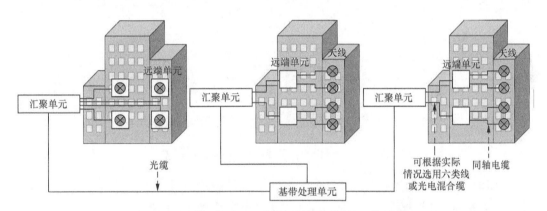

图2-8　楼群PRRU分布系统及外接天线结构

楼群 PRRU 分布系统及外接天线这种建设模式是将 5G 基带处理单元集中安放在建筑物内一个合适的地方，远端单元安放在所要覆盖的区域处。基带处理单元和汇聚单元之间用光纤进行连接，汇聚单元与远端单元之间可以根据实际情况采用六类线或光电混合缆进行连接，远端单元与天线之间采用同轴电缆来连接。

与传统的无源分布方式相比，PRRU 分布系统具有布线方便的优点，施工时受到业主的阻碍情况较少。相较于光纤分布系统，PRRU 分布系统自己连接基带处理单元，有着极大的容量及扩容空间。PRRU 可以实现更精准的室内定位，使更多的业务应用和商业模式成为可能。例如，结合定位能力，电信运营商可以开拓智能停车等业务。需要注意的是，采用网线连接的远端单元，其传输距离一般不大于 150m。根据 PRRU 分布系统的特点，适合建设的场景是空旷场景及半空旷场景，例如，机场、高铁站、地铁站、大型会展中心及高级写字楼等。

另外，对于空旷场景及半空旷场景，业务需求也是随着时间逐步提升的，而且对于场景内小场景的业务需求也是不平衡的，而 PRRU 分布系统的小区灵活配置，能够很好地解决这一难题。PRRU 分布系统小区配置示意如图 2-9 所示。

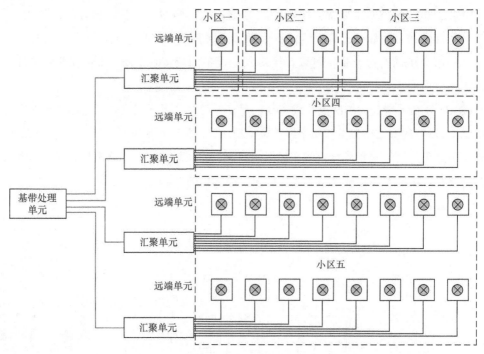

图2-9　PRRU分布系统小区配置示意

　　PRRU 分布系统的小区配置可以是一个 PRRU 设置为一个小区，也可以是几个同一汇聚单元下的 PRRU 设置为一个小区，又可以是一个汇聚单元下的 PRRU 设置为一个小区，还可以是几个汇聚单元为一个小区。

2.4.2　皮基站分布系统的结构

　　皮基站分布系统是指扩展型皮基站分布系统，它是一种采用数字化技术，基于光纤承载无线信号传输和分布的微功率的室内分布系统，也称为"白盒化基站分布系统""Femeto 分布系统"，其组成架构是由接入单元、中继单元和远端单元 3 个部分构成。皮基站分布系统结构如图 2-10 所示。

　　皮基站分布系统通过固网宽带或者专网光纤接入，然后和小基站网关或者核心网连接，接入单元提供系统的容量，负责整个系统小区的空口资源的分配和管理，下行发射功率的控制，并对中继单元和远端单元进行管理；中继单元向下负责多个远端单元数据的扩展，向上负责多个远端单元数据的汇聚并提交给主机，主机和中继单元之间通过光纤连接，远端单元主要负责其覆盖区域的空口信号的收发与处理，远端单元和中继单元之间根据网络需求采用五类线或者光纤连接。采用五类线连接的远端单元，其传输距离一般不大于 150m。

远端单元采用 POE 供电，和中继单元之间通过网线连接，远端单元也可以采用就近安装电源整流设备供电。

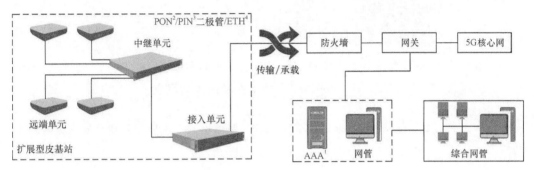

1. AAA（Authentication Authorization Accounting，认证授权计费）。
2. PON（Passive Optical Network，无源光网络）。
3. PIN（Positive Intrinsic Negative Diode，正 - 本 - 负）。
4. ETH（Ethernet，以太网）。

图2-10　皮基站分布系统结构

皮基站分布系统类似于主设备，但其不是由主设备厂家提供，与主设备的区别主要包括以下几个方面。

接入单元的芯片架构和主设备厂家的芯片架构不同。主设备厂家采用自有架构，而皮基站基本采用的是 Inter x86 架构。

在相同配置的情况，皮基站分布系统的网络容量要低于 PRRU 分布系统。

皮基站的回传方式比较灵活，可通过无线接入网 IP 化（IP Radio Access Network，IP RAN）直连 5G 核心网，或 PON 等非专用 IP 网络回传。

由于皮基站的回传方式多样化，所以网络有一定的风险，需要增加网关、网管，保证其数据安全后，再接入 5G 核心网，而 PRRU 分布系统可以直接接入 5G 核心网。

皮基站的产品形态不仅包括扩展型皮基站，还包括一体化小功率皮基站和一体化大功率皮基站。扩展型皮基站一般是指皮基站分布系统；一体化小功率皮基站分为家庭级和企业级，一般以功率和容量区分，家庭级的发射功率为 50mW/ 通道，企业级的发射功率为 250mW/ 通道。一体化大功率皮基站的发射功率一般在 20W/ 通道以上。一体化小功率皮基站和一体化大功率皮基站类似于主设备的微蜂窝，一个设备集基带处理单元和射频拉远单元于一体，而一体化小功率皮基站除此之外，还把天线也集成在内。一体化小功率皮基站实物示意如图 2-11 所示。

（a）家庭级一体化小功率皮基站　　　（b）企业级一体化小功率皮基站

图2-11　一体化小功率皮基站实物示意

一体化大功率皮基站的发射功率一般在 20W/ 通道以上，可以作为传统室内分布系统的信源。一体化大功率皮基站分布系统结构如图 2-12 所示。

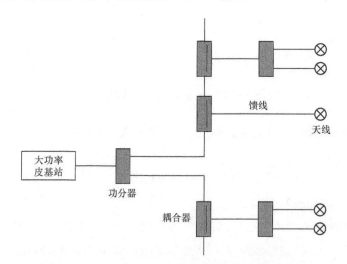

图2-12　一体化大功率皮基站分布系统结构

由于皮基站是非主设备厂家的设备，其产品的性能及相关自适应能力不能与主设备区域完美结合，所以在业务需求大的区域和切换频繁的区域要谨慎使用，建议在比较密闭和切换少的区域使用，例如，小区地下室。

考虑到 5G 行业应用有特殊的网络切片需求，我们建议电信运营商使用皮基站。

2.4.3　光纤分布系统的结构

对于传统室内分布系统，受到信源输出功率和信号在电缆中传播损耗的限制，不能对较大面积的楼宇进行覆盖，引入有源器件（例如，干线放大器）虽然能弥补信号传输时的损耗，但是会提升系统的底噪，从而对系统的性能造成一定的影响。而光纤分布系统能很好地解决传统室内分布系统所带来的问题。光纤分布系统是利用光纤传输的低损耗特点而设计的，在服务区域间隔距离远、需要覆盖的区域面积较大的情况下，采用光纤分布系统较为有利。光纤分布系统由主单元、扩展单元和远端单元 3 个功能部件组成。这些部件具体的功能说明如下。

① 主单元：完成下行链路射频电信号转中频电信号，并进行"电—光"转换；完成上行链路的"光—电"转换，并进行中频电信号转射频电信号；汇总系统监控信息，实施集中和远程监控。

② 扩展单元：完成下行链路的中频"光—电"转换；完成上行链路的中频"电—光"转换；汇总其所带远端单元及自身的监控信息，实现监控数据的双向传输；对远端单元供电。

③ 远端单元：完成下行链路的中频电信号转射频电信号；完成上行链路的射频电信号转中频电信号；可以内置信号发射天线，也可以外接室内分布系统天线。

光纤分布系统根据其工作原理，可以将光纤分布系统归为分布式的光纤直放站。

光纤分布系统的结构如图 2-13 所示。

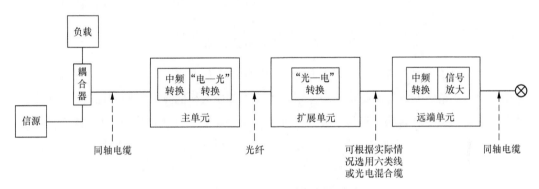

图2-13 光纤分布系统的结构

在下行链路中，光纤分布系统中的主单元把信源的射频信号先变为中频信号再转换为光信号，通过光纤传输到分布在建筑物各个区域的扩展单元，扩展单元把光信号转换为中频电信号，再发送给远端单元。远端单元收到中频信号后，先转换为射频信号，再经放大器放大，最终将信号传送给天线并对室内各区域进行覆盖。上行链路的传输过程与下行链路相对应，在此不再赘述。在扩展单元和远端单元连接方式的选取上，可根据建设的实际情况，选用六类线或光电混合缆。采用六类线连接的远端单元，其传输距离一般不大于 150m。

远端单元采用 POE 供电，和扩展单元之间通过网线连接，远端单元也可以和 PRRU 分布系统一样，采用就近安装电源整流设备供电。

一般情况下，在进行室内分布系统设计时，光纤分布系统的建设模式包括针对大型楼宇的覆盖模式和针对楼群的覆盖模式两种。光纤分布系统覆盖如图 2-14 所示。

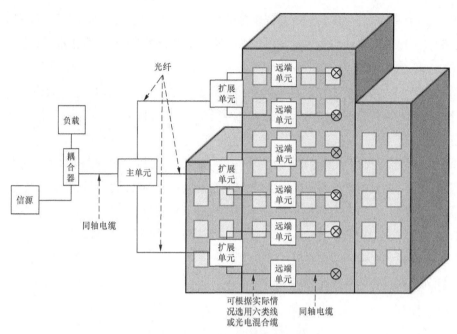

图2-14　光纤分布系统覆盖

针对大型楼宇的覆盖模式是将信源与主单元集中安放在建筑物内一个适当的地方，扩展单元和远端单元安放在所要覆盖的区域。光纤主要在大楼的垂直方向上铺设，完成大型楼宇主干线路信号的传输。在楼宇平层，如果传输的距离比较远，则可考虑使用光纤；如果传输的距离比较近，则可考虑使用六类线。这种建设模式灵活多变，不需要大的机房空间，比较容易实施，是一般大型低业务需求楼宇的室内分布系统建设的常用方案。

楼群光纤分布系统覆盖示意如图 2-15 所示。

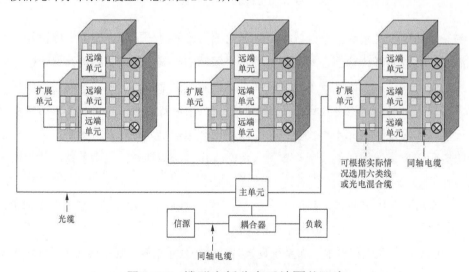

图2-15　楼群光纤分布系统覆盖示意

针对楼群覆盖模式的原理与第一种相同，但主要是针对一定区域内多栋小型楼宇的场景。这种场景可将信源和主单元安放在该区域的一个专用机房内，扩展单元安放在不同的建筑物内，远端单元安放在所要覆盖的区域内。建筑物内部可考虑使用传统室内分布系统方式进行覆盖。这种建设方式主要是完成对一定区域内多栋低话务楼宇的覆盖，利用光纤低损耗的特点将信号传送给不同的楼宇，使同一信源设备能实现多栋楼宇的话务吸收。需要注意的是，在进行光纤分布系统信源与主单元安放位置选取时，应尽量安排在建筑的中心区域，这样可以节省其到各覆盖区域总的光纤使用长度，达到节约成本的目的。

与传统室内分布系统相比，光纤分布系统主要有以下优点。

光纤传输信号损耗较小，传输的距离较远，性能稳定可靠，适合于大型建筑低业务需求的室内分布系统建设。

光纤分布系统采用分布式的结构，建设方式灵活，设备体积小，重量轻，便于安装，选址难度小。

光纤铺设方便，与同轴电缆相比，光纤分布系统的光纤尺寸更小且弯曲度更好，对周围环境的影响较小。

光纤分布系统可以通过网管进行实时监控，如果出现故障，则可以很快定位故障，方便后期维护。

同样，光纤分布系统也有一些缺陷，具体包括以下几个方面。

① 需要建设额外网管进行实时监控。

② 扩展单元需要供电，因此，光纤分布系统在供电受限的环境下不能使用。

③ 光纤分布系统的信源一般为主设备信源，其网络容量受限，无法满足数据流量需求较大的场景。

④ 由于光纤分布系统的扩展单元和远端单元均为用电设备，所以使用时间长会导致设备损伤，网络质量下降。

是否使用光纤分布系统进行室内分布系统建设应根据实际情况，综合考虑其优缺点，权衡性价比和建设难度后进行取舍。

2.4.4　移频 MIMO 分布系统的结构

原有无源室内分布系统无法支持高频的信号进行无线信号传输，而移频 MIMO 分布系统是一种将高频信号变频为无源室内分布系统支持的频段信号进行传输，在发射端将信号复原成原来频率发射的系统。移频 MIMO 分布系统主要由移频管理单元（近端机）、移频覆盖单元（远端机）、供电单元和管理平台等组成。移频 MIMO 分布系统结构如图 2-16 所示。

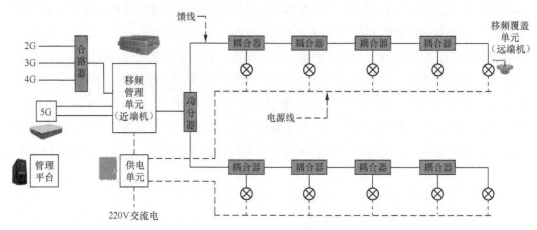

图2-16 移频MIMO分布系统结构

针对高频的系统，例如，中国电信和中国联通 3.5GHz 频段的 5G 信号、中国移动 4.9GHz 频段的 5G 信号，原有的 4G 分布系统无法支持这些高频，在不改变原有分布系统的情况下，使分布系统满足高频的信号发射，同时，可以与原有 2G/3G/4G 射频信号进行合路，在单根馈线上达到 5G 信号 2×2 MIMO 覆盖的目的。

移频 MIMO 分布系统在改造原有无源分布系统的时候，需要用移频覆盖单元替换原有传统无源分布系统的天线。一般而言，移频覆盖单元的重量要比原有天线大，存在原有天线支架不能满足移频覆盖单元安装要求的问题，安装时需要重新核实并加固、改造天线支架。

移频 MIMO 分布系统最大的难点是对移频覆盖单元进行供电，供电的方式主要包括以下两种。

一种是采用电源线的方式。这种方式通过供电单元，使用 $2×2.5\text{mm}^2$ 的电源线对移频覆盖单元进行供电。每台供电单元支持最大 6 路输出，同时，可以给 50 个远端机供电。单路电源线长度建议不超过 300m，采用接电端子的方式并联接入。这种方式的一路电源不能截断，或分叉接电导致电源线路由重复迂回，提高了施工难度，并增加了建设成本。

另一种是采用网线供电。这种方式通过 HUB（集线器），使用网线对移频覆盖单元进行供电，每个 HUB 支持 16 个远端机供电，网线长度不超过 200m。这种方式的网线与移频覆盖单元为一对一供电，需要大量的网线，同样提高了施工难度，并增加了建设成本。

结合 PRRU 分布系统的小区灵活配置，可以将一个 PRRU 作为一个小区提供网络容量，而移频 MIMO 分布系统的 5G 网络需要输入一个比较小的信号，因此，移频 MIMO 分布系统可以采用一个外接天线型的 PRRU 作为 5G 信源。5G PRRU 接入移频 MIMO 分布系统结构如图 2-17 所示。

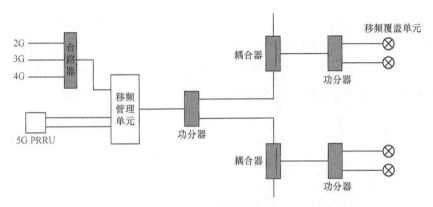

图2-17　5G PRRU接入移频MIMO分布系统结构

移频 MIMO 分布系统解决了原有 4G 分布系统无法支持高频 5G 信号的难题，但是也有以下缺点。

需要解决远端供电的问题。

移频 MIMO 分布系统需要用移频覆盖单元替换原有室内分布系统的天线。

需要额外增加专用网管进行实时监控。

需要增加信源以保证网络容量。

在系统中增加了相关器件，造成原有 2G/3G/4G 射频信号的额外损耗，对原有的覆盖有一定的影响。

●● 2.5　分布系统的结构小结

每种分布系统有各自的特点和适合的场景，各类分布系统对比见表 2-1。

表2-1　各类分布系统对比

分布系统类型	分布系统性质		高频支持		是否需要原有分布系统	设计难度	施工难度	建设成本	后期扩容
	是否需要电源	是否带容量	3.5GHz	4.9GHz					
传统无源分布系统	否	否	是	否	否	难	一般	低	一般
漏泄电缆分布系统	否	否	是	否	否	难	难	较低	一般
PRRU 分布系统	是	是	是	是	否	容易	容易	高	容易
皮基站分布系统	是	是	是	是	否	一般	一般	较高	一般
光纤分布系统	是	否	是	是	否	一般	容易	较高	难
移频 MIMO 分布系统	是	否	是	是	是	一般	较难	较高	难

在实际工程建设中，电信运营商需要比较和分析各类分布系统的优点和缺点，了解它们不同的技术特点，综合考虑覆盖效果、建设成本、施工难度，以及后期扩容维护等因素，选取适合的分布系统进行室内分布系统建设。另外，电信运营商也可以根据建筑的实际情况，选择两种或多种分布方式混合的分布系统进行建设。

室内分布系统器件
Chapter 3
第3章

　　无源分布系统是室内分布系统中最为成熟、系统也最稳定、使用最广泛的室内分布系统，它是由信源、各类器件、馈线、漏泄电缆以及室内分布系统天线等组成。电信运营商对这些设备器件材料的了解程度会直接影响无源室内分布系统的设计质量。

　　本章将全面介绍各类室内分布器件、各种常用的室内分布系统天线、馈线、漏泄电缆和连接器等的工作原理、使用范围以及满足室内分布系统覆盖的相关技术参数。

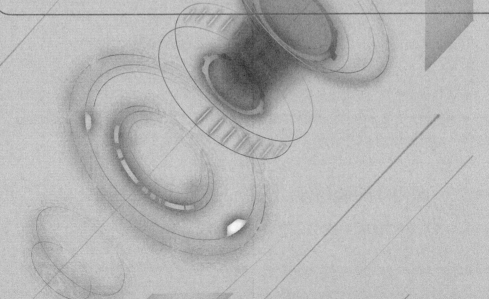

3.1 室内分布系统器件概述

室内分布（简称室分）系统的无线信号由信号源发出，首先通过传输线将信号输送出去，然后由各类器件对信号进行放大、分路，最后将无线信号分配到每副分散安装在建筑物各个区域的天线上，从而实现室内信号的均匀分布。室内分布系统的设备器件主要由以下几个部分构成。

① 室内分布系统信源：宏蜂窝基站、微蜂窝基站、分布式基站和直放站。

② 室内分布系统无源器件：合路器、功分器、耦合器、电桥、衰减器、负载和 POI。

③ 室内分布系统传输线：馈线、馈线接头、光纤和五（六）类线。

④ 室内分布系统有源器件：干线放大器和馈线放大器。

⑤ 室内分布系统天线：各类室内分布天线（包含漏泄电缆）。

室内分布系统设备器件构成示意如图 3-1 所示。

图3-1　室内分布系统设备器件构成示意

室内分布系统的方案灵活多变，通常需要根据不同的室内场景和网络具体的需求采用相应的系统设计方案。为了实现室内无线信号的良好覆盖和满足优质的网络容量需求，需要采用合适的信源，科学合理的室内覆盖策略，实现功率的合理分配。

3.2 室内分布系统信源

室内分布系统的信源主要包括宏蜂窝基站、微蜂窝基站、分布式基站和直放站。这 4

类信源各自的特点使室内分布系统可以适应不同场景下的应用。

3.2.1　宏蜂窝基站

宏蜂窝基站收发信机（Base Transceiver Station，BTS）作为信源覆盖目标楼宇时，其特点在于宏蜂窝基站支持的输出功率大，覆盖范围广，可支持的载波数、小区数较多，支持的话务量大，但对机房条件要求严格，安装难度较大。

宏蜂窝基站可适用的室内场景：宏蜂窝基站尚有剩余未使用的扇区，且所覆盖目标楼宇的业务量非常大。宏蜂窝基站信源的室内分布系统示意如图3-2所示。

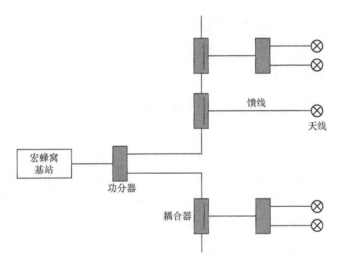

图3-2　宏蜂窝基站信源的室内分布系统示意

发展到5G时代，宏蜂窝基站由于其设备内的模块比较固定，无法灵活配置，导致5G的很多功能无法实现，所以宏蜂窝基站将被淘汰。

3.2.2　微蜂窝基站

微蜂窝基站作为信源覆盖目标楼宇时，所支持的输出功率较宏蜂窝基站小，可支持的载波数、小区数较少，覆盖范围有限，但是其体积的减小使施工安装更为灵活。

微蜂窝基站可适用的室内场景：楼宇业务需求较大，有限容量信源即可满足用户使用需求的情况。微蜂窝基站信源的室内分布系统示意如图3-3所示。

微蜂窝基站的一个基带处理单元一般携带一个射频单元，相对于基带处理单元而言，比较浪费，与宏蜂窝基站一样，微蜂窝基站发展到5G时代，由于其设备内的模块比较固定，无法灵活配置，导致5G的很多功能无法实现，所以微蜂窝基站也将被淘汰。

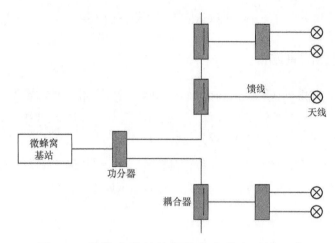

图3-3　微蜂窝基站信源的室内分布系统示意

3.2.3　分布式基站

分布式基站作为信源覆盖目标楼宇时（BBU+RRU），其特点在于覆盖方式比较灵活，可单独提供话务量。根据不同的场景，电信运营商可以将 BBU 安装在基站，也可以将 BBU 安装在室内分布站点楼宇内，可以挂墙安装，也可以安装在机柜内。BBU 和 RRU 之间采用光缆连接，施工便捷。RRU 与 RRU 之间可以采用级联的方式，也可以采用并联的方式，主要取决于覆盖区域的话务量需求。对于话务量较大的覆盖区域，建议 RRU 单独占用一个扇区；对于话务量要求不大的覆盖区域，则可采用级联的方式进行覆盖，为 BBU 节约光口数量。

分布式基站可适用室内场景：适用于除极低数据流量需求的纯覆盖类场景之外的绝大部分场景。分布式基站信源的室内分布系统示意如图 3-4 所示。

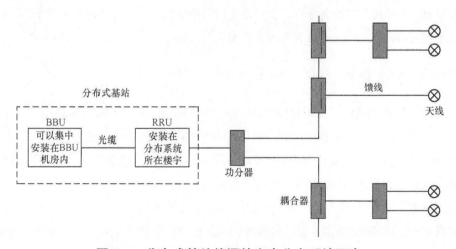

图3-4　分布式基站信源的室内分布系统示意

分布式基站中由于 BBU 和 RRU 分离，BBU 可以集中安装，设置 BBU 机房，对于 5G 网络的各方面业务设置非常灵活，因此，分布式基站是 5G 时代的主流基站设备。

3.2.4　直放站

1. 直放站的概念

直放站和塔顶放大器、功率放大器、低噪声放大器、干线放大器一样，是一种射频信号功率增强设备，即是一种无线信号放大设备。与其他射频信号功率增强设备相比，直放站是一种无线信号发射中转设备，也可以称为中继器。

直放站有两个特性：信号放大和信号中转。

直放站的工作原理可以用 3 个词来概括，即接收、放大和发射。

在下行链路中，直放站从基站的覆盖区域中拾取（接收）信号，将经过带通滤波（过滤带外的噪声）后的信号放大，然后通过天线把信号发射到覆盖区域的手机，将信号从基站传送到手机。

在上行链路中，直放站接收其目标覆盖区域内的手机信号，经过滤波放大，然后把信号发射到基站，将信号从手机传送到基站。

从上面的描述中可以看出，直放站的核心组成部分是接收单元、滤波器、放大器和发射单元。直放站的核心组成部分如图 3-5 所示。

图3-5　直放站的核心组成部分

直放站在工作过程中，一方面要从基站覆盖区接收信号，另一方面又要给基站发射信号。也就是说，在基站覆盖区城内，直放站既要接收信号，又要发射信号，这个功能由直放站的施主天线完成；在直放站自己的覆盖区域内，既要接收手机的信号，又要给手机发射信号，这个功能由直放站的业务天线完成。直放站的施主天线和业务天线既是接收天线，又是发射天线。

直放站在工作的时候，既存在从手机到基站的上行信号，又存在从基站到手机的下行信号，因此，需要双工合路器处理上下行信号，以便把天线接收到的信号和天线要发射出去的信号分开或者合起来。

直放站接收的无线信号，一般来说，信号强度比较小，无法直接进行滤波（滤波器认为信号太小），也不能直接进行放大（引入的噪声相对信号来说会被放得过大），在滤波放大之前必须引入低噪声放大器。低噪声放大器是噪声系数很小的放大器，其作用是放大有用信号，并尽可能地抑制噪声。

直放站的内部组成如图 3-6 所示。

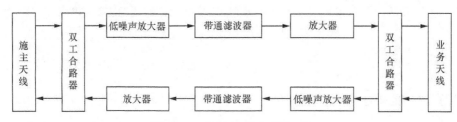

图3-6 直放站的内部组成

2. 直放站的类型

直放站是典型的无线直放站,从基站和直放站传送信号的方式是无线传输。有"无线"就有"有线",其中,"有线"的传输方式就是从基站和直放站通过光纤来传送信号,这就是光纤直放站。光纤直放站示意如图 3-7 所示。光纤直放站由两个部分组成,与基站相连的是光纤直放站的近端,下行方向完成从射频电信号到射频光信号的转换,上行方向完成射频光信号到射频电信号的转换。光纤直放站的远端通过光纤和光纤直放站的近端相连,下行方向完成射频光信号到射频电信号的转换,上行方向完成从射频电信号到射频光信号的转换;业务天线完成手机无线信号的接收和基站传来的无线信号的发射。

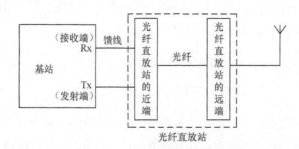

图3-7 光纤直放站示意

无线直放站和光纤直放站最显著的不同是二者的传输方式。其中,无线直放站通过无线的方式传播,不需要传输媒介;光纤直放站通过光纤和基站联系,需要光纤媒介。

直放站的自激:施主天线接收到的无线信号经过直放站,从业务天线发射出去,又被施主天线接收到,经过不断的信号环回,干扰有用信号,这叫作直放站的自激。

由于存在直放站的自激现象,所以在施工安装时,无线直放站的施主天线和业务天线需要满足空间隔离度要求。光纤直放站不存在施主天线,也不会有自激现象,因此,不存在隔离度要求。

由于射频直放站的施主天线和业务天线有隔离度要求,为了避免出现直放站的自激现象,需要采用定向天线。光纤直放站无隔离度要求,除了使用定向天线,还可以使用全向天线。

由于无线直放站存在自激现象，所以目前使用的直放站基本为光纤直放站。

光纤直放站的光纤中传送的是射频信号，额外增加了两次模拟的光电转换，给系统带来新的噪声，对无线信号质量有一定的影响。无线直放站不存在光电的转换，因此，没有光电相互转换而引起的噪声。

无线直放站采用无线的传输方式，施工方便，成本低，进度快，但传送距离有限。光纤直放站采用光纤作为传输介质，传输损耗小，传送距离远，但成本较高，施工较为复杂，工期略长。

无论是无线直放站还是光纤直放站，二者的引入都可能使基站接收的底噪明显提高，从而会导致上行覆盖半径减小。因此，在设置直放站时，应调整上行增益，并计算此噪声有效路径损耗到达基站接收的噪声功率是否控制在可容忍范围内，以便控制上行噪声，减少基站的噪声干扰。

直放站可适用的场景：业务量不高，施工难度较高，或者要求能迅速对覆盖区域进行信号覆盖的目标建筑。

●●3.3 有源器件和无源器件

有源器件和无源器件二者的区别在于是否有"源"，即是否需要"电源"。器件是由元件组成的。无源元件主要是一些电阻类、电感类和电容类元件，只要有信号，不需要在电路中加电源也可以工作；有源元件一般包括二极管、晶体管等。有源元件只有存在外加电源的时候才能正常工作。

无源器件最基本的组成部分就是无源元件，不存在有源元件。室内分布系统的无源器件的普遍作用为功率分配，例如，合路器、功分器、耦合器、电桥、衰减器、负载和POI。

有源器件最核心的组成部分就是有源元件，同时也需要无源元件。有源器件一般用于功率放大，例如，干线放大器、全球导航卫星系统（Global Navigation Satellite System，GNSS）中继放大器。

●●3.4 有源器件

3.4.1 干线放大器

干线放大器简称干放，和其他放大器的功能一样，放大器的共同功能是使功率增强，信号放大。从这一点来看，干线放大器的作用是补偿信号在功率分配或进行长距离传输时的损耗，从而覆盖更多的区域。干线放大器的引入可能使基站接收的底噪明显提高，会引起上行覆盖半径减小，因此，设置时需要调整上行增益，减少基站的噪声干扰。干线放大器实物示意如图 3-8 所示。

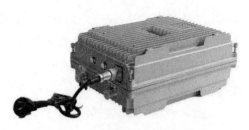

图3-8　干线放大器实物示意

干线放大器和直放站最大的区别在于二者在室内分布系统中的位置不同。直放站是作为信源来使用的，它处在基站和室内分布系统的中间位置，主要是放大基站信号，延伸基站的覆盖区域；干线放大器用于室内分布系统主干线上的信号增强，延伸室内分布系统本身的覆盖区域。

直放站是一种信源，可以通过无线（施主天线、业务天线）或者光纤（近端、远端）的方式接入系统；干线放大器只是室内分布系统中一个负责信号传送和信号增强的射频器件，只能通过有线的方式接入系统。因此，干线放大器的两个端口直接接上馈线便可接入系统，不存在直放站的无线信号接收和发送的配套模块。

干线放大器是一个二端口器件（一个输入端口、一个输出端口），全双工设计（一个物理实体中支持上下行两个通路）。干线放大器比直放站更简单，是一种射频信号放大器，除了双工器、电源、监控，一般主要是上下行低噪声放大器、功率放大器，没有直放站的选频、选带、移频、光模块、业务天线和施主天线等。干线放大器的内部组成示意如图 3-9 所示。

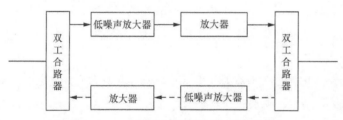

图3-9　干线放大器的内部组成示意

干线放大器是一种对上下行信号进行双向放大的射频器件，既然是"放大"设备，相对输入端功率来说，输出端功率就有增益。输出功率和输入功率的比值就是放大器的增益。干线放大器的增益如图 3-10 所示。

图3-10　干线放大器的增益

如图 3-10 所示，干线放大器的增益 $G=P_{out}-P_{in}$。

干线放大器的放大有一个线性范围，输入信号不能过大，否则干线放大器工作在放大器饱和区域，输出信号不能线性地反映输入信号的变化，进而引起信号失真。因此，干线放大器一般都有一个可以保证其正常工作的、允许输入信号大小的范围。

　　一般在室内分布系统干线上的信号强度不足（一般要求在 0dBm 以下）的时候，才考虑使用干线放大器。使用耦合度较高（常用 30dB、35dB、40dB）的耦合器在主干上耦合出一个弱信号，然后将该弱信号接到干线放大器上进行功率放大。干线放大器应用示意如图 3-11 所示。

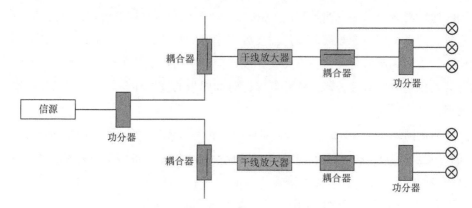

图3-11　干线放大器应用示意

　　干线放大器是有源器件，器件本身会发热，如果散热不及时，则容易发生故障。

　　使用干线放大器虽然能给室内分布系统带来延伸覆盖的好处，但也会给室内分布系统带来额外干扰，降低室内分布系统的可靠性。因此，在室内分布系统设计中使用干线放大器时，需要注意以下事项。

　　① 要慎用干线放大器（尽量使用 RRU 通过光纤拉远的方式进行覆盖，仅在封闭区域考虑使用干线放大器）。

　　② 少用干线放大器（通常 1 个 RRU 或直放站附带的干线放大器不超过 4 个）。

　　③ 不要串联使用干线放大器。

　　④ 尽量在支路中使用干线放大器，避免在主干路中使用。

　　⑤ 干线放大器的增益设置必须保证上下行链路平衡。

　　⑥ 尽量避免直放站和干线放大器级联使用。

　　选用干线放大器时考虑的指标和选用直放站时考虑的指标非常相似。首先，要考虑干线放大器工作的频率范围；其次，考虑上下行增益的调节范围、输出功率大小等指标。为了减少干线放大器对系统性能的影响，还要考虑干线放大器的杂散抑制能力、互调衰减能力和带外抑制能力等指标。

3.4.2　GNSS 中继放大器

　　时钟同步是同步无线通信网络的重要基础，是无线信号正确接收、时分多址接入、功率控制、同步跳频等功能的核心技术之一。

无线通信网络中各节点拥有独立的硬件时钟，硬件时钟通过晶体振荡器和计数器进行计时，由于制作工艺、外界环境、硬件老化等原因，各节点硬件时钟的晶体振荡器的频率之间存在差异，所以完成节点时钟之间的频率同步是网络节点之间时间同步的重要保障。

无线通信网络技术中有的是利用 IEEE 1588（一种网络测控系统精准时钟同步协议）授时进行无线通信网络的时间同步，需要外接稳定的时钟源，逐级完成无线通信网络的时间同步。需要说明的是，这种方案使无线通信网络的成本及实现难度增加，同时这种方案需要稳定可靠的时钟传输网络才能保证时间同步的稳定性，对于无线通信网络而言难以实现。

无线通信网络技术中有的是依赖外部时钟源来完成无线通信网络节点间的时间同步。例如，利用全球定位系统（Global Positioning System，GPS）、北斗等卫星授时系统进行无线通信网络的时间同步，在节点中集成相应的时标信号接收装置，无线通信网络中的各个节点与卫星授时系统的时间进行同步，以完成整个网络的时间同步。

利用 GPS、北斗等卫星授时系统进行无线通信网络的时间同步方案，需要在网络节点中集成时标信号接收设备，但不需要增加额外的传输线路，施工难度相对较低，因此，这种方案成为无线通信的主要时钟同步技术手段。然而，如果有些场景的卫星信号无法接收到，则采用 IEEE 1588 授时系统进行同步。

在卫星信号较弱或者信号传输线比较长的场景下，GNSS 接收机为了能够更好地跟踪到卫星信号并且能够稳定的工作，要求其接收到的 GNSS 信号要非常"干净"。

一般情况下，过长的天线射频电缆和外界的电磁干扰将使 GNSS 接收到的卫星信号在进入 GNSS 接收机前被恶化，恶化的程度决定于电缆的种类和长度，而 GNSS 中继放大器将通过放大 GNSS 信号改善这种情况。

对于电磁干扰（Electro Magnetic Interference，EMI），GNSS 中继放大器内嵌的滤波器可以消除不需要的干扰信号而只通过 GNSS 信号，从而使 GNSS 信号在进入 GNSS 接收机前干扰被降到最低。

GNSS 中继放大器是专门针对上述使用环境改善 GSP 信号的高性能配套产品，可以放大 GNSS 全频段的频率信号。

GNSS 中继放大器实物示意如图 3-12 所示，GNSS 中继放大器是一种特殊的有源器件，不需要外接电源线，只从 GNSS 接收机通过接收线供电。

图3-12　GNSS中继放大器实物示意

GNSS 中继放大器适用于卫星信号较弱或者信号传输线较长的场景，例如，地铁。有源 GNSS 信号沿 GNSS 天线向接收机逐步减弱，建议 GNSS 中继放大器安装在接收机端，使其获得较好的接收效果。GNSS 中继放大器的相关参数指标示例见表 3-1。

表3-1　GNSS中继放大器的相关参数指标示例

频率范围 /MHz	1575.42 ± 5
增益 /dB	22 ± 2
直流供电电压 /V	4 ～ 5.5
直流供电电流 /mA	< 20
接口形式	N（F）型
输出阻抗 /Ω	50
噪声系数 /dB	< 2.0
输入输出电压驻波比	≤ 2.0
带内波动 /dBc	< 0.5
带外抑制 /dBc	25min @1675MHz；40min @1475MHz
输入 1dB 压缩点 /dBm	> −25
防浪涌（冲击）抗扰度性能	符合《电磁兼容 试验和测量技术浪涌（冲击）抗扰度试验》（GB/T 17626.5—2008）

3.5　无源器件

无源器件作为室内分布系统中最为基础和最为重要的组成部分，主要包括合路器、功分器、耦合器、电桥、衰减器和负载。为了更好地理解室内分布器件的相关性，本节先对室内分布器件中最为常见的功率指标参数的计算进行说明。

3.5.1　信号强度的计算单位

1. dB

在电磁学中，dB 的定义为某一个量的强度与基准强度比值的对数再乘以 10 的数值，dB 不是一个单位，而是一个数值，用来表示比值，也称为分贝。由于无线通信经常涉及较大位数的运算和数字表示，和所有取对数的"单位"一样，分贝具有数值变小、读写方便、运算方便的优势。

以功率为例，信号功率 $X = 100000W$　　基准功率 $Y = 1W$

信号功率 X 相比于基准功率 Y，其比值的对数再乘以 10，即可以用 dB 表示，其 dB 值如下。

$$Lx = 10 \times \lg\left(\frac{100000}{1}\right) = 10 \times \lg\left(10^5\right) = 50\,(\text{dB}) \qquad 式（3-1）$$

同理：

信号功率 $X = 10^{-15}\,\text{W}$ 时，

$$Lx = 10 \times \lg\left(\frac{10^{-15}}{1}\right) = 10 \times \lg\left(10^{-15}\right) = -150\,(\text{dB}) \qquad 式（3-2）$$

由此可见，使用分贝可以把一个很大（后面有一长串 0 的数）或者很小（前面有一长串 0 的数）的数比较简短地表示出来，该数值较小，运行也比较简单。

2. dBm 和 dBw

dBm 是一个考量功率绝对值的值，其计算公式为：$10\lg P$（功率值 /1mW）。这是一个绝对值，0dBm 即是 1 毫瓦所转换的能量。

dBw 与 dBm 一样，dBw 是一个表示功率绝对值的单位（也可以认为是以 1W 功率为基准的一个比值），故 dBm 称为分贝毫瓦，dBw 称为分贝瓦。dBw 与 dBm 之间的换算关系如下。

$$0\,(\text{dBw}) = 10 \times \lg(1\text{W}) = 10 \times \lg(1000\text{mW}) = 30\,(\text{dBm}) \qquad 式（3-3）$$

由此可见，0dBw 是一个比 0dBm 大得多的单位，功率数值上相差 1000 倍。

例如，5G RRU 的输出信号强度为 80W，其总功率换算成分贝毫瓦的情况如下。

$$80\,(\text{W}) = 10 \times \lg\frac{(80 \times 1000)(\text{mW})}{1(\text{mW})} = 49.031\,(\text{dBm}) \qquad 式（3-4）$$

3. dBi 和 dBd

dBi 和 dBd 是考量增益的值（功率增益），二者都是一个相对值，但参考基准不一样。dBi 的参考基准为全方向性天线，dBd 的参考基准为偶极子，因此，二者略有不同。一般认为，表示同一个增益，用 dBi 表示比用 dBd 表示的值大 2.15。

4. dBc

dBc 也是一个表示功率相对值的单位，与 dB 的计算方法完全一样。一般来说，dBc 是相对于载波（Carrier）功率而言的，在许多情况下，用来度量与载波功率的相对值，例如，用来度量干扰（同频干扰、互调干扰、交调干扰、带外干扰等以及耦合、杂散等的相对量值）。需要注意的是，采用 dBc 的场景也可以用 dB。

5. 功率单位计算

dBw 与 dBm 的计算可以参考式（3-3）、式（3-4），功率单位计算见表3-2。

表3-2 功率单位计算

计算公式	示例
$X(\text{dB})+Y(\text{dB})=(X+Y)\text{dB}$	$20(\text{dB})+10(\text{dB})=30(\text{dB})$、$10(\text{dB})-20(\text{dB})=-10(\text{dB})$
$X(\text{dBm})+Y(\text{dB})=(X+Y)\text{dBm}$	$20(\text{dBm})+10(\text{dB})=30(\text{dBm})$
$X(\text{dBm})-Y(\text{dB})=(X-Y)\text{dBm}$	$10(\text{dBm})-20(\text{dB})=-10(\text{dBm})$
$X(\text{dBm})+Y(\text{dBm})\neq(X+Y)\text{dBm}$	二者相加不能直接采用数据相加，应将 dBm 换算成 mW，相加后再换算为 dBm。因此，有 $0(\text{dBm})+0(\text{dBm})=1(\text{mW})+1(\text{mW})=2(\text{mW})=3(\text{dBm})$
$X(\text{dBi})+Y(\text{dBi})=(X+Y)\text{dBi}$	$20(\text{dBi})+10(\text{dBi})=30(\text{dBi})$

对于室内分布系统，信源信号经过 A 点输入室内分布系统，A 点的输入功率为 15.2dB，经过器件 1 损耗 3dB，经过器件 2 损耗 5dB，经过器件 3 损耗 6dB，经过器件 4 损耗 3dB，经过天线增益 18dB，那么输出口 B 点的实际输出功率如下。

$$P(\text{B})=15.2-3-5-6-3+18=16.2（\text{dB}）\qquad\text{式（3-5）}$$

功率计算示意如图 3-13 所示，出口 B 的功率比入口功率大，说明信号被放大。

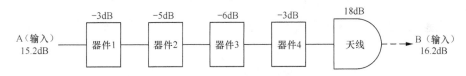

图3-13 功率计算示意

3.5.2 合路器

合路器的主要功能是将两路或者多路不同频段的射频信号合在一个室内分布系统中。合路器实物示意如图 3-14 所示。也就是说，一个室内分布系统通过合路器可以为工作在不同频段的几个无线制式服务。

图3-14 合路器实物示意

使用合路器既要多个无线制式共用同一室内分布系统,节约室内物料和施工费用,又要避免多个系统相互影响,导致网络质量下降。因此,合路器要完成的工作可以概括为以下 3 个方面。

一是将多路信号合成一路信号输出。

二是将一路信号分离成多路信号输出(此时也可以称为分路器)。

三是避免各个端口之间不同频段的信号相互影响。

合路器实际上就是滤波器的有效组合,可以同时为上下行两个方向的信号服务,实际上具有双工器的作用。合路器的信号合成和信号分离示意如图 3-15 所示,从下行的方向(信号源到天线的方向)看,合路器把各频带的信号在输出端叠加起来(信号合成);从上行的方向(天线到信号源的方向)看,合路器把天线接收的上行信号按照不同频段分开(信号分离),分别送往相应制式的信号源。

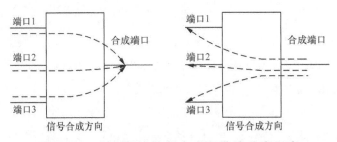

图3-15 合路器的信号合成和信号分离示意

实际上,合路器要实现不同频段信号的合成与分离,而这种合成与分离不会产生太多的功率损耗,尽量实现信号的无损合成与分离。要实现合路与分路的无损,就必须实现另一支路不会分走本支路的功率。也就是说,另一支路对本支路来说相当于不存在。另外,合路器要保证不同频段的信号相互不影响,这就要求有较高的干扰抑制程度。信号的无损合成或分离及干扰抑制都要求合路器的端口的隔离度足够大。合路器内部结构示意如图 3-16 所示。

双频合路器的各个端口和多系统合路器的输入端口一般采用 N 型母头,而多系统合路器一般是指 3 个及以上网络制式,建议输出端采用 DIN 母头来提升各个方面的性能指标。在室内分布系统设计时,根据室内分布系统的情况,选择满足系统

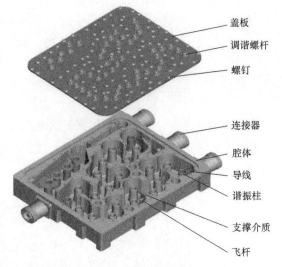

图3-16 合路器内部结构示意

数量要求的合路器。合路器相关参数指标示例见表 3-3。

表3-3 合路器相关参数指标示例

项目	指标
插入损耗 /dB	
中国电信 / 中国联通 LTE	≤ 0.8
中国电信 CDMA	≤ 0.8
中国联通 WCDMA	≤ 0.8
中国移动 GSM	≤ 0.8
中国移动 TDD-LTE	≤ 0.8
中国电信 / 中国联通 5G	≤ 0.8
中国移动 5G	≤ 0.8
驻波比	≤ 1.3
带内波动 /dB	
中国电信 / 中国联通 LTE	0.8
中国电信 CDMA	0.8
中国联通 WCDMA	0.8
中国移动 GSM	0.8
中国移动 TDD-LTE	0.8
中国电信 / 中国联通 5G	0.8
中国移动 5G	0.8
隔离度	
所有端口	> 80dB
互调抑制 @Rx Band[1]	≤ -140dBc（@2 × 43dBm）
特性阻抗 /Ω	50
功率容限 /W	平均功率容限 ≥ 300，峰值功率容限 ≥ 1200

注：1. 表示在 2 个通道功率为 43dBm 的情况下，互调干扰 ≤ -140dBc。

3.5.3 功分器

功分器（全称功率分配器）是一种将一路输入信号的功率均匀分配到各个输出端口的射频器件，可以分为腔体功分器和微带功分器两种。其中，微带功分器由于其频段狭窄，承受的功率小，不能适应网络发展的需求，已基本被淘汰。

功分器根据输出端口的数量予以区分，功分器实物示意如图 3-17 所示。

图3-17 功分器实物示意

两路输出的功分器称为二功分器，每个端口得到 1/2 的功率。

三路输出的功分器称为三功分器，每个端口得到 1/3 的功率。

四路输出的功分器称为四功分器，每个端口得到 1/4 的功率。

室内分布系统在建设中，主要使用的就是上述 3 种功分器。但在 5G 网络综合业务接入区的 BBU 集中堆叠建设过程中，由于楼面 GNSS 天线安装的空间有限，会采用一种比较特殊的功分器。这种功分器，我们称之为 GNSS 功分器。

GNSS 功分器需要考虑 GPS/ 北斗信号的稳定，一般会采用两路输入，输出端口有 8 口和 12 口两种类型。GNSS 功分器示意如图 3-18 所示。

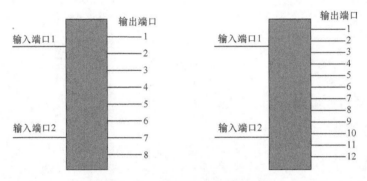

图3-18　GNSS功分器示意

功分器的损耗一般称之为插入损耗，包括分配损耗和介质损耗。其中，分配损耗就是每个端口的功率比总输入端口的功率减少了多少的一种度量，端口越多，分配损耗越大。

功分器的损耗一般用 dB 来表示。

二功分器的分配损耗为 $10\lg2 \approx 3dB$，三功分器的分配损耗为 $10\lg3 \approx 4.8dB$，四功分器的分配损耗为 $10\lg4 \approx 6dB$。

功分器的介质损耗通常与生产材料、工艺水平、设计水平等有关，其取值一般在 0.3 ～ 0.5dB。二功分器的插入损耗一般小于 3.5dB，三功分器的插入损耗一般小于 5.3dB，四功分器的插入损耗一般小于 6.5dB。

功分器内部结构示意如图 3-19 所示。

例如，输入端口的功率是 10dBm 的情况下，计算二功分器、三功分器和四功分器的输出端口的功率。功分器输入 / 输出端口功率计算如图 3-20 所示。

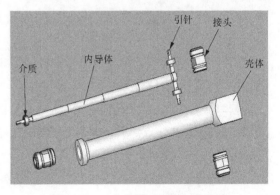

图3-19　功分器内部结构示意

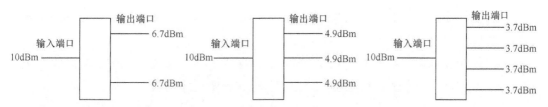

注：输出功率 = 输入功率 − 分配损耗 − 介质损耗，本示意图的介质损耗统一取 0.3dB；

二功分器输出功率 =10 − 3.0 − 0.3 = 6.7（dBm）；

三功分器输出功率 =10 − 4.8 − 0.3 = 4.9（dBm）；

四功分器输出功率 =10 − 6.0 − 0.3 = 3.7（dBm）。

图3-20　功分器输入/输出端口功率计算

　　根据器件的生产材料、工艺水平、设计水平，器件可以分为普通性能器件和高品质性能器件。其中，高品质性能器件对于插入损耗、三阶互调和五阶互调、功率容限要求更高。高品质性能器件建议采用 DIN 型接口。功分器相关参数指标示例见表 3-4。

表3-4　功分器相关参数指标示例

功分器参数	技术指标					
产品类型	普通性能器件			高品质性能器件		
	二功分	三功分	四功分	二功分	三功分	四功分
频率范围 /MHz	800 ～ 3800			800 ～ 3800		
插入损耗 /dB	≤ 3.5	≤ 5.3	≤ 6.5	≤ 3.3	≤ 5.1	≤ 6.3
驻波比	≤ 1.25			≤ 1.25		
带内波动 /dB	≤ 0.3	≤ 0.45	≤ 0.55	≤ 0.3	≤ 0.45	≤ 0.55
三阶互调（@2 × 43dBm）/dBc	≤ −140			≤ −145		
五阶互调（@2 × 43dBm）/dBc	≤ −150			≤ −155		
特性阻抗 /Ω	50			50		
平均功率容限 /W	300			500		
峰值功率容限 /W	1000			1500		

3.5.4　耦合器

　　耦合器是从无线信号主干通道中提取出一小部分信号的射频器件，一般包括主干通道的输入端口、主干通道的直通端口和提取部分功率的耦合端口。耦合器实物示意如图 3-21 所示。耦合器与功分器一样，二者都属于功率分配器件，二者不同的是，耦合器是不等功率的分配器件。一般情况下，耦合器与功分器搭配使用，主要为了达到一个目标：让信号

图3-21　耦合器实物示意

源的发射功率能够尽量平均分配到室内分布系统的各个天线口，使每个天线口的发射功率基本相同。

耦合器有定向耦合器和双向耦合器之分，一般在室内分布系统中采用的耦合器为定向耦合器，它只在一个方向工作。耦合器内部结构示意如图 3-22 所示。

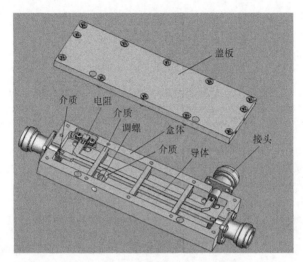

图3-22　耦合器内部结构示意

耦合器的主要作用是将信号根据网络覆盖需求进行不对等的功率分配，因此，需要配置不同耦合损耗的耦合器。耦合度，即耦合损耗，是指耦合端口与输入端口功率相差的分贝（dB）数值。耦合器结构示意如图 3-23 所示，根据图 3-23 可以进行耦合度的计算。

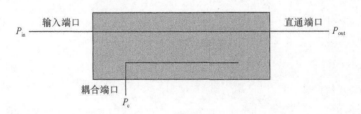

图3-23　耦合器结构示意

$$\begin{aligned}\text{耦合损耗(dB)} &= \text{输入端口功率(dBm)} - \text{耦合端口功率(dBm)} \\ &= 10\lg P_{\text{in}}\,(\text{mW}) - 10\lg P_{\text{c}}\,(\text{mW}) \\ &= 10\lg \frac{P_{\text{in}}\,(\text{mW})}{P_{\text{c}}\,(\text{mW})}\end{aligned}$$　　　式（3-6）

从式（3-6）可知，耦合损耗是输入端口功率（mW 或者 W）与耦合端口功率（mW 或者 W）的比值，单位换算为 dB。

在实际应用中，一般都是选定耦合器（耦合损耗已知的情况）后计算耦合端口的功率：

耦合端口功率（dBm）= 输入端口功率（dBm）– 耦合损耗（dBm）

同样，根据能量守恒定律，输入端口的功率为耦合端口功率和直通端口功率之和，即：

$$P_{in}\left(mW\right) = P_{out}\left(mW\right) + P_c\left(mW\right) \qquad \text{式（3-7）}$$

将式（3-7）两边同时除以 $P_{in}\left(mW\right)$，则有：

$$\frac{P_{out}\left(mW\right)}{P_{in}\left(mW\right)} + \frac{P_c\left(mW\right)}{P_{in}\left(mW\right)} = 1 \qquad \text{式（3-8）}$$

如果耦合损耗用 $a\left(dB\right)$ 表示，直通端口的分配损耗用 $b\left(dB\right)$ 表示，则：

$$a\left(dB\right) = 10\lg\frac{P_{in}\left(mW\right)}{P_c\left(mW\right)}，\text{ 则有 } \frac{P_{in}\left(mW\right)}{P_c\left(mW\right)} = 10^{\frac{a}{10}}，\text{ 故 } \frac{P_c\left(mW\right)}{P_{in}\left(mW\right)} = 10^{-\frac{a}{10}} \qquad \text{式（3-9）}$$

对于 $b\left(dB\right)$，同耦合损耗一样，为输入端口功率（mW 或者 W）与直通端口功率（mW 或者 W）的比值，单位换算为 dB，即：

$$b\left(dB\right) = 10\lg\frac{P_{in}\left(mW\right)}{P_{out}\left(mW\right)}，\text{ 则有 } \frac{P_{in}\left(mW\right)}{P_{out}\left(mW\right)} = 10^{\frac{b}{10}}，\text{ 故 } \frac{P_{out}\left(mW\right)}{P_{in}\left(mW\right)} = 10^{-\frac{b}{10}} \qquad \text{式（3-10）}$$

根据式（3-9）、式（3-10），可得：

$$10^{-\frac{a}{10}} + 10^{-\frac{b}{10}} = 1，\text{ 则有：} b\left(dB\right) = -10\lg\left(1 - 10^{-\frac{a}{10}}\right)$$

由此可知，耦合损耗越大，直通端口分配损耗越小，在输入端功率恒定的情况下，直通端口的功率大小取决于耦合器的耦合损耗大小。

同所有器件一样，耦合器也有介质损耗，一般取 0.3 ～ 0.5dB，耦合器直通端口分配损耗和耦合损耗的关系见表 3-5。在室内分布系统设计时，根据室内分布网络建设需求，选择耦合损耗满足要求的耦合器。

表3-5　耦合器直通端口分配损耗和耦合损耗的关系

耦合损耗 /dB	5	6	7	10	12	15	20	25	30	40
分配损耗 /dB	1.65	1.26	0.97	0.46	0.28	0.14	0.04	0.01	0.004	0
插入损耗 /dB	0.30									
直通端损耗 /dB	1.95	1.56	1.27	0.76	0.58	0.44	0.34	0.31	0.304	0.300

注：表中的介质损耗按照 0.3dB 计算，也可以按照耦合器实际情况取 0.4dB 或者 0.5dB。

耦合器和功分器一样，根据器件的生产材料、工艺水平、设计水平，器件可以分为普通性能器件和高品质性能器件。高品质性能器件对于插入损耗、三阶互调和五阶互调、功率容限的要求更高。高品质性能的耦合器接口建议采用 DIN 型接。耦合器相关参数示例见表 3-6。

表3-6　耦合器相关参数示例

耦合器参数	技术指标											
产品类型	普通性能耦合器						高品质性能耦合器					
	5dB	6dB	7dB	10dB	15dB	20dB	5dB	6dB	7dB	10dB	15dB	20dB
频率范围 /MHz	800 ～ 3800						800 ～ 3800					
耦合损耗偏差 /dB	± 0.8	± 0.8	± 0.8	± 1	± 1	± 1	± 0.8	± 0.8	± 0.8	± 1	± 1	± 1
最小隔离度 /dB	≥ 23	≥ 24	≥ 25	≥ 28	≥ 33	≥ 38	≥ 23	≥ 24	≥ 25	≥ 28	≥ 33	≥ 38
插入损耗 /dB	≤ 2.15	≤ 1.76	≤ 1.47	≤ 0.96	≤ 0.64	≤ 0.5	≤ 2.05	≤ 1.66	≤ 1.37	≤ 0.86	≤ 0.54	≤ 0.44
驻波比	≤ 1.25						≤ 1.25					
特性阻抗 /Ω	50						50					
三阶互调（@2× 43dBm）/dBc	≤ 140						≤ 150					
平均功率容限 /W	300						500					
峰值功率容限 /W	1000						1500					

3.5.5　电桥

电桥是 4 端口网络，一般用于同频段或临频段的合路，属于同频合路器。电桥实物示意如图 3-24 所示。电桥的特性是两个端口输入、两个端口输出（或者一个端口输出，另一个端口内部用负载堵上）。两个输入端口相互隔离，两个输出端口输出的功率为各输入端口功率的 50%，并且两个输出信号的相位相差 90°。电桥的输入端口与输出端口可以对调使用。

当电桥的两个输入端口分别接两个同频段或临频段的载波进行合路时，输出端口可以只使用其中一个端口，另一个端口采用匹配的负载堵上，也可以使用两个端口。输出端口的两路信号功率都会损失 3dB，因此，电桥通常也被称为 3dB 电桥。电桥是对两路同频段或临频段信号的合路，不可能采用带通滤波器的方式进行合路，输入端口两路同频段信号的隔离度也较低，采用的是类似耦合器的原理。电桥内部结构示意如图 3-25 所示。

图3-24 电桥实物示意

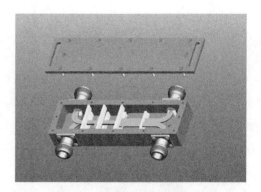

图3-25 电桥内部结构示意

电桥端口功率计算示意如图 3-26 所示，由于电桥的损耗为 3dB，输入端口的功率减去 3dB 后，即是输出端口的功率。当两输入端口的功率为 15.2dB 时，输出端口的功率为 12.2dB。

图3-26 电桥端口功率计算示意

电桥和功分器、耦合器一样，根据器件的生产材料、工艺水平、设计水平，器件可以分为普通性能器件和高品质性能器件，高品质性能器件对于插入损耗、三阶互调、功率容限要求更高。高品质性能的电桥要求端口采用 DIN 型端口。

电桥的插入损耗包括分配损耗和介质损耗两种。其中，介质损耗的取值一般为 0.2 ～ 0.5dB。

选择电桥时首先要看电桥的工作频率范围是否满足要求，两个输入端口之间的隔离度是否满足要求。根据覆盖区域的不同，可以灵活选择"两进一出"或者"两进两出"的电桥。耦合器相关参数示例见表 3-7。

表3-7 耦合器相关参数示例

电桥参数	技术指标	
产品类型	普通性能电桥	高品质性能电桥
频率范围 /MHz	800 ～ 3800	800 ～ 3800
插入损耗 /dB	3.3	3.2

续表

电桥参数	技术指标	
驻波比	≤1.25	≤1.25
特性阻抗/Ω	50	50
三阶互调（@2×43dBm）/dBc	≤140	≤150
平均功率容限/W	300	500
峰值功率容限/W	1000	1500

3.5.6 衰减器

衰减器一般是把大信号衰减一定的比例，从而达到理想的功率值，衰减器实物示意如图3-27所示。具体而言，衰减器与放大器的功能相反，衰减器是在一定的工作频段范围内可以减少输入信号的功率大小，使器件入口功率达到合适的范围。

图3-27 衰减器实物示意

衰减器可分为固定衰减器和可变衰减器两种。室内分布系统建设工程通常采用的是固定衰减器。固定衰减器常见的配置（根据衰减度）有5dB、10dB、15dB、20dB、30dB和40dB等。

衰减器端口功率计算示意如图3-28所示，当输入功率为15.2dB，使用30dB衰减器时，最终的输出功率为-14.8dB。

图3-28 衰减器端口功率计算示意

衰减器是一种能量消耗器件，由电阻元件组成。信号功率消耗后变成电阻的热量，这个热量超过一定程度，衰减器就会被烧毁。因此，功率容限是衰减器的重要参数，实际应用中，要确保衰减器工作在其功率容限范围之内。为了保证衰减器正常工作，根据实际情况适当选取功率容限较大的衰减器。衰减器相关参数示例见表3-8。

表3-8　衰减器相关参数示例

衰减器参数	技术指标					
衰减损耗	5dB	10dB	15dB	20dB	30dB	40dB
驻波比	≤ 1.25					
特性阻抗 /Ω	50					
功率容限 /W	50				≤ 100	

3.5.7　负载

　　衰减器一般是把大信号衰减一定的比例，从而达到理想的功率值，而负载是一种特殊的衰减度为无限大的衰减器，它主要用于空载的射频口，起到吸收信号、降低干扰的作用。负载实物示意如图 3-29 所示。

图3-29　负载实物示意

　　负载是一种能量消耗器件，由电阻元件组成。信号功率消耗后变成电阻的热量，这个热量超过一定程度，负载就会被烧毁，因此，功率容限是负载的重要参数。负载内部结构示意如图 3-30 所示。

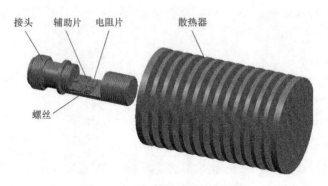

接头　辅助片　电阻片　　　散热器

螺丝

图3-30　负载内部结构示意

因此，功率容限是负载的重要参数，实际应用中，要确保负载工作在其功率容限范围之内。室内分布系统建设工程中常见配置的负载有 2W、5W、10W、25W、50W、100W 和 200W 等。为了保证负载正常工作，根据实际情况适当选取功率容限较大的负载。负载相关参数示例见表 3-9。

表3-9　负载相关参数示例

参数	性能指标						
工作频段 /MHz	800 ～ 3600						
功率容限 /W	2	5	10	25	50	100	200
峰值功率容量 /W	500	500	1000	1000	1000	1000	1000
驻波比	≤ 1.2			≤ 1.25			
阻抗 /Ω	50						

3.6　POI

POI 是一种特殊的合路器，属于无源器件，主要应用在需要多网络系统接入的大型建筑、市政设施内，例如，大型展馆、地铁、火车站、机场、政府办公机关等场景。作为连接信源和室内分布系统的桥梁，POI 的主要作用是对 2G、3G、4G、5G 及集群等系统的信号进行合路，并尽可能地抑制各频带间的无用干扰成分。POI 的相关产品实现了多频段、多信号合路功能，避免了室内分布系统建设的重复投资，是一种实现多网络信号兼容覆盖行之有效的手段。

POI 自身具备很多优点，例如，多制式 / 多系统信号合路数量无限制；满足不同系统 / 频段的个性需求；模块化设计、扩容性好；信号合路衰减小；满足不同系统 / 频段的个性需求；具有整体监控功能，维护方便；可以预留端口，升级方便等。

大型 POI 的插入损耗通常较大，其插入损耗通常达到 5 ～ 7dB。机柜式 POI 实物示意如图 3-31 所示，壁挂式 POI 实物示意如图 3-32 所示。

图3-31　机柜式POI实物示意

图3-32　壁挂式POI实物示意

POI 模块化设计根据安装形式可以分为机柜式 POI 和壁挂式 POI 两种。其中，机柜式 POI 一般在有机房的站点使用，壁挂式 POI 一般在无机房的站点使用。

采用 POI 的场景，一般接入系统比较多，POI 采用上下行分离的模式，分为上行单元和下行单元。根据场景覆盖的网络需求，设计需要合路的系统及通道数，并预留扩展空间，使系统插入损耗降到最低。某 POI 相关参数示例见表 3-10。

表3-10　某POI相关参数示例

指标名称	指标要求
频率范围	中国移动 FDD700：上行为 703 ～ 743MHz，下行为 758 ～ 798MHz
	中国移动 GSM900：上行为 889 ～ 904MHz，下行为 934 ～ 949MHz
	中国移动 DCS1800：上行为 1710 ～ 1735MHz，下行为 1805 ～ 1830MHz
	中国移动 TD-LTE（F/A 频段）：1885 ～ 1915MHz/2010 ～ 2025MHz
	中国移动 TD-LTE（E 频段）：2300 ～ 2400MHz
	中国移动 TD-LTE/NR2.6GHz：2496 ～ 2690MHz
	中国联通 GSM900：上行为 904 ～ 915MHz，下行为 949 ～ 960MHz
	中国电信 CDMA800：上行为 820 ～ 835MHz，下行为 865 ～ 880MHz
	中国联通、中国电信 1.8GHz：上行为 1735 ～ 1785MHz，下行为 1830 ～ 1880MHz
	中国联通、中国电信 2.1GHz-A：上行为 1920 ～ 1980MHz，下行为 2110 ～ 2170MHz
	中国联通、中国电信 2.1GHz-B：上行为 1920 ～ 1980MHz，下行为 2110 ～ 2170MHz
	中国联通、中国电信 NR3.5GHz：3300 ～ 3700MHz
插入损耗	中国联通、中国电信 NR3.5GHz：≤4.0dB 中国联通、中国电信 2.1GHz：≤5.5dB 中国移动 TD-LTE（F/A 频段）：≤5.5dB 其他：≤5.0dB
电压驻波比	≤1.3
端口（系统）隔离度	中国移动 GSM900/ 中国联通 GSM900 ≥28dB
	中国移动 DCS1800/ 中国联通、中国电信 1.8GHz ≥28dB
	中国联通、中国电信 2.1GHz-A/ 中国联通、中国电信 2.1GHz-B ≥28dB
	中国联通、中国电信 1.8GHz/ 中国移动 TD-LTE（F 频段）≥50dB
	中国联通、中国电信 2.1GHz/ 中国移动 TD-LTE（F 频段）≥50dB
	其他端口之间的隔离度 ≥80dB
互调抑制	PIM ≤ -150dBc@2×43dBm
功率容量	信源侧 NR 端口：平均功率容量为 300W，峰值功率容量为 1200W； 信源侧其他端口：平均功率容量为 200W，峰值功率容量为 1000W； 天馈侧端口：平均功率容量为 500W，峰值功率容量为 2500W

指标名称	指标要求
带内波动	≤ 1.5dB
检测内容	提供各输入端口、输出端口功率检测及输出端口驻波检测
特性阻抗	50Ω

●● 3.7 5G 室内分布系统天线

3.7.1 天线的相关指标

天线是将传输线中的电磁能转化为自由空间的电磁波或将空间电磁波转化为传输线中的电磁能的装置。天线的主要指标包括增益、波瓣宽度、前后比、极化方向以及驻波比。

1. 增益

增益是指无线电波通过天线后传播效果改善的程度。天线增益一般用 dBi 和 dBd 两种单位表示。

dBi 用于表示天线的最大辐射方向的场强相对于点辐射源在同一地方的辐射场强的大小。点辐射源是全向的，它的辐射是以球面的方式向外扩散，没有辐射信号的集中能力，可以认为其增益为 0dBi。

天线的辐射是有方向性的，同样的信号功率在天线的最大辐射方向的空间某一点，肯定比点辐射信源在空间某一点的场强大。

dBd 用于表示天线的最大辐射方向的场强相对于偶极子辐射源在同一地方的辐射场强的大小。

偶极子辐射不是全向的，它对辐射的能量有一定的集中能力，在最大辐射方向上的辐射能力比点辐射源大 2.15dB。因此，1（dBi）=1（dBd）+2.15（dB）。dBi 和 dBd 的参考基准如图 3-33 所示。

点辐射源　　　　　　偶极子辐射源　　　　　　辐射源对比

2.15dB

图3-33　dBi和dBd的参考基准

一般情况下，全向天线增益为 3dBi 左右，定向板状天线增益的范围为 4 ～ 21dBi。

天线的方向图是立体的。为了便于读者理解和显示，专家们提出水平波瓣和垂直波瓣的概念。把天线方向图沿水平方向横切后得到的截面图，叫作水平波瓣图；把天线方向图沿垂直方向纵切后得到的截面图，叫作垂直波瓣图。

方向图还可以分为全向天线的方向图和定向天线的方向图。

全向天线的水平波瓣图在同一水平面内各方向的辐射强度理论上是相等的，全向天线的波瓣示意如图 3-34 所示，其中，图 3-34（a）是全向天线的水平波瓣示意。全向天线的垂直波瓣图在各个方向的辐射强度是不相同的，但以天线为轴左右对称，图 3-34（b）是全向天线的垂直波瓣示意。

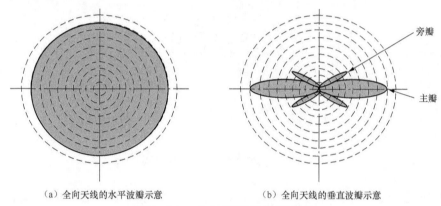

（a）全向天线的水平波瓣示意　　　　（b）全向天线的垂直波瓣示意

图3-34　全向天线的波瓣示意

定向天线的水平波瓣图和垂直波瓣图在各个方向的辐射强度是不相同的。定向天线的波瓣示意如图 3-35 所示。

波瓣图一般包括主瓣和旁瓣。其中，主瓣是辐射强度最大方向的波束；旁瓣是主瓣之外的、沿其他方向的波束；与主瓣相背方向上也可能存在电磁波漏泄形成的波束，叫作背瓣（或后瓣），定向天线的水平波瓣示意如图 3-35（a）所示，定向天线的垂直波瓣示意如图 3-35（b）所示。

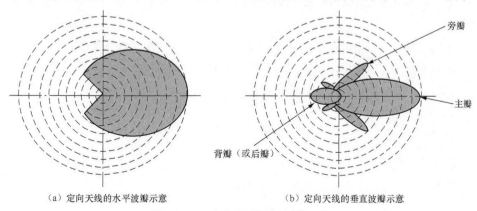

（a）定向天线的水平波瓣示意　　　　（b）定向天线的垂直波瓣示意

图3-35　定向天线的波瓣示意

2. 波瓣宽度

波瓣宽度是指天线辐射的主要方向形成的波束张开的角度。

波瓣宽度在工程实际应用中一般使用的是 3dB 波瓣宽度，具体是指信号功率比天线辐射最强方向的功率差 3dB 的两条线的夹角。天线的波瓣宽度示意如图 3-36 所示。

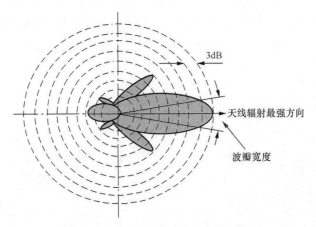

图3-36 天线的波瓣宽度示意

一般来说，天线的波瓣宽度越窄，它的方向性越好，辐射的无线电波的传播距离越远，抗干扰能力越强。

波瓣宽度也有水平和垂直之分。

全向天线的水平波瓣宽度为 360°，而定向天线常见 3dB 水平波瓣带宽有 20°、30°、65°、90°、105°、120°、180° 等多种。

天线的 3dB 垂直波瓣宽度与天线的增益、3dB 水平波瓣宽度会相互影响。在增益不变的情况下，水平波瓣宽度越大，垂直波瓣宽度就越小。一般定向天线的 3dB 垂直波瓣宽度在 10° 左右。

如果 3dB 垂直波瓣宽度过窄，则会出现"塔下黑"的问题，也就是说，在天线下方会有较多的覆盖盲区。在天线选型时，为了保证覆盖目标的良好覆盖，减少覆盖盲区，在同等增益条件下，所选天线的 3dB 垂直波瓣宽度应尽量宽一些。

3. 前后比

前后比是指定向天线辐射方向前瓣最大值和辐射的反方向 30° 内后瓣最大值（背面）电场强度的比值。前向功率和反向功率示意如图 3-37 所示。

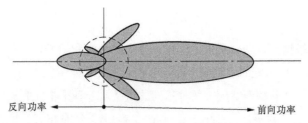

图3-37　前向功率和反向功率示意

前后比的计算公式如下。

$$前后比 = 10\lg\dfrac{前向功率(mW)}{反向功率(mW)}$$ 　　　　式（3-11）

4. 极化方向

极化方向一般在移动通信系统中有垂直极化、水平极化和 45° 双极化 3 种，天线垂直极化、水平极化的示意如图 3-38 所示，天线双极化、交叉极化的示意如图 3-39 所示。

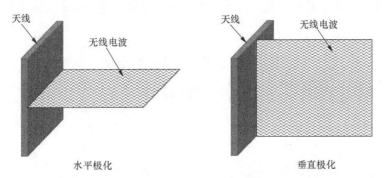

图3-38　天线垂直极化、水平极化的示意

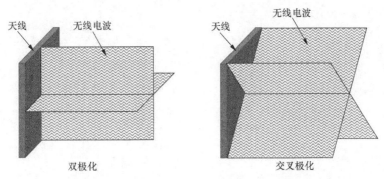

图3-39　天线双极化、交叉极化的示意

5. 驻波比

驻波比是指天线输入口的匹配能力，是衡量天线工艺和质量水平的重要标志，其值一般小于 1.5。无论是发射天线还是接收天线，它们总是在一定的频率范围（频带宽度，简称带宽）内工作的。天线的频带宽度有两种不同的定义，一种是指在驻波比（Standing Wave Radio，SWR）≤ 1.5 条件下，天线的工作频带宽度；另一种是指天线增益下降 3dB 范围内的频带宽度，在移动通信中，通常按前一种定义。一般来说，在工作频带宽度内的各个频率点上，天线性能是有差异的，但这种差异造成的性能下降是可以接受的。

以上的性能指标主要描述的是天线的电气指标，另外，影响天线的指标还包括机械指标和工程参数。

天线的电气指标和机械指标是在出厂前已经确定的天线参数，而天线的工程参数是在设计和规划过程中根据无线环境的实际情况确定的。

机械指标主要决定了天线的安装方式；电气指标和工程参数共同决定了天线的覆盖范围和覆盖区域的信号质量。

天线的电气指标、机械指标、工程参数是天线的常用指标，天线的常用指标分类见表 3-11。

表3-11　天线的常用指标分类

指标分类	参数
电气指标	频率范围 /MHz
	天线增益 /dBi
	半功率波束宽度
	前后比 /dB
	驻波比
	极化方式
	最大功率 /W
	输入阻抗 /Ω
机械指标	接口形式
	天线尺寸（长）
	天线重量 /kg
	天线罩材质
	风阻抗
	安装方式
工程参数	方向角
	下倾角
	高度
	安装位置

3.7.2 室内分布系统天线的选用

一般来说，室内分布系统天线的选用主要基于以下两项原则。

一是室内天线的选用要考虑室内环境特点，选用的天线尽量美观，天线形状、颜色、尺寸大小要与室内环境协调。室内分布系统使用的天线和室外环境下使用的天线，在外形方面会有很大不同。一般室内天线形状小、重量轻，便于安装。

二是天线的选用要考虑覆盖的有效性，既要满足室内区域的覆盖效果，又要减少信号在室外的漏泄，避免对室外造成干扰。室内天线的增益一般比室外天线小，覆盖范围较室外天线小很多。在选用室内天线的时候，增益不能过大，增益过大容易导致信号外泄；增益也不能过小，增益过小无法保证室内的覆盖。

根据天线的极化方式及系统通道数，各种形态的天线又可以细分为不同类型。常用的室内天线形态有吸顶天线、壁挂式天线、对数周期天线和贴壁天线 4 种类型。常用的室内天线形态实物示意如图 3-40 所示。

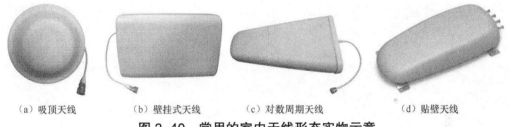

(a) 吸顶天线　　　(b) 壁挂式天线　　　(c) 对数周期天线　　　(d) 贴壁天线

图 3-40　常用的室内天线形态实物示意

① 吸顶天线：包括全向吸顶天线和定向吸顶天线两种。

② 壁挂式天线：一般是定向壁挂式天线。

③ 对数周期天线：一般只有单极化天线。

④ 贴壁天线：是一种新型天线，主要针对 5G 网络，具备 4 通道输出，增益高。

另外，常用的还有一些根据场景特制的天线，例如，赋性天线、电梯天线、开关面板型天线等。

3.7.3 全向吸顶天线

全向吸顶天线是指天线的水平波瓣宽度为 360°（垂直波瓣宽度为 65° 左右）。全向吸顶天线一般安装在房间、大厅、走廊等场所的天花板上。其安装位置尽量设在天花板的正中间，避免安装在门窗等信号比较容易漏泄的地方。全向吸顶天线的增益较小，其增益值一般在 2 ～ 5dBi，能量集中的能力较低，扩散范围较大。

全向吸顶天线可以分为全向吸顶单极化天线和全向吸顶双极化天线两种。全向吸顶单极化天线相关参数指标示例见表 3-12，全向吸顶双极化天线相关参数指标示例见表 3-13。

表3-12 全向吸顶单极化天线相关参数指标示例

工作频段 /MHz	806 ~ 960	1710 ~ 2690	3300 ~ 3800
极化方式	垂直极化		
增益 /dBi	1.5	3.5	4
水平面波束宽度	360°		
垂直面波束宽度	65°		
方向图圆度 /dB	±2		
驻波比	≤ 1.5		
三阶交调（@2×33dBm）/dBc	≤ −107		
功率容限 /W	50		
阻抗 /Ω	50		

表3-13 全向吸顶双极化天线相关参数指标示例

工作频段 /MHz	806 ~ 960	1710 ~ 2700	3300 ~ 3700
极化方式	垂直极化 / 水平极化		
增益 /dBi	1.5	3.5	3.5
水平面波束宽度	360°		
垂直面波束宽度	85°	55°	45°
方向图圆度 /dB	≤ 2		≤ 3.2
驻波比	≤ 1.5		
交叉极化比 /dB	≥ 10	≥ 10	≥ 10
隔离度	≥ 17	≥ 20	≥ 20
三阶交调（@2×33dBm）/dBc	≤ −107		
功率容限 /W	50		
阻抗 /Ω	50		

3.7.4 定向吸顶天线

室内分布系统中的定向吸顶天线，其增益比全向天线的增益要高，其增益值一般在 3 ~ 7dBi。水平波瓣宽度为 180°、95° 或 80°，垂直波瓣宽度为 85°、55° 或 40°。定向吸顶天线主要用于低层靠窗边的位置，或者走廊在一边的楼宇。其目的是防止信号外泄，同时也为了保证目标范围的覆盖。天线安装时，注意前方较近区域不能有物体遮挡。定向天线的方向一般标注在天线功率输入端口所在的平面侧。需要注意的是，安装的时候定向吸顶天线的方向不要装错。定向吸顶天线相关参数指标示例见表 3-14。

表3-14　定向吸顶天线相关参数指标示例

工作频段 /MHz	806 ～ 960	1710 ～ 2690	3300 ～ 3800
极化方式	垂直极化		
增益 /dBi	3.5	5.5	6
水平面波束宽度	180° ± 10°	95° ± 10°	80° ± 10°
垂直面波束宽度	85°	55°	40°
前后比 /dB	≥ 4	≥ 4	≥ 7
驻波比	≤ 1.5		
三阶交调（@2×33dBm）/dBc	≤ -107		
功率容限 /W	50		
阻抗 /Ω	50		

3.7.5　定向壁挂式天线

　　室内分布系统中的定向壁挂式天线主要用于狭长的室内空间，可以安装在房间、大厅、走廊、电梯等场所的墙壁上。天线安装时前方较近区域内不能有遮挡物。如果在门窗处安装，则注意保证天线的方向角不能安装错误。壁挂式天线的增益比全向吸顶天线的增益高，其增益值一般在 6 ～ 10dBi。水平波瓣宽度为 65°、90° 等，垂直波瓣宽度在 60° 左右。

　　定向壁挂式天线可以分为定向壁挂式单极化天线和定向壁挂式双极化天线两种。定向壁挂式单极化天线相关参数指标示例见表 3-15，定向壁挂式双极化天线相关参数指标示例见表 3-16。

表3-15　定向壁挂式单极化天线相关参数指标示例

工作频段 /MHz	806 ～ 960	1710 ～ 2700	3300 ～ 3800
极化方式	垂直极化		
增益 /dBi	6	7	7.5
水平面波束宽度	90°	75°	65°
垂直面波束宽度	85°	65°	50°
前后比 /dB	≥ 15	≥ 15	≥ 10
驻波比	≤ 1.5		
三阶交调（@2×33dBm）/dBc	≤ -107		
功率容限 /W	50		
阻抗 /Ω	50		

表3-16　定向壁挂式双极化天线相关参数指标示例

工作频段 /MHz	806 ～ 960	1710 ～ 2700	3300 ～ 3700
极化方式	垂直极化	垂直极化 / 水平极化	

增益 /dBi	6	7	7.5
水平面波束宽度	90°	75°	65°
垂直面波束宽度	85°	65°	50°
前后比 /dB	≥ 15	≥ 15	≥ 10
驻波比	≤ 1.5		
隔离度 /dB	/	≥ 20	≥ 25
三阶交调（@2×33dBm）/dBc	≤ −107		
功率容限 /W	50		
阻抗 /Ω	50		

3.7.6 对数周期天线

室内分布系统中的对数周期天线因为方向性较强，主要用于电梯井内部、普通隧道的覆盖。对数周期天线用于电梯井内部时，该天线安装的方向为从上向下。对数周期天线用于隧道覆盖时，该天线安装的方向为从左到右。对数周期天线的增益一般在 8 ~ 10dBi，水平波瓣宽度为 70° 左右，垂直波瓣宽度为 60° 左右。对数周期天线相关参数指标示例见表 3-17。

表3-17 对数周期天线相关参数指标示例

工作频段 /MHz	806 ~ 960	1710 ~ 2690	3300 ~ 3800
极化方式	垂直极化		
增益 /dBi	8	7.5	6.5
水平面波束宽度	90° ± 15°	75° ± 15°	75° ± 15°
垂直面波束宽度	75°	60°	60°
前后比 /dB	≥ 12	≥ 13	≥ 15
驻波比	≤ 1.5		
三阶交调（@2×33dBm）/dBc	≤ −107		
功率容限 /W	50		
阻抗 /Ω	50		

3.7.7 贴壁天线

在 5G 室内分布系统设计时，由于用到 3.5GHz 频段，在通道数增加的同时，原有的

4G 室内分布系统无法满足 5G 网络，特别是在一些特殊场景，例如，已有网络覆盖的地铁隧道。

贴壁天线用于已有网络覆盖的地铁隧道，但尚无 5G 覆盖的场景。贴壁天线的风压承受能力强，方向性比对数周期天线好，贴壁天线的增益一般在 12 ～ 14dBi，水平波瓣宽度为 30° 左右，垂直波瓣宽度为 30° 左右。贴壁天线相关参数指标示例见表 3-18。

表3-18　贴壁天线相关参数指标示例

工作频段 /MHz	3300 ～ 3800
极化方式	45° 极化
增益 /dBi	14
水平面波束宽度	30°
垂直面波束宽度	30°
前后比 /dB	≥ 22
交叉极化比 /dB	轴向：≥ 15
驻波比	≤ 1.5
隔离度 /dB	≥ 25
三阶交调（@2×37dBm）/dBc	≤ -107
功率容限 /W	100
阻抗 /Ω	50
雷电保护	直接接地

●● 3.8　馈线

3.8.1　馈线的基本概念

馈线又叫射频同轴电缆，是同轴电缆的一种，属于传输信号的一种介质，是连接射频的器件，是进行无线电波传送的传输线。同轴电缆是用来传递信息的一对导体，一层圆筒式的外导体套在细芯的内导体外，两个导体间用绝缘材料进行隔离。需要说明的是，外层导体和中心轴芯线的圆心在同一个轴心上。馈线实物示例如图 3-41 所示。

馈线的主要功能是在正常工作环境条件下，尽量保证信号源和天线之间充分地传输无线信号功率，保证电磁波在封闭的外导体内沿轴向传输，而不与传输线外部无线环境中的电磁波发生相互作用。

馈线由内导体、绝缘层、外导体和护套4个部分组成，馈线组成结构示意如图 3-42 所示，4 个部分所用的材料分别为螺旋铜管、物理发泡聚乙烯（Polyethylene，PE）（俗称珍珠棉）、轨纹铜管、PE 或低烟无卤阻燃 PE（防火 PE）。

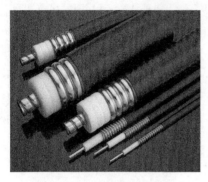

图3-41　馈线实物示例

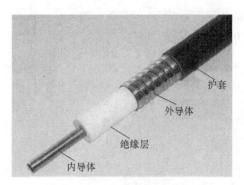

护套
外导体
绝缘层
内导体

图3-42　馈线组成结构示意

3.8.2　馈线的命名规则

常用的馈线包括 10D 馈线（D 代表 Diameter，一般是指同轴电缆的绝缘体的直径，单位为 mm）、1/2 英寸馈线、7/8 英寸馈线、5/4 英寸馈线、13/8 英寸馈线等。馈线各种分类方式如图 3-43 所示。

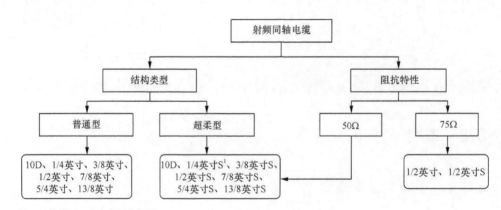

1. S 是 Soft 的缩写，中文意思为超柔。

图3-43　馈线各种分类方式

馈线可以根据结构类型和阻抗特性进行分类，结构类型又可以分为普通型和超柔型两种，根据各自的分类特性，可以区分各类馈线。

为了进一步区分馈线，馈线有专门的命名规则，具体的命名规则参考中华人民共和国行业标准《通信电缆 无线通信用 50Ω 泡沫聚烯烃绝缘皱纹铜管外导体射频同轴电缆》（YD/T 1092—2013）和《通信电缆 无线通信用物理发泡聚烯烃绝缘皱纹外导体超柔射频同轴电缆》（YD/T 1119—2014）。接下来，我们以《通信电缆 无线通信用 50Ω 泡沫聚烯烃绝缘皱纹铜管外导体射频同轴电缆》（YD/T 1092—2013）为例，介绍馈线的具体命名规则。馈线命名规则示例如图 3-44 所示。

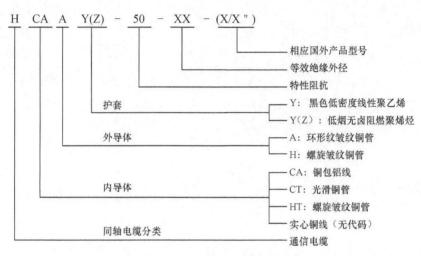

图3-44　馈线命名规则示例

例如，型号为 HCAAY（Z）-50-12（1/2"）的馈线，根据图 3-44 的命名规则可知，它是一款阻抗为 50Ω、护套采用低烟无卤阻燃聚烯烃、外导体采用环形纹皱纹铜管、内导体采用铜包铝线、代号为 12、等效于国外 1/2 英寸的射频同轴电缆。

国外对馈线的定义，例如，1/2 英寸、7/8 英寸等，相对于不同尺寸的馈线，a/b 是指馈线外金属屏蔽的直径，单位为英寸，与内芯的同轴无关。例如，1/2 英寸就是指馈线的外金属屏蔽直径是 1.27cm，7/8 英寸就是指馈线的外金属屏蔽直径是 2.22cm，直径的计算中不包含外绝缘皮的尺寸。对应国内的馈线代号，普通馈线的国内外馈线代号见表 3-19。

表3-19　普通馈线的国内外馈线代号

国外馈线类型	1/2 英寸	7/8 英寸	5/4 英寸	13/8 英寸
国内馈线代号	12	22	32	42

3.8.3　馈线的主要性能指标

在室内分布系统的设计中，选用馈线首先要关注的指标就是馈线的损耗。馈线越长，馈线的损耗越大；无线电波的频率越高，馈线的损耗越大；馈线越细，馈线的损耗越大。不同厂家的生产工艺不同，所用的材料略有差异，在同等条件下使用，馈线的损耗会略有差别，但这不是主要的因素。馈线的损耗主要与馈线的长度、无线电波的频率、馈线的粗细有关系。几种常用馈线相关参数示例见表 3-20。

表3-20　几种常用馈线相关参数示例

序号	项目	单位	频率 /MHz	线径尺寸 / 英寸			
				1/2	7/8	5/4	13/8
1	内导体最大直流电阻（20℃）	Ω/km	—	1.62	1.5	0.97	1.5
2	外导体最大直流电阻（20℃）	Ω/km	—	2.42	1.34	0.66	0.52
3	绝缘介电强度（DC，1min）	V	—	6000	10000	10000	15000
4	最小绝缘电阻	MΩ/km	—	5000			
5	电容	pF/m	—	76			
6	平均特性阻抗	Ω	—	50			
7	最大衰减常数（20℃）	dB/100m	800	6.46	3.63	2.59	2.13
			900	6.85	3.88	2.77	2.29
			1800	10.10	5.75	4.16	3.47
			2000	10.70	6.11	4.43	3.71
			2200	11.25	6.45	4.69	3.94
			2400	11.78	6.79	4.95	4.16
			2500	12.06	6.95	5.07	4.27
			2700	12.61	7.28	5.32	4.48
			3000	13.40	7.76	5.68	—
			3500	14.90	7.86	6.60	—
8	最大电压驻波比	—	820～960	1.2	1.2	1.2	1.2
			1700～1880				
			1880～2180	1.2	1.2	1.2	1.2
			2300～2500				
			2500～2700	1.2	1.2	1.2	1.2
			3300～3600	1.2	1.2	1.2	—

当计算馈线的功率损耗时，如果某 1/2 英寸馈线长度为 20m，参考表 3-20，输入端口的 3.5GHz 信号功率为 12.2dBm，则该馈线输出端口的功率如下。

输出端口功率 =12.2-（20×14.90/100）= 9.22（dBm）。

3.8.4　馈线的截止频率

大多数同轴电缆没有特定阻滞频率的实际截止项，而是使用术语"截止"来表示制造商测试的最高频率，或者当频率达到同轴电缆的截止项时，除了横向电磁模式

（Transverse Electromagnetic Mode，TEM），电缆变成波导和其他模式。因此，同轴电缆截止频率可以是同轴电缆保持在规格内，或者在合理范围内以避免出现横向磁（Transverse Electromagnetic，TM）或横向电（Transverse Electric，TE）传播模式。尽管同轴电缆仍然可以承载频率高于 TEM 模式截止频率的信号，但 TM 或 TE 传输模式的效率要低得多。这两种传输模式对大多数应用来说并不理想。

在分析同轴电缆中的频率时，趋肤深度和截止频率是两个重要概念。同轴电缆由两个导体组成，其中一个是内部引脚，另一个是外部接地屏蔽。当高频导致电子朝向导体表面迁移时，沿着同轴线出现趋肤效应。这种趋肤效应使衰减和介电加热增加，并导致沿同轴线的电阻损失更大。

为了减少趋肤效应造成的损失，可以使用更大直径的同轴电缆，但增加同轴电缆尺寸将降低同轴电缆可以传输的最大频率。当电磁能量波长的大小超过 TEM 的波长并开始沿同轴线"反弹"为 TE 传播模式时，会出现同轴电缆截止频率。由于新频率模式与 TEM 的传播速度不同，所以会对同轴电缆传输的 TEM 信号产生反射和干扰。

截止频率是流过电磁系统的能量通过衰减或反射而不是通过线路开始减少的点。TE 和 TM 传播模式是在同轴线上传播的最低阶模式。在 TEM 中，电场和磁场都横向于行进方向，并且允许期望的 TEM 可以在所有频率下传播。当允许第一高阶模式（称为 TE11）传播时，在高于截止频率的频率处激励较高模式，为了确保只有一种模式传播以获得清晰信号，信号需要低于截止频率，减小同轴电缆的尺寸会使截止频率增大。几种常用馈线的截止频率见表 3-21。

表3-21　几种常用馈线的截止频率

馈线线径	1/2 英寸	7/8 英寸	5/4 英寸	13/8 英寸
截止频率 /GHz	8.8	5.2	3.7	2.8

●● 3.9　漏泄电缆

3.9.1　漏泄电缆的原理

普通同轴电缆的目的是将射频能量从一端传输到另一端，并且希望有最大的横向屏蔽，使信号不能穿透电缆，以避免传输过程中出现射频能量的损耗，而漏泄电缆的设计目的恰恰是特意减小横向屏蔽，使电磁能量可以部分地从电缆内穿透到电缆外。当然，电缆外的电磁能量也将感应到电缆内。

漏泄电缆（也称为泄漏电缆）一般是用薄铜皮作为外导体，在外导体上切开不同形式的槽孔，通过对槽孔大小、间距、形状的控制，将漏泄电缆内信号通过槽孔形成电磁场，从而将信号辐射出去。按漏泄机理的不同，漏泄电缆可以分为耦合型漏泄电缆和辐射型漏泄电缆两类。漏泄电缆实物示意如图3-45所示。

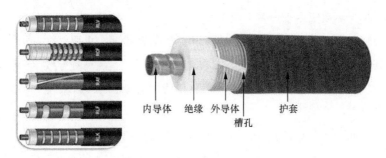

内导体　绝缘　外导体　　　护套
　　　　　　　　槽孔

图3-45　漏泄电缆实物示意

耦合型漏泄电缆的外导体上开的槽孔的间距远小于工作波长。电磁场通过小孔衍射，激发漏泄电缆外导体外部电磁场，因而外导体的外表有电流，于是存在电磁辐射。电磁能量以同心圆的方式扩散在漏泄电缆周围。外导体扎纹、纹上铣孔的漏泄电缆是典型的耦合型漏泄电缆。

辐射型漏泄电缆的外导体上开的槽孔的间距与波长（或半波长）差不多，其槽孔结构使在槽孔处信号产生同相叠加。唯有非常精确的槽孔结构和对于特定的窄频段才会产生同相叠加。外导体上开着周期性变化的槽孔是典型的辐射型漏泄电缆。

耦合型漏泄是漏泄电缆外导体上的表面波的二次效应，而辐射型漏泄是由外导体上的槽孔直接辐射产生的。耦合型漏泄电缆适合于宽频谱传输，漏泄的电磁能量无方向性，并随距离的增加迅速减小。辐射型漏泄电缆与工作频率密切相关，漏泄的电磁能量有方向性，相同的漏泄能量可在辐射方向上相对集中，并且不会随距离的增加而迅速减小（对特定频率和指定方向，耦合损耗比较小）。因此，根据不同的应用场合可选择不同类型的漏泄电缆，频率跨度很窄的系统可选择辐射型漏泄电缆，而频率跨度很宽的系统可选择耦合型漏泄电缆。

漏泄电缆一般用于室内狭长地段的覆盖，不同厂家和直径的漏泄电缆，耦合损耗与传播损耗不同，用户可以根据实际情况选择。

3.9.2　漏泄电缆的命名规则

漏泄电缆和射频电缆一样，有一定的命名规则，辐射型漏泄电缆和耦合型漏泄电缆的命名规则基本相同，本小节我们以耦合型漏泄电缆为例来说明。耦合型漏泄电缆命名规则示例如图3-46所示，具体解读可以参考射频同轴电缆。

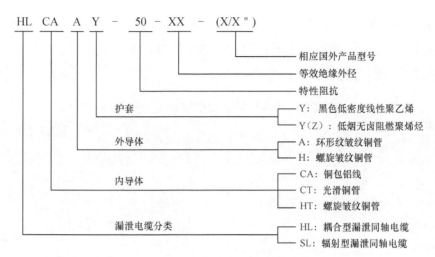

图3-46　耦合型漏泄电缆命名规则示例

3.9.3　漏泄电缆的主要性能指标

对于漏泄电缆而言，衰减常数和耦合损耗是两个重要的参数。

1. 衰减常数

衰减常数是考核电磁波在电缆内部所传输能量损失的最重要的参数之一。

普通同轴电缆内部的信号在一定频率下，随着传输距离而变弱。衰减性能主要取决于绝缘层的类型及电缆的大小。

对于漏泄电缆来说，周边环境也会影响衰减性能，由于漏泄电缆内部的一小部分能量在外导体附近的外界环境中传播，所以衰减性能也受制于外导体槽孔的排列方式。类似于普通同轴电缆，漏泄电缆的纵向衰减采用每隔100m的损耗值（单位为dB）进行度量。

2. 耦合损耗

耦合损耗描述的是电缆外部因耦合产生且被外界天线接收能量大小的指标。耦合损耗的定义为：特定距离下，被外界天线接收的能量与电缆中传输的能量之比。由于影响与被影响的对象是相互的，所以也可用类似的方法分析信号从外界天线向电缆的传输。

耦合损耗受电缆槽孔形式及外界环境对信号的干扰或反射影响。宽频范围内，辐射越强意味着耦合损耗越低。

一般漏泄电缆的耦合损耗值都是距离漏泄电缆2m处的耦合值，如果考虑到实际运用中覆盖目标距离漏泄电缆为5～6m，链路预算时应考虑5～6m的衰减量。耦合损耗中的覆盖概率表示的是测试值中有相应概率的数值会小于该耦合损耗值。如果覆盖率为95%，则表示有 95% 的测试值低于当前耦合损耗。大多数情况下，95% 覆盖率下的耦合损耗值可用于无线链路设计，因为它考虑了足够的覆盖程度，所以只有 5% 的信号接收不到。

两种常用漏泄电缆相关参数示例见表 3-22。

表3-22　两种常用漏泄电缆相关参数示例

序号	项目		单位	频率 /MHz	规格代号	
					5/4 英寸	13/8 英寸
1	内导体直流电 20℃，Max（最大值）	光滑铜管	Ω/km	—	1	—
		螺旋皱纹铜管		—	2.1	1.5
2	外导体直流电阻 20℃，Max（最大值）		Ω/km	—	3	2
3	电容		pF/m		76	76
4	绝缘介电强度 DC，1min		V		10000	15000
5	最大电压驻波比		—	790 ～ 960	1.3	
				1700 ～ 1900		
				1920 ～ 2025	1.4	
				2110 ～ 2200		
				2300 ～ 2400		
				2515 ～ 2675		
				3300 ～ 3600	1.4	—
6	纵向衰减，20℃		dB/100m（最大值）	800	2.9	2.3
				900	3.2	2.5
				1800	4.5	4
				1900	4.8	4.3
				2000	5.3	4.5
				2200	5.6	5
				2400	6.1	5.6
				2600	6.6	6.2
				2700	6.9	7.3
				3300	8.8	—
				3500	10.1	—
				3600	10.8	—

序号	项目	单位	频率 /MHz	规格代号	
				5/4 英寸	13/8 英寸
7	耦合损耗（95%）距离电缆 2m 处测量值	dB（最大值）	800	85	75
			900	83	74
			1800	76	72
			1900	76	73
			2000	74	71
			2200	74	71
			2400	74	70
			2600	73	68
			2700	73	68
			3300	71	—
			3500	71	—
			3600	71	—

3.9.4　漏泄电缆的截止频率

漏泄电缆集信号传输、发射和接收等功能于一体，同时具有同轴电缆和天线的双重作用，特别适合于覆盖公路隧道、铁路隧道、城市地铁隧道以及其他无线信号传播受限的区域。漏泄电缆也是一种特殊的馈线，因此，它也和馈线一样，具有截止频率。几种常用漏泄电缆的截止频率见表 3-23。

表3-23　几种常用漏泄电缆的截止频率

漏泄电缆线径	1/2 英寸	7/8 英寸	5/4 英寸	13/8 英寸
截止频率 /GHz	8.8	5.2	3.7	2.8

3.9.5　广角漏泄电缆

漏泄电缆的工作原理是电磁波在漏泄电缆中纵向传输的同时，通过槽孔向外界辐射电磁波，外界的电磁场也可以通过槽孔感应到漏泄电缆内部，将电磁波传送到接收端。广角漏泄电缆是漏泄电缆的其中一种形式，常规漏泄电缆辐射张角一般在 120° 以下，通常为 80°，纵深方向覆盖范围有限，一般应用在纵深距离较小的狭长形隧道环境。为了满足空间宽度较大的普通场景室内覆盖需求，增大了漏泄电缆的辐射张角，我们将其称为广角漏泄电缆。

目前，广角漏泄电缆的辐射张角一般为 170°，在漏泄电缆挂高 2.5m 时，纵深宽度在 20m 以内，可以形成有效覆盖信号，满足了普通场景的室内覆盖需求。广角漏泄电缆工作示意如图 3-47 所示。

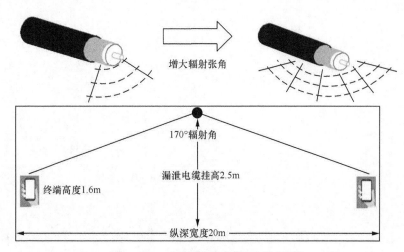

图3-47 广角漏泄电缆工作示意

3.5GHz 5G 信号波瓣图对比如图 3-48 所示。

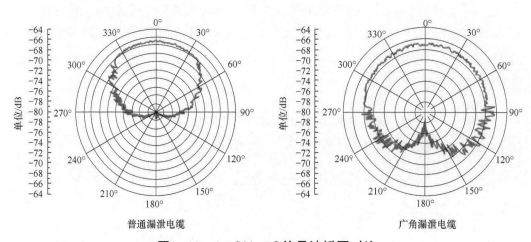

普通漏泄电缆　　　　　　　　　广角漏泄电缆

图3-48 3.5GHz 5G信号波瓣图对比

广角漏泄电缆作为漏泄电缆的一种，各类指标条目基本和漏泄电缆一致，同样也存在相同的截止频率。常用广角漏泄电缆相关参数示例见表 3-24。

表3-24　常用广角漏泄电缆相关参数示例

序号	项目		单位	频率 /MHz	规格		
					1/2 英寸	7/8 英寸	5/4 英寸
1	内导体直流电阻	光滑内导体	—	—	1.62	1.5	1
	20℃，Max	螺旋皱纹铜管	—	—	—	—	2.1
2	外导体直流电阻 20℃，Max		Ω/km	—	6.5	3.5	3
3	电容		pF/m	—	76	76	76
4	绝缘介电强度 DC，1min		V	—	6000	10000	10000
5	径向半功率角		度	—	150 ～ 180		
6	最大电压驻波比		—	800 ～ 960	1.3		
				1700 ～ 1880			
				1880 ～ 2025	1.4		
				2110 ～ 2200			
				2300 ～ 2400			
				2515 ～ 2675			
				3400 ～ 3600			
7	最大纵向衰减常数，20℃		dB/100m	800	7.2	3.6	2.7
				900	7.7	3.8	2.9
				1800	12.3	5.9	4.7
				1900	12.7	6.1	4.9
				2000	13	6.4	5.1
				2100	13.7	6.6	5.3
				2300	14.5	7.5	5.8
				2400	15	7.4	6.1
				2600	16	7.9	6.4
				2700	16.8	8.2	6.7
				3300	22	10	8.6
				3400	23.5	10.8	8.9
				3500	24.5	11.2	9.5
				3600	26	12	10

序号	项目	单位	频率 /MHz	规格		
				1/2 英寸	7/8 英寸	5/4 英寸
8	最大耦合损耗 （95%）距电缆 2m 处测量值	dB	800	80	81	80
			900	78	78	76
			1800	68	69	70
			1900	67	69	69
			2000	71	69	69
			2100	72	69	68
			2300	72	70	67
			2400	69	72	67
			2600	69	72	67
			2700	69	72	67
			3300	67	67	66
			3400	65	66	66
			3500	65	66	66
			3600	65	66	67

3.9.6 非线性损耗漏泄电缆

在 5G 网络商用之前，隧道覆盖一般会采用 13/8 英寸的漏泄电缆，然而在 5G 网络开始商用之后，由于 5G 网络的主体频段在高频，特别是中国电信、中国联通的 5G 网络主体频段为 3.5GHz。由于存在同轴电缆的截止频率问题，所以 13/8 英寸的漏泄电缆无法支持 3.5GHz 的 5G 网络。为了能够在隧道里面铺设 3.5GHz 的 5G 网络，只能使用满足频率要求的 5/4 英寸的漏泄电缆。

由 3.9.3 节中的表 3-22 可知，一般的 5/4 英寸漏泄电缆，在传输 3.5GHz 的 5G 网络信号损耗较大，在地铁和高铁隧道覆盖中，会有不同的表现。

在地铁隧道中，列车 3.5GHz 频段 5G 信号的穿透损耗在 23dB 左右，而且地铁隧道中的节点间距在 400m 左右，单侧主体覆盖只要 200m，通过计算，基本能够满足 3.5GHz 频段 5G 信号的地铁隧道覆盖。

在高铁隧道中，复兴号的高铁列车 3.5GHz 频段 5G 信号的穿透损耗达 30dB，而且高铁隧道的洞室间距达到 500m，单侧主体覆盖只要 250m，通过计算，不能够满足 3.5GHz 频段 5G 信号的高铁隧道覆盖。

为了进一步提升高铁隧道中的覆盖，使 3.5GHz 频段 5G 信号能在高铁隧道里面实现良好的覆盖，需要引入非线性损耗漏泄电缆。

一般来说，漏泄电缆覆盖的隧道，信号覆盖随着漏泄电缆的延伸而逐步减小，直到不能满足覆盖目标为止。普通的漏泄电缆，同一频率的信号传输，其传输损耗（最大纵向衰减常数，20℃）是固定的，而非线性损耗漏泄电缆，同一频率的信号传输，其传输损耗（最大纵向衰减常数，20℃）是不固定的，它的传输是有方向性的，靠近信源侧，信号强度比较大，因此，耦合出去的信号比较小，随着漏泄电缆的延伸，耦合出去的信号逐渐变大。也就是说，传输损耗随着漏泄电缆的延伸而增大，可以使外部信号更平衡，也可以增加漏泄电缆的覆盖距离。因此，普通的漏泄电缆 2m 处的综合损耗计算方法如下。

2m 处的综合损耗 = 长度（100m）× 传输损耗（dB/100m）+2m 处耦合损耗

而非线性损耗漏泄电缆需要测量确定，非线性损耗漏泄电缆 5/4 英寸相关参数示例见表 3-25，各频段的不同距离综合损耗见表 3-26。

表3-25 非线性损耗漏泄电缆5/4英寸相关参数示例

项目	单位		频率 /MHz	要求
内导体直流电阻	光滑铜管	Ω/km	—	1
20℃（Max）	螺旋皱纹铜管		—	2.1
外导体直流电阻	Ω/km		—	3
20℃（Max）				
绝缘介电强度	V		—	10000
DC, lmin				
最大电压驻波比	—		1700～1900	1.3
			1920～2025	1.4
			2110～2170	
			2300～2400	
			2515～2675	
			3300～3600	

表3-26　各频段的不同距离综合损耗

项目	频率 /MHz	200m	250m	300m	350m
综合损耗 /dB（Max）	1700	79	82	84	87
	1800	79	82	84	87
	1900	79	83	85	87
	2000	81	83	85	89
	2200	79	82	83	86
	2400	80	83	86	89
	2600	79	82	85	88
	2700	79	82	85	88
	3300	79	82	85	88
	3400	79	82	85	88
	3500	80	83	86	88
	3600	80	84	88	91
	3700	88	93	98	103

结合本书 2.3.2 节漏泄电缆分布系统结构的相关说明，隧道覆盖的信源一般设在中点位置，分别向两侧接入漏泄电缆覆盖。地铁隧道的节点间距在 400m 左右，单侧 200m，高铁隧道的洞室间距达到 500m，单侧 250m。因此，隧道覆盖的单侧距离基本在 300m 以下，对比表 3-22 和表 3-25，分析 3.5GHz 频段的 5G 信号在两种 5/4 英寸漏泄电缆中的综合损耗情况。两种 5/4 英寸漏泄电缆的损耗对比如图 3-49 所示。

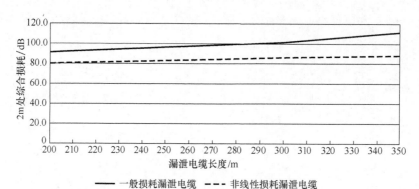

图3-49　两种5/4英寸漏泄电缆的损耗对比

根据分析结果显示，两种结构的 5/4 英寸漏泄电缆，3.5GHz 频段的 5G 信号在 200m 后，2m 处的综合损耗达到 10dB 以上的差值，极大地提升了漏泄电缆覆盖的距离。因此，选择非线性损耗漏泄电缆能够比较好地满足隧道的覆盖。

●●3.10 连接器

馈线连接器的作用是当馈线不够长、需要延长馈线长度时，使用接头进行连接；或者当馈线要连接设备时，通过接头进行转换连接；或者不同尺寸的馈线通过接头进行转换连接。一般情况下，连接器包含馈线接头、转接头和设备跳线 3 种。

馈线接头俗称接头，常用的类型有 N 型、DIN 型（德国标准化学会制定的一项连接器标准，是 Deutsches Institut für Normung e.V. 的缩写）、超小型版本 A（SubMiniature Version A，SMA）型、卡口螺母连接器（Bayonet Nut Connector，BNC）型等。馈线接头类型实物示例如图 3-50 所示。

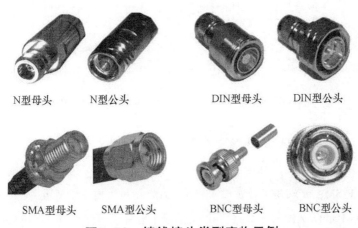

N型母头　　　N型公头　　　DIN型母头　　　DIN型公头

SMA型母头　　　SMA型公头　　　BNC型母头　　　BNC型公头

图3-50　馈线接头类型实物示例

N 型接头也称为 3/16 型，是无线通信建设中使用最多的接头，也是最普通的接头，室内分布系统中使用的接头大部分是 N 型接头。

DIN 型接头也称为 7/16 型，一般在通信设备端使用，例如，基站主设备的射频接口采用的就是 DIN 型接头。DIN 型接头的优点是损耗低、固定性好、功率容限高，因此，在对分布系统要求非常高的情况下，也会采用 DIN 型接头。N 型接头和 DIN 型接头的功率容限对比如图 3-51 所示，N 型接头和 DIN 型接头在同样条件下的测试情况分析，同样在驻波比为 1.2 的情况，DIN 型的接头功率容限要远远高于 N 型接头。

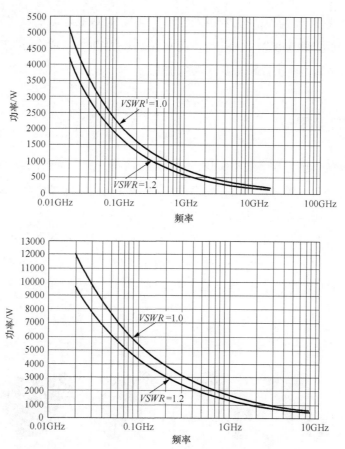

1. VSWR（Voltage Standing Wave Ratio，电压驻波比）。需要说明的是，VSWR 是在海拔 0m，气温为 40℃的条件下测量的。

图3-51 N型接头和DIN型接头的功率容限对比

SMA 接口有两种形式，标准的 SMA 一端是"外螺纹 + 孔"，另一端是"内螺纹 + 针"；反极性 RP-SMA 一端是"外螺纹 + 针"，另一端是"内螺纹 + 孔"，70% 以上的无线接入点（Access Point，AP）、无线路由和 90% 以上的外设部件互连（Peripheral Component Interconnect，PCI）接口的无线网卡采用这个接口。

BNC 接口是 10B 的接头，即同轴细缆接头。

5G 网络的室内分布系统在建设中主要采用的接头为 N 型接头和 DIN 型接头。

接头有公母之分。公头用字母 M[Male（男性、雄性、公）的缩写] 或者 J 表示，内芯是"针"。母头用字母 F[Female（女性、雌性、母）的缩写] 或者 K 表示，内芯是"孔"。

普通接头的一侧一般为接头，另外一侧连接同轴电缆，而转接头则是连接两个接头的，转接头主要有公头转公头、母头转母头和直角弯头 3 种。其中，公头转公头、母头转母头主要用于两个准备相连的接头公、母不匹配的情况。直角弯头主要在馈线需要直角转弯的时候使用。转接头类型实物示例如图 3-52 所示,转接头连接示意如图 3-53 所示,直角弯头连接示意如图 3-54 所示。

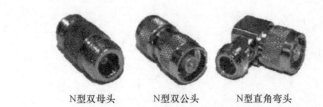

N型双母头   N型双公头   N型直角弯头

图3-52 转接头类型实物示例

1/2英寸N型母头   N型公头转公头   1/2英寸N型母头

图3-53 转接头连接示意

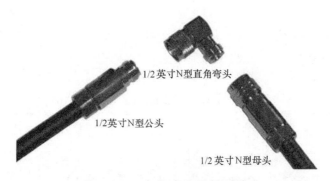

1/2英寸N型直角弯头

1/2英寸N型公头

1/2英寸N型母头

图3-54 直角弯头连接示意

一般情况下,弯头用 A 或者 W 表示。在表示时,射频同轴连接器标准规定使用 M、F、A 表示接头的公头、母头及弯头,而 J、K 及 W 是传统表示方法,非国家标准。接头命名规则如图 3-55 所示,接头代号命名含义见表 3-27。

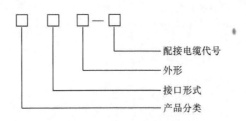

配接电缆代号
外形
接口形式
产品分类

图3-55 接头命名规则

表3-27 接头代号命名含义

产品分类		接口类型		外形	
代号	含义	代号	含义	代号	含义
N	3/16	M	插针	省略	直头
				A	直接弯头
		F	插孔	省略	直头
				A	直接弯头
DIN	7/16	M	插针	省略	直头
				A	直接弯头
		F	插孔	省略	直头
				A	直接弯头

当产品为 DIN 型时，接口类型为插针、配接代号为22（1/2 英寸馈线的标准代号）的电缆，外形为直头的射频同轴连接器标记为：7/16M-22 YD/T1967-2009（常规的表示为：7/16M-1/2 英寸）。

一般情况下，在室内分布系统中接头的损耗一般忽略不计，即接头的损耗取值为0。接头相关参数的参考指标示例见表 3-28。

表3-28 接头相关参数的参考指标示例

序号	项目		单位	N 型要求	DIN 型要求
1	接触电阻	内导体	MΩ	≤ 1.0	≤ 0.4
		外导体		≤ 0.25	≤ 0.2
2	绝缘电阻		MΩ	≥ 5000	
3	内外导体间耐压（2500V，AC，1min）			应无击穿和闪络现象	
4	电压驻波比	800 ～ 1000MHz		≤ 1.12	
		1700 ～ 2700MHz			
		3300 ～ 3800MHz			
5	插入损耗	900MHz	dB	≤ 0.10	≤ 0.08
		2000MHz		≤ 0.15	≤ 0.12
		3500MHz		≤ 0.20	≤ 0.15
6	三阶互调		dBc	≤ -155	

续表

序号	项目		单位	N 型要求	DIN 型要求
7	高温试验（85±2）℃，保持 50h 恢复 2h	外观		应无损伤	
		绝缘电阻	MΩ	≥ 5000	
		内外导体间耐压（2500V，AC，1min）		应无击穿和闪络现象	
		电压驻波比	800 ～ 1000MHz	≤ 1.12	
			1700 ～ 2700MHz		
			3300 ～ 3800MHz		
8	低温试验（-40±2）℃，保持 20h 恢复 2h	外观		应无损伤	
		绝缘电阻	MΩ	≥ 5000	
		内外导体间耐压（2500V，AC，1min）		应无击穿和闪络现象	
		电压驻波比	800 ～ 1000MHz	≤ 1.12	
			1700 ～ 2200MHz		
			3300 ～ 3800MHz		
9	盐雾试验（5% 浓度 NaCl 溶液，35℃，48h）			应无腐蚀现象	
10	机械持久性（插拔 500 次）	外观		导体基体材料应不外露	
		绝缘电阻	MΩ	≥ 5000	
		内外导体间耐压（2500V，AC，1min）		应无击穿和闪络现象	

第三类馈线连接器为设备跳线，一般用于固定长度的馈线连接，例如，主设备连接天线的馈线按照设备的接口类型和天线接口类型进行配置，由 2 个相对应的接头和一段固定长度的馈线组成，一般选用 1/2 英寸的馈线，根据需求选择普通的馈线和超柔的馈线。跳线实物示例如图 3-56 所示。

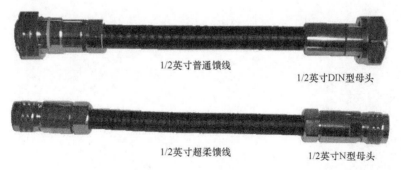

1/2英寸普通馈线

1/2英寸DIN型母头

1/2英寸超柔馈线

1/2英寸N型母头

图3-56　跳线实物示例

室内分布系统规划设计

Chapter 4

第4章

室内分布系统作为室内无线信号覆盖的主要解决手段，其方案从规划到设计都有完整、科学的理论和实践依据。

本章将详细阐述室内分布系统方案的全过程规划设计：首先，分析了室内分布系统设计的总体原则和总体流程；然后，分别从室内分布系统的勘察、模拟测试、容量设计、室内传播模型、天馈线布局设计、室内分布系统仿真、5G室内分布系统小区规划以及室内分布系统电源设计等方面进行了分类探讨。

●● 4.1 室内分布系统设计总体原则

室内分布系统建设的目的是为了解决目标区域的网络覆盖存在的问题或者加强网络的容量和质量，提升用户的使用感知度，为电信运营商树立优异的品牌意识并为企业创造产值。因此，建设一套良好的室内分布系统非常重要，对于室内分布系统而言，一套良好的设计方案需满足以下 3 个方面要求。

一是室内分布系统能在通道上满足各制式系统在目标覆盖区域内信号的均匀分布。

二是信源方案能在功率方面和容量方面满足目标区域的通信业务需求。

三是网络设置方面满足目标覆盖区域的通信质量要求。

4.1.1 室内分布系统工程设计原则

在遵循室内分布系统工程设计原则的情况下，对于实际的工程设计而言，通常会细化到以下 11 个方面。

① 室内分布系统工程设计中要包括信号源和分布系统两个部分。

② 室内分布系统设计应满足服务区的覆盖质量和用户容量的需求，并考虑室内、室外网络的协同发展；需根据用户预测结果对基站进行配置，并随着用户的发展及时增加基站配置或增加基站小区，必要时，还需调整室内分布结构以满足室内的容量需求。

③ 室内分布系统应具有良好的兼容性和可扩展性。新建室内分布系统和原有室内分布系统改造必须满足各制式移动网络业务发展的需求。

④ 室内分布系统工程设计中需尽量减少或控制信号的外泄，避免与室外信号过多切换，减少对室外基站的影响。

⑤ 室内分布系统所采用的器件要求能实现互联，方便电信运营商进行择优选型及统一维护。

⑥ 室内分布系统应做到结构简单，工程容易实施，不影响目标建筑物原有的结构和装修。

⑦ 室内分布系统拓扑结构应易于叠加与组合，方便后续维护和调整。

⑧ 重点建筑物室内覆盖应提供备电机制，保障室内网络安全，减少掉电退服事件发生的概率。

⑨ 贯彻资源共享与节能减排的相关要求，工程建设方案要求达到工业和信息化部相关要求及共建共享的实际技术要求。

⑩ 室内分布系统的设计必须贯彻通信技术政策和通信行业的技术政策、技术体制以及

有关标准、规范的规定。

⑪ 满足国家有关环保要求，电磁辐射值满足国家标准，采用的设备与材料，以及产生的物质对环境无污染，所用设备应达到环保部门对噪声的指标要求。

4.1.2 电信运营商的频率使用情况

频谱资源是无线网络中最重要的资源，也是最基础的组成部分，自从我国进入 5G 时代，频谱资源变得尤为重要。从 2018 年年初到 2020 年 3 月，5G 网络的频谱资源划分基本趋于稳定，4 家电信运营商获得 5G 网络频谱资源的同时，其他频段也有一定的变化。4 家电信运营商频谱资源情况如图 4-1 所示。

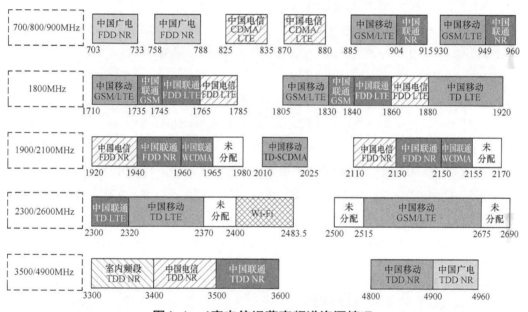

图4-1 4家电信运营商频谱资源情况

4.1.3 中国移动网络技术指标

为了保障优质的室内分布系统设计，提升全网范围内的室内用户感知体验，通常要求室内分布系统的规划设计工程师充分掌握电信运营商的各种网络制式技术指标，以保证实际设计过程中系统的科学合理性与实操可用性。

中国移动室内分布系统网络经历了 2G、3G、4G 到现在的 5G。现阶段为 5G 网络建设阶段，4G 网络为主流网络，2G 网络基本完成退网，3G 网络已经开始退网。2020 年开始，中国移动与中国广电开展深度共享 5G 网络，开始共建共享 5G 网络。

网络建设的每个阶段、每个本地网的网络建设的性能要求都不一样，具体的网络制式要求如下。

1. GSM 网络性能要求

（1）工作频段

① 中国移动 GSM 900 使用的频段为 885 ～ 904MHz（上行）、930 ～ 949MHz（下行），相邻频道间隔为 200kHz，双工收发频率间隔为 45MHz。

② 中国移动 GSM 1800 使用的频段为 1710 ～ 1735MHz（上行）、1805 ～ 1830MHz（下行），相邻频道间隔为 200kHz，双工收发频率间隔为 95MHz。

（2）设计指标

① 移动用户的忙时话务量：0.025Erl。

② 室内边缘场强要求：一般区域 ≥ -75dBm，封闭区域 ≥ -80dBm；切换区室内、室外信号覆盖要求人行出入口（交界区大于 10m）≥ -85dBm，车辆出入口（交界区大于 35m）≥ -80dBm。

③ 接通率：90% 位置可接通，99% 的时间可接入、95% 的设计区域占用室内信道。

④ 话音质量：97% 的区域通话质量（Received Signal Quality，Rx Qual）为 0 ～ 3 级。

⑤ 漏泄：室外 10 ～ 15m 处，室内漏泄信号低于室外信号 15dB；室内信号漏泄到室外道路的电平低于 -90dBm；室内区域的室内信号强于室外穿透信号 10dB。

同频干扰保护比：$C/I \geq 12$dB（不开跳频）；$C/I \geq 9$dB（开跳频）（C/I 表示接收导频信号的质量）。

邻频干扰保护比：200kHz 邻频干扰保护比为 $C/I \geq -6$dB；400kHz 邻频干扰保护比为 $C/I \geq -41$dB。

2. TD-SCDMA 网络性能要求

（1）工作频段

TD-SCDMA 支持 1880 ～ 1920MHz、2010 ～ 2025MHz、2300 ～ 2400MHz 这 3 个频段的通信。

（2）设计指标

① TD-SCDMA 可以实现 CS64k（电路域 64kbit/s）业务的连续覆盖，覆盖率达到 95% 以上。

② 覆盖区内无线可接通率要求是移动台在无线覆盖区内 90% 的位置，99% 的时间可接入网络。

③ 无线信道呼损率在市区不高于 2%。

④ 块差错率目标值（BLER Target）为话音 1%，CS64K 为 0.1% ～ 1%，PS 数据为

5% ～ 10%。

（3）覆盖指标要求

① 一般要求室内分布无线覆盖的接收信号码功率（Received Signal Code Power，RSCP）满足边缘场强为主公共控制物理信道（Primary Common Control Physical CHannel，PCCPCH）$RSCP \geqslant -85\text{dBm}$，PCCPCH $C/I \geqslant -3\text{dB}$。

② 室内信号的外泄电平，在室外 10m 处的 PCCPCH $RSCP \leqslant -95\text{dBm}$ 或者室内外泄的 $RSCP$ 比室外宏基站最强的 $RSCP$ 低 10dB。

③ 室内天线最大发射总功率 $\leqslant 15\text{dBm}$。

④ PCCPCH 天线输出口功率 $\leqslant 10\text{dBm}$。

3. TD–LTE 网络性能要求

（1）覆盖指标要求

要求在建设室内覆盖的区域内满足参考信号接收功率（Reference Signal Receiving Power，RSRP）大于 −105dBm 的概率大于 90%；室内覆盖信号应尽可能少地漏泄到室外。在室外距离建筑物外墙 10m 处，室内信号漏泄强度应小于室外覆盖信号 10dB 以上。

（2）业务质量指标

① 连接成功率：基本目标 $\geqslant 95\%$。

② 掉线率：基本目标 $< 4\%$。

③ 系统内切换成功率：基本目标 $> 95\%$。

（3）服务质量

① 覆盖区域内无线可通率要求在 90% 的位置内，99% 的时间移动台可接入网络。

② 数据业务的块差错率目标值 $\leqslant 10\%$。

（4）承载速率目标

单用户的边缘速率定义为：RSRP 覆盖电平为 −105 ～ −100dBm 的速率平均值。单用户边缘速率作为指标。

在室内分布系统支持 MIMO 2×2 的情况下，室内单小区采用 20MHz 带宽组网时，要求单用户边缘速率的下行平均速率大于等于 30Mbit/s，上行平均速率大于等于 8Mbit/s。

在单路室内分布系统的情况下，采用单小区 20MHz 时，要求单小区平均吞吐量满足下行速率为 15Mbit/s，上行速率为 4Mbit/s。

4. TDD NR 网络性能要求

（1）覆盖指标要求

要求在建设室内覆盖的一般区域内满足 $SS\text{-}RSRP \geqslant -105\text{dBm}$ 的概率大于 95%，$SS\text{-}$

RSRP ≥ 0dB，例如，大型场馆、交通枢纽、营业厅（旗舰店）、重要会议区或办公区等业务需求高的重要场景区域内满足 *SS-RSRP* ≥ −100dBm 的概率大于 95%，*SS-RSRP* ≥ 3dB。室内覆盖信号应尽可能少地漏泄到室外，在室外距离建筑物外墙 10m 处，室内信号漏泄强度应小于室外覆盖信号 10dB 以上。

（2）业务质量指标

①连接成功率：基本目标≥ 95%。

②掉线率：基本目标＜ 4%。

③系统内切换成功率：基本目标＞ 95%。

（3）服务质量

① 覆盖区内无线可接通率要求在 90% 的位置内，99% 的时间移动台可接入网络。

② 数据业务的块差错率目标值≤ 10%。

（4）承载速率目标

单用户的边缘速率定义为：SS-RSRP 覆盖电平为 −105 ～ −100dBm 的速率平均值，单用户边缘速率作为指标。

在室内分布系统支持 MIMO 4×4 的情况下，室内单小区采用 100MHz 带宽组网时，要求单用户边缘速率的下行平均速率≥ 200Mbit/s，上行平均速率≥ 20Mbit/s。

在室内分布系统支持 MIMO 2×2 的情况下，要求单用户边缘速率的下行平均速率≥ 120Mbit/s，上行平均速率≥ 12Mbit/s。

在单路室内分布系统的情况下，要求单用户边缘速率的下行平均速率≥ 50Mbit/s，上行平均速率≥ 1Mbit/s。

4.1.4 中国联通网络性能要求

中国联通室内分布系统网络经历了 2G、3G、4G，现阶段为 5G 网络建设阶段，4G 网络为主流网络，2G 网络基本完成退网，3G 网络已经开始退网。2020 年开始，中国电信与中国联通开始深度共享 5G 网络，规划 5G 承建区域，负责建设 5G 网络，并实现双方共享。

中国联通室内分布系统网络建设的每个阶段、每个本地网的网络建设的性能要求都不一样，具体的网络制式要求如下。

1. GSM 网络性能要求

（1）工作频段

中国联通 GSM1800 使用的频段为 1735 ～ 1745MHz（上行），1830 ～ 1840MHz（下行），相邻频道间隔为 200kHz，双工收发频率间隔为 95MHz。

（2）设计指标

① 移动用户的忙时话务量为 0.02Erl。

② 无线信道的呼损率取定为 2%。

③ 干扰保护比。

同频干扰保护比：$C/I \geqslant 12\text{dB}$（不开跳频）；$C/I \geqslant 9\text{dB}$（开跳频）。

邻频干扰保护比：$C/I \geqslant -6\text{dB}$（200kHz）；$C/I \geqslant -38\text{dB}$（400kHz）。

④ 无线覆盖区内可接通率：要求在无线覆盖区内 96% 的位置，99% 的时间移动台可接入网络；电梯按重要区域标准进行覆盖，重要楼宇房间内实现全覆盖，卫生间、楼梯可增加覆盖点强化覆盖效果。

⑤ 无线覆盖边缘场强

重要楼宇：边缘接收场强 $\geqslant -80\text{dBm}$（$-90 \sim -80\text{dBm}$ 的稍弱覆盖点比例应在 10% 以下，小于 -90dBm 的弱覆盖点比例应在 5% 以下，且不能在公共区域连续出现）。

一般楼宇：边缘接收场强 $\geqslant -83\text{dBm}$（$-90 \sim -83\text{dBm}$ 的稍弱覆盖点比例应在 20% 以下，小于 -90dBm 的弱覆盖点比例应在 5% 以下，且不能在公共区域连续出现）。

⑥ 话音质量要求 95% 的区域 RxQual 为 0 ~ 3 级。

⑦ 在基站接收端位置收到的上行噪声电平 < -120dBm。

⑧ 室内天线的天线口发射功率 < 15dBm。

⑨ 覆盖区与周围各小区之间有良好的无间断切换。

⑩ 漏泄要求信号强度低于 -90dBm，或者小于室外主服务小区信号强度 10dB 以上。

2. WCDMA 网络性能要求

（1）频率

中国联通使用的频段为 1960 ~ 1965MHz（上行），2150 ~ 2155MHz（下行）。

（2）技术指标

① 无线覆盖区内可接通率：要求在无线覆盖区内 96% 的位置，99% 的时间移动台可接入网络；电梯按重要区域标准进行覆盖，重要楼宇房间内实现全覆盖，卫生间、楼梯可增加覆盖点强化覆盖效果。

② 场强：以无线覆盖边缘 CPICH 功率场强（50% 负载下）为标准。

• 地上楼层、电梯、公共卫生间的导频功率 $\geqslant -80\text{dBm}$，导频 Ec/Io[1] $\geqslant -8\text{dB}$。

• 地下室（包括公共活动区）、停车场的导频功率 $\geqslant -83\text{dBm}$，导频 $Ec/Io \geqslant -8\text{dB}$。

• 地下室（非活动区）的导频功率 $\geqslant -86\text{dBm}$，导频 $Ec/Io \geqslant -8\text{dB}$。

---

1. Ec 为码片能量，Ec 中的 C 为载波功率，Ec/Io 反映了手机在当前位置接收到的导频信号的水平。

③ 通话效果

- 对于 12.2kbit/s 的语音业务，块差错率（*BLER*）≤ 0.5%。

- 对于 64kbit/s 的 CS 数据业务，*BLER* ≤ 0.1%。

- 对于 PS 数据业务，*BLER* ≤ 5%。

- 覆盖区域内通话应清晰，无断续、回声等现象。

④ 移动台发射功率

室内 96% 区域内语音业务达到移动台发射功率 *Tx* ≤ −10dBm。

⑤ 室内天线端口的最大发射功率

室内天线端口的最大发射总功率 ≤ 15dBm。

⑥ 漏泄

WCDMA 室外信号导频 RSCP 应低于 −90dBm，或者小于室外主导频 RSCP 至少 10dB 以上。

3. FDD LTE 网络性能要求

（1）工作频段

中国联通 FDD LTE 1800 系统频段为 1745 ～ 1765MHz（上行），1840 ～ 1860MHz（下行）。

（2）覆盖指标

① 90% 区域的 *RSRP* ≥ −100dBm，*RS-SINR* ≥ 5dB（单通道）/*RS-SINR* ≥ 6dB（双通道），适用于会议室、酒店客房等中高速数据密集的区域。

② 90% 区域的 *RSRP* ≥ −105dBm，*RS-SINR* ≥ 3dB（单通道）/*RS-SINR* ≥ 4dB（双通道），适用于办公室等数据速率要求不高的区域。

③ 90% 区域的 *RSRP* ≥ −110dBm，*RS-SINR* ≥ 1dB（单通道）/*RS-SINR* ≥ 2dB（双通道），适用于电梯、地下停车场等与原系统合路兼顾覆盖的区域。

（3）室内分布系统信号的漏泄要求

室内覆盖信号应尽可能少地漏泄到室外，室外 10m 处应满足 *RSRP* ≤ −115dBm 或室内小区外泄的 *RSRP* 比室外主小区的 *RSRP* 低 10dB（当建筑物距离道路不足 10m 时，以道路靠近建筑物一侧作为参考点）。

（4）天线口最大功率

根据设计覆盖场景及天线覆盖距离，一般情况下，建议天线口输入功率 ≥ −15dBm，电梯覆盖建议提升 3dB。

（5）链路平衡度

对于 LTE 双通道建设方式，应保证 LTE 两条链路的功率平衡，链路不平衡度（功率差）

不超过 3dB，以保证 LTE 的 MIMO 2×2 性能。

（6）承载速率目标

单用户的边缘速率定义为：SS-RSRP 覆盖电平为 −105 ～ −100dBm 的速率平均值，单用户边缘速率作为指标。

在室内分布系统支持 MIMO 2×2 的情况下，要求单用户边缘速率的下行平均速率 ≥ 50Mbit/s，上行平均速率 ≥ 8Mbit/s。

在单路室内分布系统的情况下，要求单用户边缘速率的下行平均速率 ≥ 25Mbit/s，上行平均速率 ≥ 4Mbit/s。

4. FDD NR 网络性能要求

（1）工作频段

① 中国联通 FDD NR 900：904 ～ 915MHz（上行），949 ～ 960MHz（下行）。

② 中国联通 FDD NR 2100：1940 ～ 1960MHz（上行），2130 ～ 2150MHz（下行）。

（2）覆盖指标

标准层、群楼：目标覆盖区域内 90% 以上位置，$SS\text{-}RSRP \geq -105\text{dBm}$，$SS\text{-}SINR \geq 3\text{dB}$（公共参考信号），保证移动台能够正常接入且不掉话。

电梯、地下室：目标覆盖区域内 90% 以上位置，$SS\text{-}RSRP \geq -110\text{dBm}$，$SS\text{-}SINR \geq 3\text{dB}$（公共参考信号），保证移动台能够正常接入且不掉话。

为了避免高层窗边导频污染，室内外同频组网时，10 层以上的室内窗边前向 SS-RSRP 设计指标为 $SS\text{-}RSRP \geq -100\text{dBm}$，$SS\text{-}SINR \geq 3\text{dB}$（公共参考信号），10 层以下参考标准层、群楼指标。

（3）室内分布系统信号的漏泄要求

室内覆盖信号应尽可能少地漏泄到室外，要求室外 10m 处应满足 $SS\text{-}RSRP \leq -105\text{dBm}$ 或室内小区外泄的 $SS\text{-}RSRP$ 比室外主小区的 $SS\text{-}RSRP$ 低 10dB（当建筑物距离道路不足 10m 时，以道路靠近建筑物一侧作为参考点）。

（4）天线口输入功率

根据设计覆盖场景及天线覆盖距离，一般情况下，建议天线口输入功率 ≥ −15dBm，电梯覆盖建议提升 3dB。

（5）链路平衡度

对于 NR 双通道建设方式，应保证 NR 两条链路的功率平衡，链路不平衡度（功率差）不超过 3dB，以保证 NR 的 MIMO 2×2 性能。

（6）承载速率目标

单用户的边缘速率定义为：SS-RSRP 覆盖电平为 −105 ～ −100dBm 的速率平均值，单用户边缘速率作为指标。

中国联通 FDD NR 900MHz 的 5G 网络作为 5G "打底网"，在室内分布系统支持 MIMO 2×2 的情况下，要求单用户边缘速率的下行平均速率 ≥ 30Mbit/s，上行平均速率 ≥ 4Mbit/s；在单路室内分布系统的情况下，要求单用户边缘速率的下行平均速率 ≥ 15Mbit/s，上行平均速率 ≥ 2Mbit/s。

中国联通 FDD NR 2100MHz 的 5G 网络在室内分布系统支持 MIMO 2×2 的情况下，要求单用户边缘速率的下行平均速率 ≥ 60Mbit/s，上行平均速率 ≥ 8Mbit/s；在单路室内分布系统的情况下，要求单用户边缘速率的下行平均速率 ≥ 30Mbit/s，上行平均速率 ≥ 4Mbit/s。

5. TDD NR 网络性能要求

（1）工作频段

中国联通 TDD NR 3500：3500 ～ 3600MHz。

（2）覆盖指标

标准层、群楼：目标覆盖区域内 90％以上位置，$SS\text{-}RSRP \geq -105\text{dBm}$，$SS\text{-}SINR \geq 3\text{dB}$（公共参考信号），保证移动台能够正常接入且不掉话。

电梯、地下室：目标覆盖区域内 90％以上位置，$SS\text{-}RSRP \geq -110\text{dBm}$，$SS\text{-}SINR \geq 3\text{dB}$（公共参考信号），保证移动台能够正常接入且不掉话。

为了避免高层窗边导频污染，室内外同频组网时，10 层以上的室内窗边前向 SS-RSRP 设计指标为 $SS\text{-}RSRP \geq -100\text{dBm}$，$SS\text{-}SINR \geq 3\text{dB}$（公共参考信号），10 层以下参考标准层、群楼指标。

（3）室内分布系统信号的漏泄要求

室内覆盖信号应尽可能少地漏泄到室外，要求室外 10m 处应满足 $SS\text{-}RSRP \leq -100\text{dBm}$ 或室内小区外泄的 $SS\text{-}RSRP$ 比室外主小区的 $SS\text{-}RSRP$ 低 10dB（当建筑物距离道路不足 10m 时，以道路靠近建筑物一侧作为参考点）。

（4）天线口输入功率

综合考虑设计覆盖场景及天线覆盖距离，一般情况下，建议天线口输入功率 ≥ -12dBm，电梯覆盖建议提升 3dB。

（5）链路平衡度

对于 NR 双通道建设方式，应保证 NR 两条链路的功率平衡，链路不平衡度（功率差）≤ 3dB，以保证 NR 的 MIMO 2×2 性能。

（6）承载速率目标

单用户的边缘速率定义为：SS-RSRP 覆盖电平为 -105 ～ -100dBm 的速率平均值，单用户边缘速率作为指标。

在室内分布系统支持 MIMO 4×4 的情况下，室内单小区采用 100MHz 带宽组网时，要求单用户边缘速率的下行平均速率 ≥ 200Mbit/s，上行平均速率 ≥ 20Mbit/s。

在室内分布系统支持MIMO 2×2的情况下，要求单用户边缘速率的下行平均速率≥120Mbit/s，上行平均速率≥12Mbit/s。

在单路室内分布系统的情况下，要求单用户边缘速率的下行平均速率≥50Mbit/s，上行平均速率≥1Mbit/s。

4.1.5　中国电信网络性能要求

1. CDMA 800 网络性能要求

（1）工作频段

CDMA 800：825～835MHz（上行），870～880MHz（下行）。

（2）覆盖电平

标准层、群楼：目标覆盖区域内95%以上位置，前向接收功率≥-82dBm。

地下层、电梯：目标覆盖区域内95%以上位置，前向接收功率≥-87dBm。

（3）信噪比

①标准层和群楼，95%以上的位置要求导频Ec/Io≥-8dB。

②地下层和电梯，95%以上的位置要求导频Ec/Io≥-7dB。

（4）接通率

接通率要求在目标覆盖区域内98%的位置，99%的时间移动台可接入网络。

（5）掉话率

①以蜂窝基站为信号源时，掉话率要求<1%。

②以直放站为信号源时，掉话率要求<2%。

（6）话音质量

①以蜂窝基站为信号源时，要求95%以上的位置，话音质量（FER）<1%。

②以直放站为信号源时，要求90%以上的位置，FER<1%。

③平均意见值（Mean Opinion Score，MOS）值≥3.5级。

（7）闲时室内分布系统对信号源基站底噪的抬升

闲时室内分布系统对信号源基站底噪的抬升<3dB。

（8）切换成功率

①覆盖区与周围各小区之间有良好的无间断切换。

②室内外小区和室内各小区之间的切换成功率>95%。

（9）漏泄

室内覆盖信号应尽可能少地漏泄到室外，要求室外10m处应满足室内漏泄信号强度不高于-90dBm，且室内导频不能作为主导频；或者室内小区漏泄的信号比室外主小区的信号低 10dB（当建筑物距离道路不足 10m 时，以道路靠近建筑物一侧作为参考点）。

2. FDD LTE 网络性能要求

（1）工作频段

中国电信 FDD LTE1800：1765 ~ 1785MHz（上行），1860 ~ 1880MHz（下行）。

（2）覆盖指标

标准层、群楼：目标覆盖区域内 90% 以上位置，$RSRP \geq -110dBm$，$SINR \geq 3dB$（公共参考信号），保证移动台能够正常接入且不掉话。

电梯、地下室：目标覆盖区域内 90% 以上位置，$RSRP \geq -115dBm$，$SINR \geq 3dB$（公共参考信号），保证移动台能够正常接入且不掉话。

为了避免高层窗边导频污染，室内外同频组网时，10 层以上的室内窗边前向 RSRP 设计指标为 $RSRP \geq -100dBm$，$SINR \geq 3dB$（公共参考信号），10 层以下参考标准层、群楼指标。

（3）室内分布系统信号的漏泄要求

室内覆盖信号应尽可能少地漏泄到室外，要求室外 10m 处应满足 $RSRP \leq -110dBm$ 或室内小区外泄的 $RSRP$ 比室外主小区的 $RSRP$ 低 10dB（当建筑物距离道路不足 10m 时，以道路靠近建筑物一侧作为参考点）。

（4）天线口输入功率

综合考虑设计覆盖场景及天线覆盖距离，一般情况下，建议天线口输入功率不低于 −15dBm，电梯覆盖建议提升 3dB。

（5）链路平衡度

对于 LTE 双通道建设方式，应保证 LTE 两条链路的功率平衡，链路不平衡度（功率差）不超过 3dB，以保证 LTE 的 MIMO 2×2 性能。

（6）承载速率目标

单用户的边缘速率定义为：SS-RSRP 覆盖电平为 −105 ~ −100dBm 的速率平均值，单用户边缘速率作为指标。

在室内分布系统支持 MIMO 2×2 的情况下，要求单用户边缘速率的下行平均速率≥ 50Mbit/s，上行平均速率≥ 8Mbit/s。

在单路室内分布系统的情况下，要求单用户边缘速率的下行平均速率≥ 25Mbit/s，上行平均速率≥ 4Mbit/s。

3. FDD NR 网络性能要求

（1）工作频段

中国电信 FDD NR 2100：1920 ~ 1940MHz（上行），2110 ~ 2130MHz（下行）。

（2）覆盖指标

标准层、群楼：目标覆盖区域内 90% 以上位置，$SS\text{-}RSRP \geqslant -105\text{dBm}$，$SS\text{-}SINR \geqslant 3\text{dB}$（公共参考信号），保证移动台能够正常接入且不掉话。

电梯、地下室：目标覆盖区域内 90% 以上位置，$SS\text{-}RSRP \geqslant -110\text{dBm}$，$SS\text{-}SINR \geqslant 3\text{dB}$（公共参考信号），保证移动台能够正常接入且不掉话。

为了避免高层窗边导频污染，室内外同频组网时，10 层以上的室内窗边前向 SS-RSRP 设计指标为 $SS\text{-}RSRP \geqslant -100\text{dBm}$，$SS\text{-}SINR \geqslant 3\text{dB}$（公共参考信号），10 层以下参考标准层、群楼指标。

（3）室内分布系统信号的漏泄要求

室内覆盖信号应尽可能少地漏泄到室外，要求室外 10m 处应满足 $SS\text{-}RSRP \leqslant -105\text{dBm}$ 或室内小区外泄的 $SS\text{-}RSRP$ 比室外主小区的 $SS\text{-}RSRP$ 低 10dB（当建筑物距离道路不足 10m 时，以道路靠近建筑物一侧作为参考点）。

（4）天线口输入功率

综合考虑设计覆盖场景及天线覆盖距离，一般情况下，建议天线口输入功率不低于 -15dBm，电梯覆盖建议提升 3dB。

（5）链路平衡度

对于 NR 双通道建设方式，应保证 NR 两条链路的功率平衡，链路不平衡度（功率差）不超过 3dB，以保证 NR 的 MIMO 2×2 性能。

（6）承载速率目标

单用户的边缘速率定义为：SS-RSRP 覆盖电平为 -105 ～ -100dBm 的速率平均值，单用户边缘速率作为指标。

在室内分布系统支持 MIMO 2×2 的情况下，要求单用户边缘速率的下行平均速率 ≥ 60Mbit/s，上行平均速率 ≥ 8Mbit/s。

在单路室内分布系统的情况下，要求单用户边缘速率的下行平均速率 ≥ 30Mbit/s，上行平均速率 ≥ 4Mbit/s。

4. TDD NR 网络性能要求

（1）工作频段

中国电信 TDD NR 3500：3400 ～ 3500MHz。

（2）覆盖指标

标准层、群楼：目标覆盖区域内 90% 以上位置，$SS\text{-}RSRP \geqslant -105\text{dBm}$，$SS\text{-}SINR \geqslant 3\text{dB}$（公共参考信号），保证移动台能够正常接入且不掉话。

电梯、地下室：目标覆盖区域内 90% 以上位置，$SS\text{-}RSRP \geqslant -110\text{dBm}$，$SS\text{-}SINR \geqslant 3\text{dB}$（公

共参考信号），保证移动台能够正常接入且不掉话。

为了避免高层窗边导频污染，室内外同频组网时，10 层以上的室内窗边前向 SS-RSRP 设计指标为 $SS\text{-}RSRP \geqslant -100\text{dBm}$，$SS\text{-}SINR \geqslant 3\text{dB}$（公共参考信号），10 层以下参考标准层、群楼指标。

（3）室内分布系统信号的漏泄要求

室内覆盖信号应尽可能少地漏泄到室外，要求室外 10m 处应满足 $SS\text{-}RSRP \leqslant -100\text{dBm}$ 或室内小区外泄的 $SS\text{-}RSRP$ 比室外主小区的 $SS\text{-}RSRP$ 低 10dB（当建筑物距离道路不足 10m 时，以道路靠近建筑物一侧作为参考点）。

（4）天线口输入功率

综合考虑设计覆盖场景及天线覆盖距离，一般情况下，建议天线口输入功率 $\geqslant -12\text{dBm}$，电梯覆盖建议提升 3dB。

（5）链路平衡度

对于 NR 双通道建设方式，应保证 NR 两条链路的功率平衡，链路不平衡度（功率差）$\leqslant 3\text{dB}$，以保证 NR 的 MIMO 2×2 性能。

（6）承载速率目标

单用户的边缘速率定义为：SS-RSRP 覆盖电平为 −105 ～ −100dBm 的速率平均值，单用户边缘速率作为指标。

在室内分布系统支持 MIMO 4×4 的情况下，室内单小区采用 100MHz 带宽组网时，要求单用户边缘速率的下行平均速率 $\geqslant 200\text{Mbit/s}$，上行平均速率 $\geqslant 20\text{Mbit/s}$。

在室内分布系统支持 MIMO 2×2 的情况下，要求单用户边缘速率的下行平均速率 $\geqslant 120\text{Mbit/s}$，上行平均速率 $\geqslant 12\text{Mbit/s}$。

在单路室内分布系统的情况下，要求单用户边缘速率的下行平均速率 $\geqslant 50\text{Mbit/s}$，上行平均速率 $\geqslant 1\text{Mbit/s}$。

●● 4.2 室内分布系统设计总体流程

室内分布系统的目标选取需符合移动通信网络的发展需求，在方案建设时需满足目标区域的覆盖、容量需求，从而充分吸收室内通信业务，达到目标区域覆盖的要求。室内分布系统建设原则要结合建设需求方市场发展需求和建设方建设指导意见来确定，由规划设计单位编制室内覆盖工程可行性研究报告和设计文件，细化当期工程设计目标，提供信源规划、覆盖规划及覆盖目标筛选原则，指导室内覆盖工程的建设实施。建设单位组织室内覆盖需求方、设计单位、集成单位等，通过摸查网络、分析投诉资料、实地勘测调研等，筛选确定室内分布系统建设的覆盖目标。

对于目标覆盖场所，在实际施工建设前进行科学合理的室内分布系统规划设计有助于提升覆盖目标建筑内的通信质量、有效吸收室内话务量和数据流量。同时，促进室内环境的深度覆盖，大面积地消除室内信号盲区，并且通过分担室外宏基站话务量及数据流量缓解室外站的覆盖负担，总体上平衡了室内外的通信负荷，降低了网络干扰，提高了整体的网络性能和通信承载能力。

就整体的系统设计流程而言，通常遵循的顺序是按前期网络投诉、MR 和路测、市场及业主需求确定需要覆盖的楼宇，初期的物业协调、建筑物的图纸获取、初勘、初审、精勘与模测、方案设计、方案评审、设计变更这几个主要环节开展设计工作，在方案实施过程中可能还会涉及设计环节的变更。室内分布系统设计流程如图 4-2 所示。

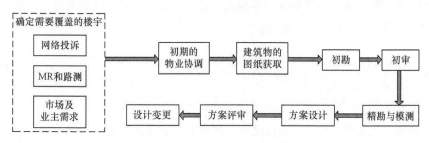

图4-2　室内分布系统设计流程

室内分布系统的建设受物业协调的影响较大，同时，与建设单位、设计单位和室内分布系统集成单位的能力水平及分工模式紧密相关，因此，室内分布系统的设计分工模式宜根据各地的具体情况来确定。

4.2.1　确定需要覆盖的楼宇

室内分布系统建设应建立需要覆盖楼宇的数据库，数据库由多个方面的信息收集而来，主要的来源包括以下几个方面。

1. 网络投诉

每个电信运营商都有可能收到各类投诉电话，一部分通过热线投诉，一部分通过电信运营商的员工投诉。将投诉电话中涉及室内覆盖、容量和质量的电话归类，并分析其投诉结果，在优化部门无法解决投诉内容的点位，放入需要覆盖楼宇的数据库内。

2. MR 和路测

一方面是根据电信运营商的 MR 数据，对目前网络覆盖效果差的区域进行分析，如果是室内覆盖差的点位，则放入需要覆盖楼宇的数据库内；通过网络部门，各类网络测试，分析得出一些室内覆盖差的点位，分析楼宇的相关性质，如果需要进行室内分布系统建设，则放入需要覆盖楼宇的数据库内。

3. 市场及业主需求

无线通信作为基础设施，不少楼宇的业主会要求对其楼宇进行室内分布系统网络建设，而市场侧人员根据市场需求提供的信息，得到一些新建楼宇信息，分析这些楼宇的相关性质，如果需要进行室内分布系统建设，则放入需要覆盖楼宇的数据库内。

各个省市的电信运营商，每期工程的建设目标会有所不同，建议根据不同的建设目标在室内分布系统需要覆盖楼宇的数据库，选取对应的楼宇进行室内分布系统建设。

对于一些临时出现的并且亟须网络覆盖的楼宇，建设方在了解情况后，初步确认需要建设的点位，应立即启动室内分布系统建设流程。

4.2.2　初期的物业协调

初期的物业协调的内容主要包括 3 个方面：一是与目标楼宇的物业管理部门或者业主协调站点，获取进站勘察许可；二是充分了解业主对室内分布系统的建设要求，对相关资源（例如，机房或信号源安装位置、供电、接地、传输接入、馈线路由等）进行现场确认；三是确认业主配合事项，在平等互利的基础上，签订室内分布系统建设协议，确保室内分布系统建设顺利进行，不给日后维护遗留问题。

4.2.3　建筑物的图纸获取

室内分布系统建设离不开楼宇的平面图或楼宇建筑结构图，详细、优质的楼宇图纸会直接影响室内分布系统设计及建设的质量，因此，获取优质的图纸极为重要。图纸获取的来源主要包括以下 4 个方面。

① 业主提供，这类图纸的质量最高。

② 根据楼宇内的楼层布局示意图进行描绘的图纸，这类图纸质量最低。

③ 丈量绘图，这种方式适合结构简单、容易丈量的楼宇，这类图纸质量一般。

④ 使用室内平面重建工具描绘楼宇的楼层图纸，这类图纸质量较好。

4.2.4　初勘

初勘的主要工作内容是现场收集目标场所的网络覆盖现状、用户分布、需求状况、工程建设与配套条件等信息，并对室内分布系统建设的区域、采用何种类型的室内分布系统及信源等关键问题做出初步判断。其目的在于为初审阶段决策是否需要建设室内分布系统提供基础。

初勘的工作由建设单位来组织和安排，由设计单位和室内分布系统集成单位负责勘察测试。建设单位需提前做好物业协调，设计单位和室内分布系统集成单位提前收集有关信息，根据需要提前完成现有网络测试供初勘时复测验证。为了便于初审，初勘时应填写室内分布系统初勘记录表，并根据需要以照片等形式辅助记录。

4.2.5　初审

初审的主要工作内容是对初勘信息进行分析，根据建设需求方的需求和室内覆盖工程建设的目标，判断所勘察的场所是否需要建设室内分布系统，确定室内分布系统建设的区域。

初审的工作主要由建设单位负责，根据需要组织建设需求方参与，设计单位配合。

初审的形式可以采用会签和会议评审等方式。初审的结果应尽快通知室内分布系统集成单位和设计单位。如果初审决策结果为建设室内分布系统，则应立即开展精勘和方案设计工作。

4.2.6　精勘与模测

精勘的主要工作内容包括对室内分布系统建设现场进行详细勘察，结合勘察情况和物业协调情况，确定信源的安装布放、分布式天线和设备器件的安装布放、主干路由的走向等。为了合理确定天线的布设方案，应根据需要选择典型场景开展模拟测试，根据专业分工，精勘对分布系统和信源两个部分具有不同的要求。

1. 分布系统的详细勘察内容

① 采集、整理目标场景的建筑图纸。

② 了解物业的要求和用户的分布情况。

③ 进行必要的模拟测试。

④ 落实天线、分布系统设备器件、馈线的安装设计。

编制站点勘测报告和除了一些特殊的、重要的、复杂场景之外的楼宇的室内分布系统方案设计。

根据各地分工情况，一般需要在分布系统精勘时，一并完成建筑物内部（含建筑物附属的室外区域）的传输线布放勘察。

2. 信源的勘察内容

① 根据用户需求和容量预测结果，结合覆盖测算和周边无线环境，确定信源的设备类型。

② 勘察信源设备安装场地，完成信源设备的安装布放位置设计；对无线直放站信源，需要同时完成施主天线的安装位置设计。

③ 了解信源设备的安装配套条件，落实信源设备的引电、接地、传输接入方案。根据

信源设备的要求和现场条件，确定所需的空调、监控等配套方案。

一些特殊的、重要的、复杂场景外的室内分布系统方案设计，具体的判别标准由各电信运营商结合当地情况和室内分布系统集成商来确定。

为了获得大楼的室内传播特征信息，需要进行室内导频或连续波（Continuous Wave，CW）测试。室内模拟测试包括以下两个目的。

一是完成测试之后，确定测试楼宇的天线布置方案。

二是通过对大量测试数据的分析，获得典型楼宇单天线覆盖半径，以及典型隔墙、楼板、天花板的穿透损耗值，以指导类似站点的室内分布系统建设。

由于现有规划软件室内信号仿真基于射线跟踪模型，不支持室内模型校正，所以室内模拟测试一般不提倡对室内传播模型进行校正。

4.2.7 方案设计

根据楼宇的具体勘察情况，分析模测结果，结合楼宇所在的区域和所在电信运营商的相关要求，选择合适的室内分布系统建设方案，具体包括以下内容。

① 信源安装施工图设计，对于无线直放站信源，需要同时完成施主天线的安装位置设计；对于宏蜂窝、微蜂窝或者 BBU 下沉的信源，需要完成 GNSS 天线安装及路由设计。

② 信源设备的引电、接地、传输的方案设计。

③ 如果有新建机房，则需要对机房进行市电引入、接地、空调、走线架等相关配套设计。

④ 室内分布系统拓扑图设计。

⑤ 室内分布系统天线安装平面图设计。

⑥ 室内分布系统图设计。

⑦ 对楼宇内特殊的、重要的、隐蔽的施工区域做出重要说明。

4.2.8 方案评审

方案评审的主要工作包括站点勘测报告、室内分布系统方案的审核与修改、信源安装设计方案的审核与修改，并最终定稿。

① 在建设单位组织下，室内分布系统建设有关各方对站点勘测报告和室内分布系统方案进行审核。设计审核内容主要包括方案审核、图纸审核、工程预算审核、工程造价量化指标（元 / 平方米）以及室内分布系统方案文本检查等。在方案审核时，应评估室内分布系统是否能够达到预期覆盖效果或解决网络问题，判断技术方案的合理性、可行性、经济性，并在此条件下，最大限度地节省建设成本和后续维护成本。

② 方案设计单位在收到审核意见后，应尽快落实和修订，并将修改后的室内分布系统

设计方案再次提交建设单位指定的审核单位。审核单位在设计方案审核通过后，在设计方案上签字确认，并连同信源设备安装设计一起交付建设单位会审。

③ 在收到室内分布系统设计方案和信源设备安装设计后，建设单位应组织室内分布系统需求方、监理和信源厂家等相关单位，对整体设计方案进行会审。根据会审情况，方案设计单位对设计方案进行必要的修改完善。通过会审后，建设单位将室内分布系统设计方案和信源设备安装设计方案交给施工方开始施工。

④ 监理单位对室内分布系统方案的审核与修改情况进行监督，并监督施工方是否按照确认的设计方案进行施工。

4.2.9　设计变更

设计变更工作是在设计方案交付施工后，在建设实施过程中遇到物业协调等无法抗拒的原因，导致对原设计方案进行信源类型调整、主干路由改变、天线点位增减等重大变化时需要进行的工作。

① 在设计方案实施过程中，施工方在遇到影响设计方案实施的问题时，应优先通过物业协调等措施减少设计方案变动；在确实无法避免信源类型、主干路由、天线点位数量调整时，应经过与监理单位确认后，进行方案变更设计，并提交设计单位申请设计变更。

② 设计单位在收到施工方的设计变更申请后，对变更后的方案进行核实，并根据变更内容的影响安排必要的勘察，设计单位审核通过后再提交建设单位审核，建设单位审核通过后，将变更设计提交施工方和监理单位继续施工，并将变更设计方案交建设单位存档。

③ 监理单位在收到施工方的设计变更申请时，应核实引起变更的原因，判定变更是否必要；监理单位在建设单位审核通过方案变更后，应监督施工方按照变更后的设计方案继续施工。

④ 设计变更工作应主要在遇到影响室内分布系统建成效果的较大问题时进行。具体包括信源类型变更、主干路由调整、天线点位数量变更等；对于不影响室内分布系统建成效果的细微调整（例如，天线点位挪移等），可以不需要进行设计变更工作，仅在竣工文件中进行说明和修改。

4.2.10　工程建设

完整的室内分布系统建设流程应包括工程建设和系统验收。在完成设计评审通过后，电信运营商应开始进行室内分布系统的工程建设。

工程建设应在业主许可的情况下，文明施工、按图施工，遵照通信建设工程施工及验收标准规范。工程施工的过程中涉及多个专业，为了减少中间的协调难度，涉及的施工单位应该尽可能少。另外，电信运营商应该组织各施工单位同时进场，缩短施工周期，减少对业主的打扰。

4.2.11 系统验收

为了确保室内分布系统建设工程施工质量及系统运行质量，应该对全系统进行验收，验收流程与验收规范参考相应国家标准、行业标准以及室内分布系统的设计文件。系统验收中发现问题时，要落实责任人，限期整改。

●● 4.3 室内分布系统的勘察

工程勘测作为总体设计流程中最为关键的阶段，建设单位首先需要结合室内分布系统需求方诉求，明确总体建设原则，并在最终确定室内分布系统覆盖目标后，取得物业或者业主的许可后，安排设计人员到现场开展勘察工作。

室内勘察主要是为了室内分布系统设计做好信息搜集工作，通过现场勘察、业主交流，最后要完成以下任务。

① 确定覆盖范围，明确大楼内各楼层的覆盖要求与区别。

② 拍摄数量足够多的照片，充分体现更多大楼室内细节和外形轮廓。

③ 确定门窗、楼板、天花板的建筑材料和厚度，估计其穿透损耗。

④ 确定可获得的传输、电源和布线资源，以及业主对施工的要求。

⑤ 确定基站设备必需的机房或井道安装墙面，以及天线、馈线等器件线缆的安装空间和走线路由。

关于布线资源的勘察，需要了解布线环境的承重和曲率半径条件。曲率半径勘察要关注以下两个方面：一是如果业主提供布线用的 PVC 管线，则需要了解 PVC 管线拐弯处的曲率半径；二是需要了解大楼垂直走线井到各楼层走线口拐弯处的曲率半径。

4.3.1 室内勘察的准备工作

室内覆盖勘测前要确定目标楼宇的场景覆盖要求、获得进站勘察许可和研究建筑图样 3 项准备工作。

首先，确定目标楼宇的场景覆盖要求，例如，目标楼宇属于居民小区，还是办公大楼，属于大型场馆，还是低矮别墅。这些场景的覆盖一般有什么难度，应该重点注意什么；覆盖范围、覆盖质量有什么要求。

然后，要和目标楼宇的物业管理部门或业主协调站点，获取进站勘察许可，具体包括信源安装许可、分布系统走线许可、天线安装位置许可、用电许可等。

最后，研究建筑图样，具体研究获取的目标楼宇的平面图或楼宇建筑结构图，初步弄清楚可能的设备安装位置和走线路径。

另外，需要注意的是，勘测工具的准备。勘测工具可以分为施工条件勘测工具和无线环境勘测工具两大类。

其中，施工条件勘测需要用纸和笔进行记录，设计一个勘测记录表；数码相机可以对目标楼宇的整体结构，可能的设备安装位置、走线位置进行拍摄；卷尺或测距仪可以测量楼高、楼宇覆盖面积、走线长度；GNSS 定位仪可以测量目标楼宇的准确位置；指南针可以用来定位方向。如果获取了目标楼宇的平面设计图或者立体设计图，则将其随身携带；如果没有获取目标楼宇的平面设计图或者立体设计图，则需要携带可以绘制平面图的室内平面重建工具。

无线环境测试工具主要是指室内无线环境的模拟测试工具、路测工具、扫频仪等，包括模拟测试用的吸顶天线、模拟信号源、便携式计算机、测试手机和接收机等。

得益于通信的飞速发展，目前无论是对施工勘测工作还是无线传播环境勘测工作的大部分工具，可以用智能手机代替，例如，数码相机、测距仪、指南针、GNSS 定位仪等。

4.3.2　室内无线环境勘察

对于无线传播环境勘测而言，在室内环境采用的是步测的方式进行慢速的沿路测试。室内无线环境接收电平 SS-RSRP 路测轨迹如图 4-3 所示。在进行无线环境的测试时，一般要求测试设备与地面的距离为 1.5m 左右，对建筑结构的每层都要测试，并给出路测轨迹图。

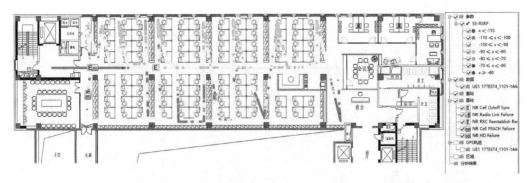

图4-3　室内无线环境接收电平SS-RSRP路测轨迹

对所选楼层进行扫频测试，如果各楼层扫频测试的数据一样，则做好适当的补充说明。非标准楼层必须测试，而标准层可以每间隔 5～8 层测试一次。在设计文件中要给出路测分析结果和测试的记录文件，提供各种参数的统计占比数据。室内无线环境路测数据统计见表 4-1。

表4-1 室内无线环境路测数据统计

序号	区间	样本数	占比	总占比
1	$(-\infty, -110)$	3	0.17%	0.17%
2	$[-110, -100)$	318	18.52%	18.69%
3	$[-100, -90)$	1100	64.07%	82.76%
4	$[-90, -80)$	275	16.02%	98.78%
5	$[-80, -70)$	21	1.22%	100%
6	$[-70, -60)$	0	0	100%
7	$[-60, +\infty)$	0	0	100%
	合计	1717		

5G 室内分布系统建设前对室内无线环境的测试数据包含接收电平值 SS-RSRP、SINR、下行速率、上行速率、PCI 等信号，以及反映切换情况的"乒乓切换"区域、相邻小区号等。

根据这些测试数据，可以分析 5G 室内分布系统建设的相关要求，例如，建设完成后，室外基站的优化、室内分布系统的天线位置选取、天线口输出功率设置、小区设置、邻区设置、切换设置等相关参数的设置。

室内无线环境勘察除了上述利用测试数据分析的无线网络环境，还需要勘察并记录其他内容。室内分布系统无线环境勘察内容见表 4-2。

表4-2 室内分布系统无线环境勘察内容

序号	勘察测试内容	信息记录
1	确认是建筑全覆盖还是局部覆盖	□全覆盖 □局部覆盖，覆盖区域 ＿＿＿＿＿＿
2	全覆盖楼宇是否已建设室内分布系统	□是 □否
3	已有室内分布系统是本电信运营商建设的还是其他电信运营商建设的	□本电信运营商 □其他电信运营商 ＿＿＿＿
4	没有建设室内分布系统的场景，是否要求新建室内分布系统	□是 □否
5	已建的室内分布系统是否支持 5G 频段	□ 700MHz □ 900MHz □ 2100MHz □ 2600MHz □ 3500MHz □ 4900MHz
6	对不满足频率范围的室内分布系统，客户是否同意改造	□是 □否
7	检查分布天线位置是否能够满足 5G 覆盖要求	□是 □否
8	对于合路系统，确定新接入系统的合路位置（高频 5G 信源建议采用靠近天线端合路的方式），在设计方案中明确表示，并提供合路位置照片	提供合路位置照片
9	检查合路位置是否具备安装条件（电源、网络资源）	□是 □否
10	无线环境勘察其他需要说明的问题	

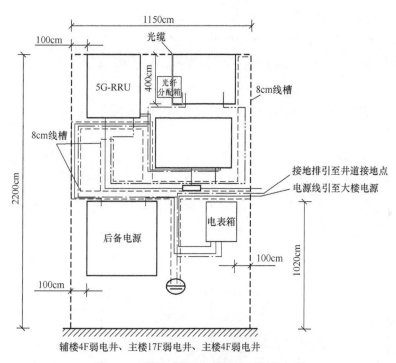

4.3.3　室内施工条件勘察

在建筑物的内部应该勘察和测量的是机房条件、走线路由和天线挂点。机房条件包括机房所在的楼层、机房的供电条件、机房的温度、机房的湿度、大楼的防雷接地等情况。

机房的选择取决于物业协调的情况、电信运营商的要求以及现场勘察和测试的实际情况。比较重要的楼宇可以选择专用机房；一般的室内分布信源安装在电梯机房、弱电井中。但由于电梯机房、弱电井的其他设备较多，安装有一定的困难，小型信源设备不需要专用机房，可以选择在地下停车场或者楼梯间贴墙安装。某大楼弱电间墙面信源安装如图 4-4 所示。

图4-4　某大楼弱电间墙面信源安装

室内覆盖走线路由可选择停车场、弱电井、电梯井道和天花板。对于居民小区的走线路由，首选小区内自有的走线井，尽可能避免出现要与多个其他单位沟通走线路由的情况。

走线路由勘察和测量确定的内容还包括弱电井的位置和数量、电梯间的位置和数量、天花板上面能否走线等。勘察测试弱电井要注意是否有走线的空余空间，走线是否受其他走线的影响；勘察测试电梯间要记录电梯间缆线进出口位置、电梯停靠区间。

工程的可实施性勘察测试是走线路由的第一原则，不能闭门造车，也不能按图索骥，在可实施的情况下，尽可能选择最短馈线路由。

天线挂点的勘察测试比较重要，往往存在这样的情况：理想的位置不能挂天线，而挂天线的位置却又不理想。一般在天花板上挂的是全向吸顶天线；在室内墙壁上挂的是定向板状天线；在室外楼宇天面上挂的是射灯天线；在室外地面上装的是美化天线。无论在什么地方安装天线，都要保证目标区域的有效覆盖。需要说明的是，有些室内场景可实施的天线挂点非常难找，存在业主是否准入的问题，也存在覆盖效果较差的问题。

天线挂点的选择要遵循以下原则。

① 根据楼宇场景的不同，确定不同的天线挂点密度，例如，在空旷环境下，间隔15～30m布放一个天线；玻璃隔挡的场景，10～20m布放一个天线；砖墙阻隔的场景，8～11m布放一个天线；混凝土墙阻隔的场景，6～12m布放一个天线。

② 尽量选择空旷区域，避开室内墙体阻挡。

③ 在住宅楼宇里，天线尽量设置在室内走道等公共区域，避免工程协调困难。

④ 在楼宇的窗口边缘，选用定向天线，避免室内信号漏泄。

⑤ 对于内部结构复杂的室内场景，要选用小功率天线多点覆盖的方式，避免阴影衰落和穿墙损耗的影响。

⑥ 需要室内外配合进行无线覆盖的楼宇，要确定室外地面、楼宇天面、楼宇墙壁是否有适合布放天线的位置。

在勘察测试天线挂点的时候，准备好建筑物的结构图样。在适合做天线挂点的相应位置处做好标记。某办公楼天线挂点的勘察测试如图4-5所示，天线间隔为10～20m。

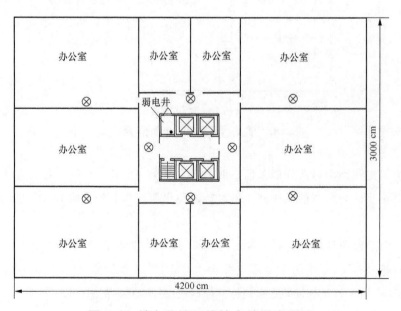

图4-5 某办公楼天线挂点的勘察测试

某大型超市天线挂点的勘察测试如图 4-6 所示,天线间隔为 15 ~ 30m。

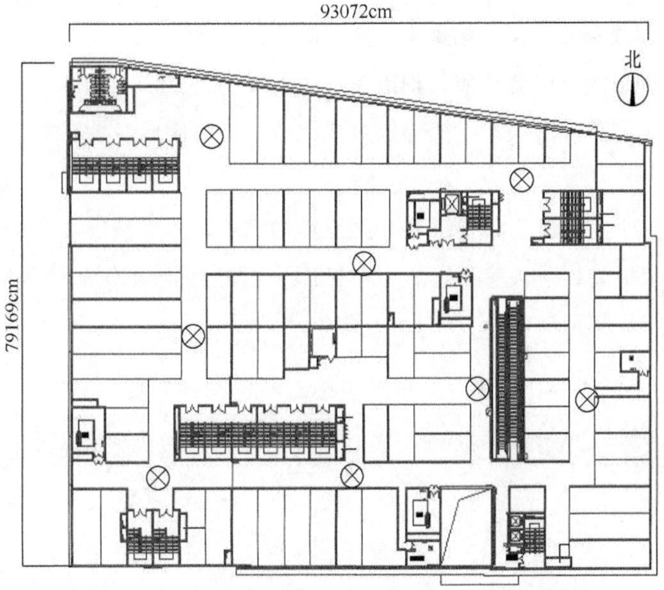

图4-6 某大型超市天线挂点的勘察测试

电梯是高楼层的大动脉,5G 网络覆盖必须作为重点覆盖事项,然而电梯的穿透损耗较大,一般为 20 ~ 35dB,根据实际情况和业主的要求选择与实际需求相对应的方式进行覆盖。

为了便于了解室内结构,需要尽可能多地拍摄照片,加深记忆。拍照之前首先需要选择特征楼层,这样能够保证以较高的效率完成照片拍摄工作,并且提供足够多的建筑物特征信息。假设目标大楼共有 25 层,按照建筑结构和楼层布局分类。例如,1 层为一个特征楼层;2 ~ 5 层结构和布局相同,可以从中任选 1 个楼层作为特征楼层;6 ~ 25 层结构和布局相同,再从中任选 1 个楼层作为特征楼层。

选定了特征楼层以后,开始室内拍摄,每个特征楼层内拍摄的照片数量应满足以下要求。

① 体现特征楼层平面布局,拍摄 2 ~ 4 张照片。

② 体现天花板结构特征,拍摄 1 ~ 2 张照片。

③ 候选的天线架设位置,拍摄 1 ~ 2 张照片。

④ 体现外墙与窗户特征,拍摄 1 ~ 2 张照片。

⑤ 体现走廊与电梯间特征,拍摄 1 ~ 2 张照片。

⑥ 异常的结构(例如,较大的金属物件)和设备房间(可能的干扰源),拍摄 1 ~ 2 张照片。

⑦ 信号源安装位置(机房或井道),拍摄 1 ~ 2 张照片。

⑧ 引电位置，拍摄 1 ~ 2 张照片。

⑨ GNSS 安装位置，拍摄 1 ~ 2 张照片。

⑩ 特征楼层馈线穿孔位置，拍摄 1 ~ 2 张照片。

⑪ 体现楼宇外形轮廓的全景照，拍摄 1 ~ 2 张照片。

一般的商业楼宇对室内摄影、摄像控制得比较严格，因此，拍摄室内照片之前需要获得业主的许可。

综上所述，对于室内施工条件勘察和施工环境勘察，可以整理两个表格，在勘察的现场使用，以便记录相关数据。室内分布系统施工环境勘察内容示例见表 4-3，室内分布系统施工条件勘察内容示例见表 4-4。

表4-3 室内分布系统施工环境勘察内容示例

序号	勘察测试内容	信息记录
1	点位名称：＿＿＿＿＿＿＿＿＿＿＿＿＿	
2	点位地址：＿＿＿＿＿＿＿＿＿＿＿＿＿	
3	东经：＿＿＿＿＿＿＿ 北纬：＿＿＿＿＿＿＿	
4	是否具备平面图、建筑物结构图	□平面图 □建筑结构图 □不具备
5	不具备平面图、建筑结构图情况下，获取图纸	□拍摄平面图 □拍摄楼宇照片 □丈量 □利用工具
6	保持图样和现场结构一致（注意消防图是否和实际一致）	□一致 □不一致，解决办法＿＿＿＿＿
7	全覆盖楼宇规模	建筑面积：＿＿＿＿＿ 层数：＿＿＿＿＿
8	获取室内分布站点周边宏基站的信息，注意周边环境，分析可能的室内外影响，包括室外信号对室内的影响，以及室内信号的漏泄	□周围宏基站的信息 □室外对室内的影响 □室内信号的漏泄
9	确认墙体材料，估算空间损耗	墙体材料＿＿＿＿＿＿＿
10	确认传输资源和电源	□传输可用，已到位 □无传输资源 □交流电源可用 □交流电源不可用
11	确认进场施工时间	□随时 其他＿＿＿＿＿
12	确认是否存在强磁、强电或者强腐蚀的环境	□存在 □不存在
13	施工环境勘察其他需要说明的问题	

表4-4　室内分布系统施工条件勘察内容示例

序号	勘察测试内容		信息记录
1	机房条件	机房类型	□专用机房 □电梯井 □弱电井 □地下停车场 □楼梯间 □其他 _____
2		机房所在的楼层	_____
3		机房的供电条件	□具备 □欠缺
4		机房的温湿度	温度 _____　　湿度 _____
5		大楼的防雷接地	
6		机房接地	
7	走线路由	弱电井	位置 _____　数量 _____ 是否有多余空间 _____ 其他 _____
8		电梯井	位置 _____　数量 _____ 是否有多余空间 _____ 其他 _____
9		天花板	能否走线 _____　其他 _____
10		其他特殊情况	
11	主设备	分布系统选型	□传统无源分布系统 □漏泄电缆分布系统 □PRRU分布系统 □皮基站分布系统 □光纤分布系统 □移频MIMO分布系统
12		信源选型	□RRU □直放站 □PRRU（室内分布型） □一体化大功率皮基站 □其他 _____
13	天线挂点	适合布放天线的位置	□室外地面 □楼宇天面 □楼宇墙壁 □室内天花板下（明装） □室内天花板内（安装） □室内墙壁
14		平层天线选型	□全向吸顶天线 □小板状天线 □漏泄电缆 □有源室内分布（放装型远端） □有源室内分布（室内分布型远端） □其他 _____
15		电梯覆盖方案	□井道覆盖 □电梯厅覆盖井道 □其他 _____
16		电梯井天线选型	□电梯天线 □小板状天线 □漏泄电缆 □对数周期天线 □有源室内分布（室内分布型远端） □其他 _____
17		地下室天线选型	□全向吸顶天线 □小板状天线 □漏泄电缆 □有源室内分布（放装型远端） □有源室内分布（室内分布型远端） □其他 _____
18		室外天线选型	□小板状天线 □板状天线 □射灯天线 □其他 _____
19		天线挂点位置图	□完成　　□未完成
20	施工条件勘察其他需要说明的问题		

●●4.4　模拟测试

为了获得大楼的室内传播特征信息，需要进行室内模拟测试。室内模拟测试有以下两个目的。

一是完成测试之后，确定测试楼宇的天线布置方案。

二是通过对大量测试数据的分析，获得典型楼宇单天线覆盖半径，以及典型隔墙、楼板、天花板的穿透损耗值，从而指导类似站点的室内分布系统建设。

由于现有室内信号仿真软件是基于射线跟踪模型的，不支持室内模型校正，所以为了更好地计算该场景室内信号的链路损耗，需要对室内模拟测试的数据与室内传播模型进行校正，便于室内天线布放到最优位置。

室内模拟测试常用的工具包括以下几种。

① 模测信号发生器：可模拟发射 TDD NR 3.5GHz 下行导频信号或 CW 信号。

② 天线（根据现场测试需要，可选择全向吸顶天线或定向天线），用于发射信号。

③ 便携计算机：需提前安装好路测软件。

④ 测试终端，用于呼叫质量测试（Call Quality Test，CQT）。

⑤ 测试扫频仪，路测软件支持的接收设备。

⑥ 其他附属器件：支架、线缆、安装工具等。

模拟测试流程如图4-7所示。

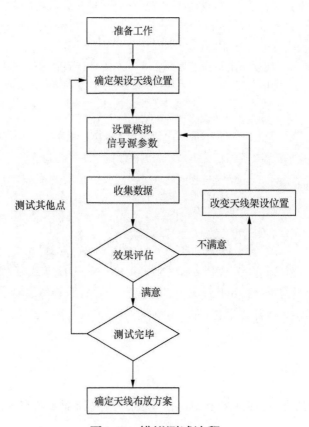

图4-7 模拟测试流程

1. 准备工作

准备工作主要包括物业协调、测试工具调测、测试人员安排、交通工具准备等；另外，还需要准备楼宇平面图纸和模拟测试记录表格。

2. 确定天线架设位置

根据建筑物平面结构、天线口输出功率，以及边缘场强要求，确定天线候选位置和天线类型。CW 测试时，发射天线的摆放位置应靠近天线候选位置。天线候选位置为设计中预计要安放的位置，并具有实际操作可能的天线架设位置。通过现场勘察测试及与业主交流，结合工程师的经验，确定天线候选位置。模拟测试天线候选位置与测试点数量由平面楼层特征决定。模拟测试天线候选位置如图 4-8 所示。

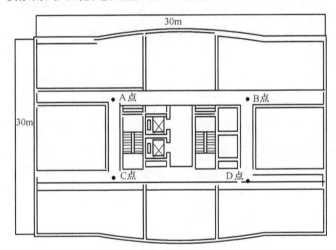

图4-8　模拟测试天线候选位置

在图 4-8 中，由于楼层平面图的上下左右完全对称，所以在模拟测试时，4 个点中只要任选 1 个点进行测试即可。到了现场，在相应位置架设模拟测试天线和信号模拟设备。

3. 设置模拟信号源参数

原则上按照设计需要设置模拟信号源输出导频或 CW 频点和功率。

4. 收集数据

收集数据包括路测（Drive Test，DT）和 CQT 两种方式。DT 利用路测软件将测试终端或扫频仪接收到的信号强度实时记录在相应的测试位置。CQT 利用终端记录每个测试点的实测数据。CQT 测试点位置分布如图 4-9 所示。

在图 4-9 中，如果以 A 点为模拟测试点，则 CQT 测试点取图中的 E 点、F 点、G 点、H 点、

I 点、J 点、K 点、L 点、M 点、N 点、O 点中的任一点。

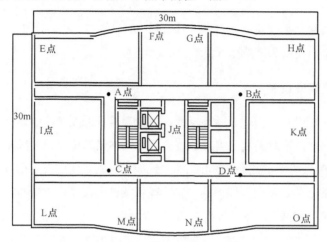

图4-9　CQT测试点位置分布

5. 效果评估

效果评估核实的是单天线的覆盖效果是否符合设计指标要求。在完成特征楼层的天线候选位置的模拟测试后，为了确定分布天线建设方案，需要对测试数据进行分析。路测侧重的是观察天线覆盖区域的整体效果，而 CQT 测重的是检查天线覆盖边缘的信号情况。如果采用 CW 测试，则只能判断信号强度是否符合设计要求。一般情况下，通过计算 CW 信号的路径损耗，推算楼宇内的导频信号（SS-RSRP）强度覆盖。如果采用导频测试，则除了 SS-RSRP 导频强度，还可以测得 C/I 指标。

6. 确定天线分布方案

通过对分布天线的效果评估，最终确定分布天线的架设方案。在图 4-9 中，模拟天线 A 点测试结果的差异可以引起天线布置方案的不同。如果所有 CQT 测试点的指标都满足要求，则意味着该楼层的无线传播环境特别好，只要架设一个天线，就可以满足整个楼层的覆盖要求。在此情况下，建议在 J 点再进行一次模拟测试。正常情况下，所有的测试点也可以满足要求，建议把天线架设在 J 点。

在图 4-9 中，如果 E 点、F 点、G 点、I 点、J 点、L 点、M 点的测试结果满足要求，则意味着 A 点天线已经完全覆盖了该楼层平面左上角的一半区域。在 D 点再架设一个天线，进行模拟测试。如果该模拟天线可以覆盖 H 点、B 点、J 点、K 点、N 点、O 点，则意味着 D 点天线已经完全覆盖了该楼层平面右下角的一半区域。由此可以确定，该平面楼层只要 A 点、D 点两个位置设置天线就可以满足建设要求。根据平面结构的对称性，如果把天线架设在 B 点、C 点两个位置，同样可以满足该楼层的信号覆盖。

在图 4-9 中，如果只有 E 点、F 点、I 点、J 点的测试结果满足要求，则意味着 A 点天线只覆盖了该楼层平面的左上角约 1/4 区域（含电梯厅）。由此可以确定，该平面楼层需要架设 A 点、B 点、C 点、D 点共 4 个分布天线。

在图 4-9 中，如果只有 E 点、F 点、I 点的测试结果满足要求，则意味着 A 点天线只覆盖了楼层平面的左上角约 1/4 区域（不含电梯厅）。由此可以确定，该平面楼层需要架设 A 点、B 点、C 点、D 点、J 点共 5 个分布天线。

以此类推，通过对不同测试结果的分析，可以得到多种天线位置分布组合。电信运营商从环境、性能和投资综合分析，最终确定测试楼层的天线分布方案。

●●4.5　室内分布系统容量设计

4.5.1　室内分布系统容量设计简介

在室内覆盖建设进行网络容量规划时，其目的是既要满足目前的网络容量、覆盖、质量要求，又要兼顾后期网络的发展，保证扩容的便利性。

在规划过程中，需要明确系统的吞吐量和用户数这两个关键指标。同时，两个关键指标又可以分为很多不同的细化指标参数，例如，系统可提供的最大吞吐数据量、峰值速率、频谱效率、支持最大的用户数等。

吞吐量和用户数这两个关键指标相互影响，需要综合考虑。其中，吞吐量受业务信道资源影响，代表系统业务面的容量能力，在评估吞吐量时，需要综合考虑系统平均吞吐量和边缘用户吞吐量。

用户数同样受信道资源影响，与吞吐量相比，用户数侧重反映的是系统控制面的容量能力。在计算实际的容量相关数据时，评估过程还需综合考虑非理想功率控制、话音激活和其他小区对本小区的干扰等因素，得出最终的上行或下行链路每小区、每载频业务的理论容量上限，并根据此值估计出小区可以支持的用户数。

另外，实际进行容量规划时，通常存在多种业务类型，例如，话音业务和数据业务。这就意味着对于不同的用户，系统容量在上行链路和下行链路是不同的。因为不同业务具有不同的业务负荷，从而对整个系统性能的影响也各不相同，所以系统容量的评估需要针对具体的网络应用业务。另外，准确的容量规划设计离不开具体的业务模型对用户业务行为的统计数据分析，其目的是掌握用户的业务行为对系统资源占用的需求。

4.5.2　室内分布系统容量计算

室内分布系统容量在计算时，电信运营商需要充分考虑室内分布各区域的容量需求，对目标覆盖区域进行话务量预算；在小区划分和配置上，充分考虑覆盖区内用户的需求，确保各场景业务需求量大的区域有足够的容量支撑。室内容量估算首先需要考虑用户业务模型，依据业务量模型计算等效话务量，并根据相关业务质量要求估算网络的配置容量。室内容量评估流程如图 4-10 所示。

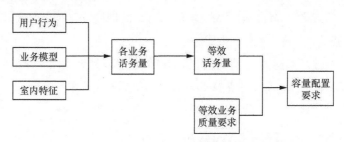

图4-10　室内容量评估流程

1. 用户业务量

对室内分布覆盖区域的人流量、手机数量、激活用户数、用户渗透率、其他上网终端数量进行预估，再利用容量估算工具分别对话音话务量和数据话务量进行预估，以评测信源数量等网络资源设计的合理性。对于不同的室内场所，例如，写字楼、住宅区、宾馆等，需要根据不同的用户行为计算话务量需求。

不同建筑类型的有效用户数估算如下。

① 住宅区和别墅

$$总人数 = 建筑面积 \times 有效容积率 \times 平均每户面积 \times 每户人数 \qquad 式（4-1）$$

② 写字楼、商场

$$总人数 = 楼宇面积 \times 办公区域比例 \div 人均占地面积 \qquad 式（4-2）$$

另外，不同建筑物的有效用户数还可以直接按照人数计算。考虑用户行为后，实际有效用户数 = 用户数 × 手机使用率 × 用户渗透率。

室内不同业务话务量计算如下。

① 话音业务

$$Erlang_{CS} = \frac{忙时每用户呼叫次数 \times 每次呼叫的平均持续时间（s）}{3600} \times 有效用户数 \quad 式（4-3）$$

② 数据业务

$$Erlang_{PS} = \frac{BHCA_d \times CHT_d}{3600} \times 有效用户数 \qquad 式（4-4）$$

其中，$BHCA_d = BHSA_d \times N_{PC}$；$BHSA_d$ 为每用户平均忙时分组会话试呼次数，N_{PC} 为平均每个会话包含的分组呼叫个数，CHT_d 为分组会话持续时间。

2. 容量估算方法

（1）等效爱尔兰法

等效爱尔兰方法的实质是将占用不同资源数目的多种业务换算为其中一种业务的话务量，然后将所有业务的话务量相加，得到总的话务量，再根据爱尔兰表计算所需要的信道配置。等效爱尔兰方法计算简单，但在以不同业务为基准的情况下，其计算结果差异较大，而且不同业务的资源需求数目相差越大，计算结果的差异也越大。

（2）坎贝尔法

与等效爱尔兰法不同，在计算容量需求时，坎贝尔法不是以系统中现存的某种业务为基准业务。它的核心思想是构建一种并不存在的等效业务，计算其单位话务的资源需求（容量因子）和等效话务量（混合话务量），再根据爱尔兰表查出满足等效话务量需要的虚拟连接数，与容量因子相乘后加上单位目标业务（实际存在的某种业务）的信道配置数目，就可以得到实际需要的信道配置数目。坎贝尔法的关键在于容量因子的构建，其基本思想如下。

首先，求解容量因子。

$$c = \frac{v}{a} = \frac{\sum_i Erlang_i \times a_i^2}{\sum_i Erlang_i \times a_i} \qquad \text{式（4-5）}$$

在式（4-5）中，a_i 为业务振幅，也即某种业务单个链接所需的信道资源；a 为均值，v 为方差。

依据容量因子和均值，确定混合话务，其计算方法如下。

$$OfferedTraffic = \frac{\alpha}{c} \qquad \text{式（4-6）}$$

之后，查爱尔兰表获得混合话务所需的混合容量 $Capacity$，从而求得各业务所需的容量 C_i。

$$C_i = Capacity \times c + a_i \qquad \text{式（4-7）}$$

等效爱尔兰法在根据不同业务类型估算信道配置数目时，结果差异很大。在计算信道配置数目时，是将各种业务分开独立考虑的。坎贝尔法综合考虑了各种业务量对资源的需求，网络提供的业务种类越多，在资源配置上的优势越明显。相对不同的目标业务，其差异较小。因此，在实际的工程设计中，一般采用坎贝尔法来估算资源配置需求。

4.5.3 5G 室内分布系统容量计算

等效爱尔兰法和坎贝尔法这两种网络容量的估算方法一般在 2G、3G、4G 时代比较合适，5G 时代，数据流量成为网络容量设计的主要手段，这两种方法就不再适合估算 5G 的网络容量。

5G 的网络容量一般采用的是直接估算法，属于半经验模型。它是根据人数、移动用户渗透率、各自电信运营商用户渗透率、用户习惯的单位流量等进行网络容量估算。5G 的网络容量估算示例见表 4-5。

表4-5 5G的网络容量估算示例

项目	单位	数值	代号	说明
覆盖区域的人数	人		a	根据建筑类型的有效用户数来估算
移动用户渗透率	%		b	人群中移动用户数占比
电信运营商渗透率	%		c	移动用户数中某电信运营商用户占比
5G 用户渗透率	%		d	某电信运营商移动用户数中 5G 用户占比
电信运营商 5G 用户	人		e	$e=a \times b \times c \times d$
5G 用户平均数据流量	Mbit/s		f	根据场景中用户类型，结合同类型的用户数据流量估算
5G 用户最高并发率	%		g	同时使用手机的比例
网络容量需求	Mbit/s		h	$h=e \times f \times g$
每小区最高流量	Mbit/s		i	根据电信运营商需要建设的 5G 网络频段带宽决定
小区繁忙门限	%		j	设置网络容量的预留，一般会判定 50% ~ 80% 为忙时门限
每小区繁忙流量门限	Mbit/s		k	$k=i \times j$
小区需求数	个		l	$l=i \div k$

例如，某商场需要覆盖的面积为 50000 平方米，根据节假日人员测算，每 2 个平方米覆盖 1 人。移动用户渗透率为 100%，某电信运营商用户渗透率为 30%。其中，5G 用户占比 60%。商场内大概 10 人中同时有 2 人在使用手机，使用手机的人打开视频聊天业务的用户比较多，保证视频聊天流畅 720P 要求边缘数据流量为 5Mbit/s。采用 100M 带宽的 TDD NR 覆盖该商场，该电信运营商每小区繁忙门限设置为 70%，采用四流覆盖（每小区容量达 1050Mbit/s），计算其小区数量需求。

根据表 4-5 中的估算，可计算得到如下结果。

$$某电信运营商 5G 用户数 =50000 \times 1/2 \times 100\% \times 30\% \times 60\%$$
$$=4500（人）$$

$$网络容量需求 =4500 \times 5/1 \times 20\% =4500（Mbit/s）$$

$$每小区繁忙流量门限 =1050 \times 70\% =735（Mbit/s）$$

$$小区需求数 =4500 \div 735 \approx 6.12（个）$$

通过计算，该站点采用 4 流覆盖，大约需要 6.12 个小区方能满足覆盖容量需求，因此，在实际应用中，本点位需要设置 7 个小区。

5G 容量计算也可以根据业务模型进行测算，该模型能够更加准确地计算出 5G 网络的容量需求。

●● 4.6　室内传播模型

随着移动通信事业的不断发展，人们在室内环境下使用移动通信服务的情况越来越普遍，室内移动通信质量也受到各电信运营商的重视。然而，室内无线信道的基本特征影响甚至决定着室内移动通信系统的服务质量。因此，研究无线电波的室内传播特点具有重要意义。

4.6.1　室内无线环境的特点

室内无线环境最主要的特点是环境差异性很大和信号功率较小。

对于不同的建筑物，建筑物尺度、建筑结构、建筑材料、室内布局和使用场景等因素都是不同的，即便对于同一个建筑物，对建筑物内的不同位置，受到楼层高度、房间结构等影响，其传播环境也不尽相同。另外，建筑物的室内一般设有大量隔断，隔断种类也各不相同：有钢筋混凝土墙壁等硬隔断，也有可移动的装修材料等软隔断。不同材质的隔断和障碍物会给无线信号带来不同的穿透损耗，导致电磁波路径损耗差异也很大。

需要说明的是，受室内空间大小和使用安全等限制，在室内安装天线时不可能采用类似室外高增益的天线。而信号在传播过程中受到室内较多隔断的影响，信号的穿透损耗比较大，因此，终端侧接收到室内信号的功率都较小。

室内无线电波在传播过程中，同样会遇到直射、反射、绕射和散射等情况，从而形成比较复杂的多径效应。需要注意的是，室内无线信道与室外无线信道存在一定的差别。

① 室外信道是时间静止、空间变化的，而室内信道的时间和空间都不静止。在室外无线信道中，由于基站天线的高度较高，且发射功率较大，影响信号传播的主要原因是大型的固定物体，例如，一般的建筑物，所以室外无线信道是空间变化的。与室内情况相比，室外的人和车辆的移动可以忽略，因此，可将其视为时间静止。而对于室内无线信道，人在低高度、低功率的天线旁移动，这种影响不能不考虑，因此，室内无线信道是统计时间变化的。同时，室内信号传播也会受空间不同物体的影响，由此可知，室内无线信道也是空间变化的。

② 在相同的距离下，由于受到较多隔断的影响，所以室内无线信道的路径损耗更高。通常，移动信道的路径损耗模型是按距离呈指数变化的，但这对室内无线信道并不总是成立的。由于室内环境更为狭小，所以室内信号的传播变得更为复杂。

③ 室外无线信道需要考虑多普勒效应，而在室内环境中一般不存在快速移动的手机用户，因此，在室内环境下多普勒效应可以忽略不计。

④ 室外信道受气候、环境、距离等各种因素的影响，接收到信号的幅度和相位是随机变化的，必须考虑各种快衰落、深度平坦衰落、长扩展时延等因素。传输速率高、占用带宽大时，还要考虑频率选择性衰落等各种不确定因素。需要说明的是，室内信道不受气候的影响，而且空间比室外要小得多，因此，室内信道的时间衰落特征是慢衰落，同时，时延扩展因数很小，可以满足高速率传输的通信质量。

4.6.2　室内传播经验模型

无线传播主要有直射、反射、绕射和散射 4 种方式，但是与室外传播环境相比，室内电磁波传播的条件却大为不同。实验研究表明，影响室内传播的因素主要有建筑物布局、建筑材料和建筑类型等。不同的建筑有不同的内部结构，甚至同一栋建筑的不同楼层也可能有很大差异，因此，室内环境的差异性造成电磁波无线传播具有一定复杂性。

传统的电磁波传播分析方法是通过给定边界条件来解麦克斯韦方程组的。但这种解决方法过于复杂，计算量很大，采用这种方法进行室内无线环境的预测分析具有一定难度。不过，随着室内无线传播环境研究的不断深入，人们开始采用射线跟踪法对室内无线环境进行建模，与传统的方法相比，这种方法大大节省了工作量，再加上计算机运算能力与图形处理能力的迅速提高，室内无线传播环境的研究进入一个飞速发展的阶段。而目前室内分布系统仿真软件采用的室内分布系统仿真基本就是射线跟踪模型。

由于确定性模型过于复杂，为了方便实际运用，人们针对不同的室内场景结合大量的理论分析与测试数据拟合了一系列的室内传播经验模型。一般而言，经验模型公式中包含的参数都比较简单而且容易获得，例如，发射机和接收机之间的距离、无线通信系统的工作频段、室内隔断的穿透损耗等，并不包含描述无线传播环境的具体参数。相比确定性模型，经验模型的优点不仅更通俗易懂，而且计算速度快，只要代入一些参数即可计算出结果，使用简单且易于推广。因此，经验模型在工程中得到广泛的应用。本小节将简单介绍几种常用的室内传播模型。

1. 自由空间路径损耗模型

自由空间路径损耗模型主要应用于视距传输的场景，由于其他室内传播经验模型中往往包括自由空间传播损耗，所以自由空间路径损耗模型是研究其他传播模型的基础。

自由空间是指无任何多径的传播空间。自由空间传播是指电磁波在该种环境中传播，这是一种理想的传播条件。当电磁波在自由空间中进行传播时，其能量没有介质损耗，也不会发生反射、绕射或散射等现象，只有能量进行球面扩散时所引起的损耗。在实际应用中，如果发射点与接收点之间没有障碍物阻挡，并且到达接收天线的地面或墙面的反射信号强度可以忽略，则此时电磁波可视为在自由空间中传播。根据电磁场与电磁波理论，在自由空间中，如果发射点采用全向天线，且发射天线和接收天线增益分别为 G_T、G_R，则距离发射点与接收点的单位面积电波功率密度 S 的计算方法如下。

$$S = E_0 \times H_0 = \frac{\sqrt{30 P_T G_T}}{d} \times \frac{\sqrt{30 P_T G_T}}{120 \pi d} = \frac{P_T G_T}{4 \pi d} \qquad \text{式（4-8）}$$

式（4-8）中，S 为接收点电磁波功率密度，单位为 W/m^2；E_0 为接收点的电场强度，单位为 V/m；H_0 为接收点的磁场强度，单位为 A/m；P_T 为发射点的发射功率，单位为 W；d 为接收点到发射点之间的距离，单位为 m。

根据大线理论，可得到接收点的电磁波功率的计算方法如下。

$$P_R = S A_R = \frac{P_T G_T}{4 \pi d^2} \left(G_R \times \frac{\lambda^2}{4 \pi} \right) = P_T G_T G_R \left(\frac{\lambda}{4 \pi d} \right)^2 = P_T G_T G_R \left(\frac{c}{4 \pi f d} \right)^2 \qquad \text{式（4-9）}$$

式（4-9）中，P_R 为接收点的电磁波功率，单位为 W；S 为接收天线的有效面积，单位为 m^2；A_R 为电磁波波长，单位为 m；其他变量的含义同式（4-8）。

由式（4-9）不难看出，接收点的电磁波功率与电磁波工作频率 f 的平方成反比，与收发天线间距离 d 的平方成反比，与发送点的电波功率 P_T 成正比。

由空间的传播损耗 L 定义为有效发射功率和接收功率的比值，其计算方法如下。

$$L = 10 \lg \frac{P_T}{P_R} \qquad \text{式（4-10）}$$

式（4-10）中，L 的单位为 dB。

当 G_T、G_R 均为 1 时，将式（4-9）代入式（4-10），可得式（4-11）。

$$L = 10 \lg \frac{P_T}{P_R} = 10 \lg \left(\frac{4 \pi d}{\lambda} \right)^2 = 20 \lg \frac{4 \pi d}{\lambda} = 20 \lg \frac{4 \pi f d}{c} \qquad \text{式（4-11）}$$

式（4-11）可转化为如下对数形式。

$$L = 32.45 + 20 \lg d + 20 \lg f \qquad \text{式（4-12）}$$

式（4-11）中，d 的单位为 m，f 的单位为 Hz；式（4-12）中，d 的单位为 km，f 的单位为 MHz。

由式（4-11）和式（4-12）可知，自由空间的传播损耗仅与传播距离 d 和工作频率 f 有关，并且与 d^2 与 f^2 均成正比。当 d 或 f 增加一倍时，L 增加 6dB。

如果 G_T、G_R 不为 1，即发送和接收天线的增益不为 1，则在链路预算时，考虑天线增益即可。

2. 对数距离路径损耗模型

对数距离路径损耗模型中的参数简单且使用方便，因此，该模型被广泛用于室内路径损耗的预测。对数距离路径损耗模型如下。

$$L = L(d_0) + 10\gamma \lg\left(\frac{d}{d_0}\right) + X_\sigma \qquad 式（4-13）$$

式（4-13）中，$L(d_0)$ 表示发射机到参考距离 d_0 的路径损耗，在室内环境下，d_0 可取 1m，$L(d_0)$ 可通过测试或直接采用自由空间路径损耗模型得到；γ 依赖于周围环境和建筑物类型，表示环境的平均路径损耗指数，根据建筑类型的不同，其取值一般为 1.6～3.3；d 为发射机到接收机之间的距离，单位为 m；X_σ 是均值为 0、标准差为 σ 的正态分布随机变量，表示环境内物体对电波传播的影响，单位为 dB，根据建筑类型的不同，σ 的典型取值一般为 3.0～14.1dB。

3. 衰减因子模型

衰减因子模型适用于建筑物内传播预测，这种模型包含了建筑物类型影响与阻挡物引起的变化。该模型的灵活性很强，预测路径损耗与测量值的标准偏差约为 4dB。衰减因子模型如下。

$$L = L(d_0) + 10\gamma_{SF} \lg\left(\frac{d}{d_0}\right) + FAF \qquad 式（4-14）$$

式（4-14）中，$L(d_0)$ 表示发射机到参考距离 d_0 的路径损耗，在室内环境下，d_0 可取 1m，$L(d_0)$ 可通过测试或直接采用自由空间路径损耗模型得到；γ_{SF} 表示位于同一楼层上的路径损耗指数，它取决于建筑物的类型。FAF 表示的是楼层衰减因子（Floor Attenuation Factor，FAF）。路径损耗参考值见表 4-6。

表4-6　路径损耗参考值

建筑物内环境	自由空间	全开放环境	半开放环境	较封闭环境
路径损耗指数	2	2.0～2.5	2.5～3.0	3.0～3.5

在计算不同楼层路径损耗时，需要附加 FAF，它主要与楼层数和建筑物类型有关。在实际应用时，随着电磁波传播距离的增大，衰减因子模型实际衰减得更快。因此，对于多层建筑物，将衰减因子模型进行修正，得到以下模型。

$$L = L(d_0) + 10\gamma_{SF} \lg\left(\frac{d}{d_0}\right) + \alpha d + FAF \qquad 式（4-15）$$

式（4-15）中，α 为信道衰减常数，单位为 dB/m。通常，对于 4 层建筑物，衰减常数取值为 0.47 ～ 0.62dB/m；对于 2 层建筑物，衰减常数取值为 0.23~0.48dB/m。

4. Keenan–Motley 模型

Keenan-Motley 模型是在自由空间传播模型的基础上增加了墙壁和地板的穿透损耗。Keenan-Motley 模型的计算方法如下。

$$PL = L_0 + P \times W \qquad\qquad 式（4-16）$$

式（4-16）中，L_0 表示自由空间的传播损耗；P 表示墙壁损耗参考值；W 表示墙壁数目。

式（4-16）没有考虑阴影衰落余量，并且把穿透损耗只看作墙壁数目和墙壁损耗参考值的乘积，对所有的墙壁取相同的穿透损耗，因此，这个模型不是很准确。可以考虑对以上式（4-16）进行改进，增加不同类型墙壁和楼层间的穿透损耗，并计算阴影衰落余量，从而得出更加精细和相对准确的模型，改进后的公式如下。

$$L = L_0 + \sum_{i=1}^{I} k_{fi} L_{fi} + \sum_{j=1}^{J} k_{wj} L_{wj} + \sigma \qquad\qquad 式（4-17）$$

式（4-17）中，k_{fi} 表示穿透第 i 类地板的层数；k_{wj} 表示穿透第 j 类墙壁的层数；L_{fi} 表示第 i 类地板的穿透损耗；L_{wj} 表示第 j 类墙壁的穿透损耗；I 表示地板的种类数；J 表示墙壁的种类数；σ 表示阴影衰落余量。不同遮挡物穿透损耗参考见表4-7。

表4–7   不同遮挡物穿透损耗参考

材料类型	参考穿透损耗
普通砖混隔墙（ < 30cm ）	10 ～ 15dB
混凝土墙体	20 ～ 30dB
混凝土楼板	25 ～ 30dB
天花板管道	1 ～ 8dB
金属扶手电梯	5dB
箱体电梯	30dB
人体	3dB
木质家具	3 ～ 6dB
玻璃	5 ～ 8dB

5. 多墙模型

为了更好地符合测量，Keenan-Motley 模型可以通过非线性函数来修正。修正后的模型为多墙模型，它的路径损耗计算方法如下。

$$L = L_0 + L_c + L_f N_f^{E_f} + \sum_{j=1}^{J} N_{w_j} L_{w_j} \qquad\qquad 式（4-18）$$

式（4-18）中，L_0 表示发射机和接收机之间的自由空间损耗，L_c 是一个常量，L_{w_j} 表示穿过类型 j 的墙的损耗，N_{w_j} 表示在发射机和接收机之间类型 j 的墙的数目，$N_f^{E_f}$ 表示发射机和接收机之间地板的数目，L_f 表示穿过相邻地板的损耗，指数 E_f 的计算方法如下。

$$E_f = \frac{N_f + 2}{N_f - 1} - b \qquad 式（4-19）$$

式（4-19）中，b 是一个根据经验确定的常量。

上述参数的典型取值如下。

$$L_f = 18.3\text{dB}, \ J = 2, \ L_{w_1} = 3.4\text{dB}, \ L_{w_2} = 6.9\text{dB}, \ b = 0.46$$

其中，L_{w_1} 是穿过窄墙（厚度小于 10cm）的损耗，L_{w_2} 是穿过宽墙（厚度大于 10cm）的损耗。

6. P.1238 室内传播模型

目前，业界推荐使用的是国际电信联盟无线电通信组（International Telecommunications Union Radio Communications Sector，ITU-R）P.1238 室内传播模型，它是一个位置通用的模型，即几乎不需要有关路径或位置信息。其基本模型如下。

$$PL = 20\lg f + N\lg d + L_f(n) - 28 + X_\delta \qquad 式（4-20）$$

式（4-20）中，N 为距离功率损耗系数，功率损耗系数（N）参考取值见表4-8。

f 为频率，单位为 MHz。

d 为终端与基站之间的距离，单位为 m，一般情况下，$d > 1\text{m}$。

$L_f(n)$ 为楼层穿透损耗因子，n 为终端和基站之间的楼板数，$n \geqslant 1$，楼层穿透损耗因子 $L_f(n)$ 参考取值见表4-9。

X_δ 为慢衰落余量，其取值与覆盖概率要求和室内阴影衰落标准差有关，阴影衰落参考取值见表4-10。

表4-8　功率损耗系数（N）参考取值

频率	居民楼	办公室	商业楼
900MHz	—	33	20
1.2～1.3GHz	—	32	22
1.8～2GHz	28	30	22
4GHz	—	28	22
5.2GHz	—	31	—
60GHz	—	22	17
70GHz	—	22	—

注：60GHz 和 70GHz 是假设在单一房间或空间的传输，不包括任何穿过墙传输的损耗。

表4-9　楼层穿透损耗因子$L_f(n)$参考取值

频率	居民楼	办公室	商业楼
900MHz	—	9（1层）、19（2层）、24（3层）	—
1.8～2GHz	$4n$	15+4（$n-1$）	6+3（$n-1$）
5.2GHz	—	16（1层）	—

表4-10　阴影衰落参考取值

频率	居民楼	办公室	商业楼
1.8～2GHz	8	10	10
5.2GHz	—	12	—

该基本模型把传播场景分为视线线路（Line Of Sight，LOS）和非视距（Non-Line Of Sight，NLOS）两种。

具有 LOS 分量的路径是以自由空间损耗为主的，其距离功率损耗系数约为20，穿楼板数为0，更正后的模型如下。

$$PL = 20\lg(f) + 20\lg(d) - 28 + X_\delta \qquad \text{式（4-21）}$$

对于 NLOS 场景，模型公式不变，仍然为：

$$PL = 20\lg(f) + N\lg(d) + L_f(n) - 28 + X_\delta \qquad \text{式（4-22）}$$

需要注意的是，当 NLOS 穿越多层楼板时，预期的信号隔离有可能达到一个极限值。此时，信号可能会找到其他的外部传输路径来建立链路，其总传输损耗不超过穿越多层楼板时的总损耗。

•• 4.7　室内传播模型的矫正

室内传播模型是进行网络规划的重要工具，传播预测的准确性将大大影响网络规划的准确性。在实际工程中，使用的室内传播模型基本是经验模型。在这些模型中，影响电波传播的主要因素（例如，收发天线距离、电磁波频率等）都以变量函数的形式在路径损耗公式中反映出来。在不同的建筑物内，建筑结构、建筑材料、室内布局等因素对传播影响的程度不尽相同，因此，这些传播模型在具体环境中应用时，一些参变量会有所不同。为了准确预测传播损耗，需要找到能反映目标建筑物内无线传播环境的合理计算方式。

室内传播模型校正是指根据实际室内无线环境的具体特征，以及与无线电磁波传播有关的系统参数，校正现有经验模型公式，使其计算出的服务区内收发两点间的传输损耗更接近实际测量值。

传播模型校正流程如图 4-11 所示。

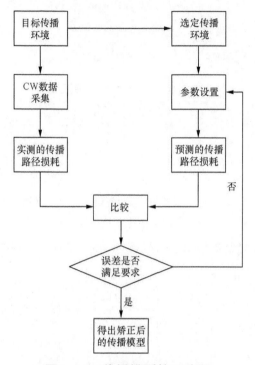

图4-11　传播模型校正流程

首先，选定适合目标区域的传播模型，对其中的参数进行设置，得出一个预测的传播路径损耗。然后，对该区域进行 CW 数据采集，根据采集结果进行分析，得到实际测量的传播路径损耗，与预测的路径损耗进行比较，确认误差是否满足要求。如果误差满足要求，则选定该参数设置，得出校正后的传播模型，传播模型校正结束；如果误差不满足要求，则重新对经验模型的参数进行设置，直到最终能达到要求为止。在室内传播模型校正中要用到 CW 测试。CW 测试就是使用连续波作为信号源，测试其传播损耗。使用连续波作为信号源，传播损耗就只与无线环境有关，而与信号本身没有关系，这样测试得到的数据用来进行传播模型校正最为准确。

我们以现在室内环境常用的 Keenan-Motley 模型为例进行传播模型校正说明。Keenan-Motley 模型的经验公式如下。

$$L = L_0 + \sum_{i=1}^{I} k_{fi} L_{fi} + \sum_{j=1}^{J} k_{wj} L_{wj} + \sigma \qquad \text{式（4-23）}$$

由式（4-23）可知，在传播模型校正时主要确定 3 个数值：自由空间损耗 L_0、地板和墙壁的穿透损耗 L_{fi} 和 L_{wj}、阴影衰落余量 σ，因此，在校正时，需要从这 3 个方面来考虑。

4.7.1　自由空间路径损耗的测试分析

1. CW 测试数据采集方法

① CW 测试数据采集方法 1（无建筑设计图纸）

CW 的测试采用点测的方法，原则上按照每隔 0.5m 设置一个测试点，如果空间较大能够保证有足够的样本点，则可采用更大间距进行采样。根据计划好的测试路线，以 0.5m 一个测试点为原则（保证足够的样本点），进行数据收集。每个测试点数据采集时间确定为 30s，测试完成后，需要将每个测试点按照序号标注清楚，并给出每个测试点到发射机的距离。

② CW 测试数据采集方法 2（有建筑设计图纸）

在测试软件中导入室内平面设计图纸，根据图纸长宽信息与图纸所附比例，从而确定图纸上任意两点的距离。然后，利用测试软件在室内进行移动测试，并在图纸上记录打点位置及对应的接收信号强度。需要注意的是，要保证打点位置准确，测试路径尽可能全面，采集数据数目足够多，以满足模型校正的要求。

③ 两种方案优缺点分析

CW 测试数据采集方法 1 的数据采集工作量大，同时还需要记录收发天线间的距离。该方法一般适用于无法取得室内设计图纸的情况。CW 测试数据采集方法 2 的数据采集工作量小，但对建筑设计图纸精确度要求较高。

2. 数据统计分析方法

数据统计分析方法主要包括以下 4 步。

第一步，先将 CW 测试数据根据时间做预处理，其目的是使单位时间的 CW 样本点数基本一致。

第二步，数据过滤。保留视距点，去除非视距点；选择距测试信源一定范围内的点，这需要根据具体的室内环境确定范围，一般取 2 ～ 40m；选取一定强度范围内的点，去掉因突发因素导致某区域信号过强的点或信号过弱的点。

第三步，实测数据处理，计算路径损耗。空间路径损耗的计算公式如下。

$$PL = T_X - L + G_{Tx} + G_{Rx} - R_X \qquad 式（4-24）$$

式（4-24）中，T_X 为发射功率，单位为 dBm；L 为发射机到发射天线的馈线和接头损耗，单位为 dB；G_{Tx} 为发射天线增益，单位为 dBi；G_{Rx} 为接收天线增益，单位为 dBi；R_X 为实际测到的接收电平值，单位为 dBm。

第四步，数据拟合。将处理后的数据用于拟合空间的路径损耗，得出空间路径损耗的校正值。

4.7.2　材料穿透损耗测试分析

材料穿透损耗测试分析方法主要包括以下 4 步。

第一步，根据测试区域的建筑材料的种类选取测试点的个数。

第二步，在被测试材料的一侧做定点 CW 测试，采集数据 30s，将测试获取的样本点的数值转换成以 mW 为单位，然后将样本点做线性平均，线性平均的结果转换成以 dBm 为单位的数值。测试点需打点记录位置，在建筑物结构图中标注，用于计算与发射点的位置。

第三步，在被测试材料的另一侧做定点 CW 测试，具体方法与第二步一样。

第四步，将被测材料的两侧统计的信号相减，得到被测材料的穿透损耗。

需要注意的是，对于可封闭的室内环境，应该在关门后进行测试穿透损耗。

4.7.3　阴影衰落余量分析

阴影衰落余量的校正主要是确定阴影衰落的标准差。其测试统计方法主要包括以下 3 步。

第一步，在测试的典型场景中选取具有代表意义的测试点。这些测试点需包括拐角、电梯口、交叉路口、直通道、房间内等场景。测试点的个数可任选，但一定要保证样本点的数量足够多。每个测试点做定点 CW 测试，采集 2 分钟数据。

第二步，对测得的信号值取线性平均，去除小于 0.5 倍均值和大于 1.5 倍均值的数据，将剩余的数据进行整理，计算出该组数据的标准差。

第三步，根据测试区域无线信号的标准方差，计算阴影衰落余量，采用 Excel 中的函数 NORMINV（边缘覆盖概率，0，标准方差）。其中，边缘覆盖概率可根据需要确定，0 是指正态分布函数的均值，标准方差可由上面的校正值得到。

完成以上 3 步操作后，对 Keenan-Motley 模型中相应的参数进行更改，得到校正后的传播模型损耗，与真实的测试所得损耗值进行比较分析，使结果误差在允许的范围内。

●● 4.8　室内分布系统链路预算

与室外宏基站的规划设计类似，室内分布系统也是通过合理的功率分配和天线布放来实现良好覆盖的。链路预算是功率分配的基础，其最终目标是计算覆盖半径，即评估从信号源发射的无线信号经过分布系统各个射频器件与空中接口的无线传播之后，是否能够满足系统覆盖边缘的功率要求。需要注意的是，室外宏基站和室内小区覆盖分布系统的链路预算过程存在较大差异。室外宏基站的天馈系统比较简单，链路预算主要是考虑室外宏基站天线到终端之间无线链路的各种损耗和增益，而室内小区覆盖分布系统的天馈系统要比室外宏基站复杂得多。覆盖分布系统的天线到终端之间的无线链路损耗可以通过模拟测试等手段得到相对固定的数值。同时，在系统设计时，上下行链路需要进行平衡，使上下行链路的覆盖半径基本相同，因此，上下行链路预算需要分别进行分析与计算。在进行新的室内分布系统设计时，首先，需要确定小区边缘用户的最低速率保障；然后，确定不同信道的链路预算参数，通过链路预算求得最大路径损耗，通过实际环境勘测结果获得校正的传播模型；最后，计算出小区覆盖半径和小区覆盖面积。

4.8.1　室内环境传播模型

室内环境传播模型关系到发射天线口功率和用户接收天线之间的无线链路损耗，是室内上下行链路覆盖分析的基础，在室内场景中通常采用衰减因子模型进行链路损耗的评估，有关衰减因子模型的介绍详见本章 4.6 节。

4.8.2　室内分布系统覆盖能力分析

室内分布系统覆盖能力分析如图 4-12 所示。

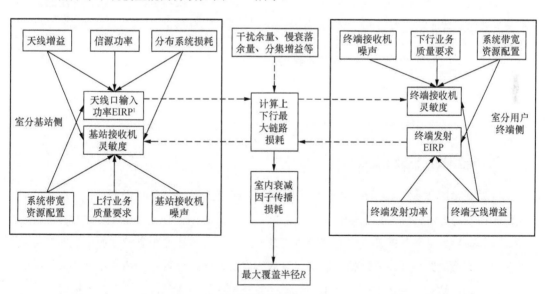

1. EIRP（Equivalent Isotropic Radiated Power，等效全向辐射功率）。

图4-12　室内分布系统覆盖能力分析

由图 4-12 可知，室内分布系统的最大覆盖半径 R 的求解是将系统上下行最大链路损耗代入室内传播模型得到的。而上下行链路的最大损耗 L_{max} 是由室内天线口输入功率 $EIRP$、接收机灵敏度、干扰余量、慢衰落余量及分集增益等共同计算所得，其计算公式如下。

$$L_{max} = EIRP + G_s - M_f - M_1 - L_p - L_b - Sensetivity \qquad 式（4-25）$$

式（4-25）中，$EIRP$ 代表等效全向辐射功率，单位为 dBm。

$Sensetivity$ 代表接收机灵敏度，单位为 dBm。

G_s 代表空间分集增益。

M_f 代表慢衰落余量。

M_1 代表干扰余量。

L_p 代表穿透损耗余量。

L_b 代表人体损耗。

上述参数的具体含义如下。

1. EIRP

EIRP 在下行方向主要考虑基站传输到分布天线口的输入功率和发射天线增益，其计算公式如下。

$$EIRP_d = 室内分布天线口的输入功率 + 发射天线增益$$

EIRP 在上行方向上主要考虑终端最大发射功率及终端天线增益，一般认为终端的馈线损耗为 0dB，其计算公式如下。

$$EIRP_u = 终端最大发射功率 + 终端天线增益$$

2. 接收机灵敏度

接收机灵敏度是指可以接收到的并仍能正常工作的最低信号强度。

3. 其他增益及损耗余量

空间分集增益 G_s：4G、5G 系统由于可以将天线模式调整为空间分集模式，在基站侧发射和接收均可以获得大约 2.5dB 的分集增益。

人体损耗 L_b：人体损耗发生在终端侧，是指终端与人体物理距离较近所引起的信号阻塞及吸收而造成的损耗。人体损耗取决于终端相对于人体的位置及天线的角度等。根据业务使用习惯，数据业务的参考值为 0，话音业务的参考值为 3dB。显然，人体损耗只在上行链路的发送端和下行链路的接收端才会考虑。

干扰余量 M_1：干扰余量对不同系统的差异较大，4G、5G 系统由于采用新型多址技术，并配合小区干扰抑制协调技术，其本身干扰并不严重，一般干扰余量取 2dB。

穿透损耗余量 L_p：穿透损耗体现为建筑物内部材料对室内分布信号的阻隔，对复杂的建筑结构需要通过模测后进行确定，一般室内分布系统需对该损耗预留 15 ~ 20dB。

●●4.9 天线和馈线布局设计

室内分布系统中天线和馈线部分的规划设计在很大程度上直接影响实际网络的性能和用户体验。为了保障通信网络的覆盖质量，在规划设计阶段需要对天线和馈线口功率设置和天线和馈线点布放进行明确要求，同时，对于不同场景的天线和馈线布放设置建议采用差异化的策略。

4.9.1 天线选取与设置

天线口功率要满足环保要求，不超过 15dBm/ 载波，结合目标覆盖区域的特点，选择多天线小功率（适合楼宇内部隔断较多的区域）或者少天线大功率（适合空旷区域，例如，地下停车场、会议厅等）的方式。而对于室外分布式天馈系统天线口功率不受该要求限制，可根据覆盖要求灵活设置。

1. 天线的选择

设计时，可以根据建筑物的实际结构情况采用不同的天线，主要遵循以下原则。

① 一般情况下可采用室内的全向吸顶天线，对于室内房间结构复杂或者墙壁过厚的情况，可以在同一层中布放多个全向吸顶天线进行分区覆盖。

② 如果建筑物内有中空的天井结构或者大型会议室、餐厅等空旷结构时，可以采用定向天线大面积覆盖。

③ 如果建筑物内有窄长条形结构，则可采用漏泄电缆纵向布放，均匀覆盖各个区域。与天线相比，漏泄电缆的安装结构简单，覆盖均匀，在有金属材料天花板的情况下不适用。

④ 对于 MIMO 系统，如果采用单极化天线，建议双天线尽量采用 10λ 以上间距，例如，实际安装空间受限双天线间距不应低于 4λ。

⑤ 采用双极化天线代替两副单极化天线，对于室内分布系统改造场景而言，本方式不需要增加天线数量和改变点位位置，只须更换天线类型。

总之，要根据实际情况选择不同的信号辐射方式，以获得最好的效率及覆盖效果。

2. 天线点的位置选取

为了保证业务传输速率要求，满足无线覆盖与控制信号外泄，天线布放总体遵循"小功率、多天线"的原则，应根据模拟测试结果合理确定天线密度和天线布放位置，使信号尽量分布均匀。

天线的选址原则：天线的选址要考虑覆盖全部区域，但不能过于靠近窗口，因为靠近窗口容易使室内信号溢出，对外部造成干扰；天线要放在用户密集区，构成热点覆盖。应根据模拟测试的结果合理确定天线的布放位置，如果不具备模拟测试的条件，则需进行仿真分析，尽量避免设计人员依赖主观经验决定天线的布放位置。同时，要考虑系统的可扩展性，对于天线的选址位置，为了方便后续扩容与维护，要预留一定的天线点位。

室内分布系统天线存在近距离覆盖、发射功率限制、安装空间限制、视觉污染限制等问题，因此，室内天线有别于室外天线。根据室内分布系统天线应用场景，基本上可以分为以下几个应用场景，不同应用场景的天线选址不同。

① 普通住宅楼和底商

普通住宅楼和底商的覆盖采用的是里外结合的方式，充分利用普通住宅楼的楼顶或底商楼檐的资源，采用室外天线覆盖普通住宅楼和底商。对于面积较大的空间，要有超前设计的思路，可采用"多天线、小功率"的方式，避免业主二次装修造成盲区。另外，本着尽量覆盖的原则，普通住宅楼的天线口功率应该在满足环保要求的条件下，争取做到15dBm/ 天线。

② 一般楼层

一般楼层采用平面连续覆盖的方式，考虑各天线的互补，天线选址规则为：楼层平面覆盖一般采用全向吸顶天线，特殊场合采用壁挂定向天线；在覆盖满足需求的前提下，天线尽量分布在楼道中，便于工程的实施；天线尽量选取在木门、玻璃门或窗附近，减少穿透墙体引起的损耗；天线尽量选取视角比较好的区域，利用视距传播，减少穿透墙体引起的损耗；在低楼层（3F 以下）尽量利用墙体遮挡，降低信号漏泄到室外的概率，降低输入功率。

回字形建筑结构天线分布参考如图 4-13 所示。

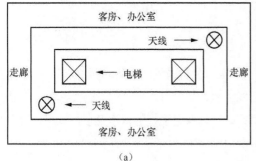 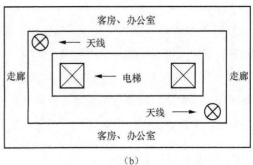

（a） （b）

图4-13 回字形建筑结构天线分布参考

在回字形结构的天线布放中，建议奇数层、偶数层天线交叉布放。另外，根据回字形结构和楼层的规模，可以选用 2 个或更多天线进行覆盖。

长廊形建筑结构天线分布参考如图 4-14 所示。

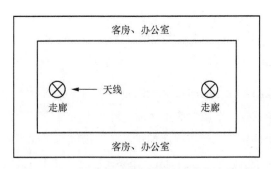

图4-14　长廊形建筑结构天线分布参考

在长廊形建筑结构中，根据长廊长度确定楼层内需要的天线数量，多天线采用等间距的天线布放方式。

会议室、大厅等结构天线分布参考如图 4-15 所示。

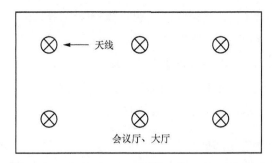

图4-15　会议室、大厅等结构天线分布参考

③ 地下室

地下室产生信号漏泄的概率较小，噪声小，因此，边缘覆盖的电平可降低，天线数量可以减少一些，可以采用"大功率、少天线"的建设方式。需要注意的是，在地下室室内分布系统设计时，不要忽略了出入口信号的覆盖。

④ 电梯

电梯一般采用的是在电梯井道内安装定向壁挂天线覆盖的方式，也可以使用电梯天线和对数周期从上往下或者从下往上覆盖，还可以采用漏泄电缆进行覆盖，各种覆盖方式各有利弊，需要根据电梯主体建筑的室内分布系统建设和业主的需求进行选择。电梯覆盖有多种方式，具体参考《5G 网络深度覆盖技术实战进阶》。

4.9.2　馈线的选取与设置

1. 馈线的选取

馈线的使用应按照节约的原则，尽量通过合路使用同一条馈线传输信号，避免多条馈线并行传输不同的信号，以达到节约成本的目的。

2. 馈线的布放

馈线的布放必须按照设计方案的要求，走线牢固、美观，不得有交叉、扭曲、裂损情况。跳线或馈线需要弯曲布放时，要求弯曲角保持平滑，弯曲曲率半径不超过规定值。

馈线采用馈线卡子固定，水平方向布放馈线时，馈线卡子间距应不大于 1.5m，垂直方向布放馈线时，馈线卡子间距应不大于 lm。如果无法用馈线卡子固定时，则采用扎带将馈线之间相互绑扎。

馈线的单次弯曲半径和多次弯曲半径应符合最小弯曲半径及最小反复弯曲半径要求，馈线拐弯应平滑均匀，弯曲半径应大于等于馈线外径的 20 倍（软馈线的弯曲半径大于等于10 倍馈线外径）。

馈线的连接头应安装牢固，接触良好，并做好防水密封处理。

馈线进出口的墙缝采用防水、阻燃的材料进行密封。

馈线的连接头必须牢固，严格按照施工工艺制作，并做好防水密封处理。

封闭吊顶内布放馈线可采用 PVC 管穿放的方式，但是要尽量节约使用。地下室及车库等对美观要求不高的区域尽量采用裸线布放的方式，以减少成本。

4.9.3 天线口功率设置

通过点位的现场勘察，基本确定了天线的安装点位；通过模测基本知道天线覆盖的范围及天线覆盖的边缘，满足边缘场强的天线口功率。一般情况下，设置天线口功率的场景基本是有外接天线需求的，一类是无源分布系统，另一类是有源分布系统外接天线的分布系统。而有源分布系统的天线内置的分布系统则根据其固定的功率输出计算其覆盖能力，再考虑天线安装点位。

无论是计算天线口输入功率，还是固定功率计算其覆盖能力，都需要考虑使用室内覆盖的传播模型，改进型的 Keenan-Motley 模型是在 Keenan-Motley 模型增加了不同类型墙壁和楼层间的穿透损耗，并将阴影衰落余量加进来，从而得出更加精细的模型，其计算公式如下。

$$L = L_0 + \sum_{i=1}^{I} k_{fi} L_{fi} + \sum_{j=1}^{J} k_{wj} L_{wj} + \sigma \qquad \text{式（4-26）}$$

在式（4-26）中，k_{fi} 表示穿透第 i 类地板的层数；k_{wj} 表示穿透第 j 类墙壁的层数；L_{fi} 表示第 i 类地板的穿透损耗；L_{wj} 表示第 j 类墙壁的穿透损耗；I 表示地板的种类数；J 表示墙壁的种类数；σ 表示阴影衰落余量。本节不计算穿透楼板的覆盖能力，因此，式（4-26）可以简化为如下公式。

$$L = L_0 + \sum_{j=1}^{J} k_{wj} L_{wj} + \sigma \qquad \text{式（4-27）}$$

　　室内覆盖主要考虑的是室内场景隔断的多少。根据隔断的多少，本节天线口功率覆盖能力及固定功率覆盖能力分析采用视距、隔一垛墙和隔两垛墙 3 种模式，室内墙体统一为普通砖墙。采取的网络制式及频段包括 FDD LTE 1.8GHz、TDD LTE 2.3GHz、FDD NR 2.1GHz、TDD NR 2.6GHz、TDD NR 3.5GHz、TDD NR 4.9GHz 6 种。

　　改进型的 Keenan-Motley 模型常量取值见表 4-11。

表4-11　改进型的Keenan-Motley模型常量取值

网络制式	频段 /GHz	墙体穿透损耗 /dB			阴影余量 /dB	人体损耗 /dB
		视距	隔一垛墙	隔两垛墙		
FDD LTE	1.8	0	11.77	23.54	15	3
TDD LTE	2.3	0	12.69	25.38		
FDD NR	2.1	0	12.23	24.46		0
TDD NR	2.6	0	13.32	26.64		
TDD NR	3.5	0	16.75	33.5		
TDD NR	4.9	0	18.15	36.3		

　　表 4-11 中的阴影余量统一取值为 15dB，人体余量由于目前长期演进语音承载（Voice over Long Term Evolution，VoLTE）的使用，具备语音功能，因此，LTE 网络人体损耗取值为 3dB，其他网络制式的人体损耗值不计。

1. 视距覆盖

　　在视距覆盖中，天线和终端之间没有阻挡，体现为自由空间传播，一般传播的距离比较远，在所有系统接室内分布系统天线覆盖，天线口输入功率均取 −15dBm 的情况下，计算其覆盖半径。视距传播 6 种网络制式覆盖示例（20m 距离）如图 4-16 所示。

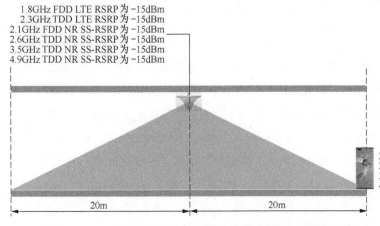

1.8GHz FDD LTE RSRP 为 −15dBm
2.3GHz TDD LTE RSRP 为 −15dBm
2.1GHz FDD NR SS-RSRP 为 −15dBm
2.6GHz TDD NR SS-RSRP 为 −15dBm
3.5GHz TDD NR SS-RSRP 为 −15dBm
4.9GHz TDD NR SS-RSRP 为 −15dBm

1.8GHz FDD LTE RSRP为 −94.58dBm
2.3GHz TDD LTE RSRP为 −95.71dBm
2.1GHz FDD NR SS-RSRP为 −91.91dBm
2.6GHz TDD NR SS-RSRP为 −93.77dBm
3.5GHz TDD NR SS-RSRP为 −96.35dBm
4.9GHz TDD NR SS-RSRP为 −97.27dBm

20m　　　　20m

图4-16　视距传播6种网络制式覆盖示例（20m距离）

在传播20m之后，6种网络能够接收到信号强度，视距传播6种网络制式链路计算（1）见表4-12。

表4-12　视距传播6种网络制式链路计算（1）

网络制式	频段/GHz	天线输入功率/dBm	天线增益/dB	天线口功率/dBm	墙体穿透损耗/dB	阴影余量/dB	人体损耗/dB	20m处自由空间损耗/dB	20m处边缘场强/dBm
FDD LTE	1.8	-15	2	-13	0	15	3	63.58	-94.58
TDD LTE	2.3		3	-12				65.71	-95.71
FDD NR	2.1		3	-12			0	64.91	-91.91
TDD NR	2.6		3	-12				66.77	-93.77
TDD NR	3.5		3	-12				69.35	-96.35
TDD NR	4.9		5	-10				72.27	-97.27

通过计算，在视距20m的情况下，所有网络制式的20m处边缘场强均高于-100dBm，网络能够得到很好的覆盖。在视距覆盖情况下，视距传播6种网络制式覆盖能力（1）见表4-13。

表4-13　视距传播6种网络制式覆盖能力（1）

网络制式	频段/GHz	天线输入功率/dBm	天线增益/dB	20m处边缘场强/dBm	30m处边缘场强/dBm	70m处边缘场强/dBm	100m处边缘场强/dBm	150m处边缘场强/dBm
FDD LTE	1.8	-15	2	-94.58	-98.10	-105.46	-108.56	-112.08
TDD LTE	2.3		3	-95.71	-99.23	-106.59	-109.68	-113.21
FDD NR	2.1		3	-91.91	-95.44	-102.80	-105.89	-109.42
TDD NR	2.6		3	-93.77	-97.29	-104.65	-107.75	-111.27
TDD NR	3.5		3	-96.35	-99.87	-107.23	-110.33	-113.85
TDD NR	4.9		5	-97.27	-100.80	-108.16	-111.25	-114.78

一般而言，LTE覆盖的边缘场强RSRP要求不小于-115dBm，NR覆盖的边缘场强SS-RSRP要求不小于-110dBm；考虑到良好覆盖，LTE覆盖的边缘场强RSRP要求不小于-110dBm，NR覆盖的边缘场强SS-RSRP要求不小于-105dBm。由表4-13可知，视距情况下，FDD NR 2.1GHz的覆盖距离和LTE网络一样，可以达到100m，TDD NR 2.6GHz可以超过70m，TDD NR 3.5GHz则可以接近70m，TDD NR 4.9GHz可以覆盖50m左右。

有源室内分布另外一种情况是天线内置在远端单元内，而且发射功率基本是固定的。一般而言，LTE为125mW/载波，NR则为250mW/载波。在视距的情况下，观察其覆盖能力，视距传播 6 种网络制式链路计算（2）见表 4-14。

表4-14　视距传播6种网络制式链路计算（2）

网络制式	频段 /GHz	输出功率 /mW	子载频数量 /个	子载频功率 /dBm	墙体穿透损耗 /dB	阴影余量 /dB	人体损耗 /dB	20m 处自由空间损耗 /dBm	20m 处边缘场强 /dBm
FDD LTE	1.8	125	1200	−9.82			3	63.58	−91.40
TDD LTE	2.3		1200	−6.81				65.71	−90.52
FDD NR	2.1		2400	−9.82	0	15		64.91	−89.74
TDD NR	2.6	250	3276	−11.17			0	66.77	−92.94
TDD NR	3.5		3276	−11.17				69.35	−95.53
TDD NR	4.9		3276	−11.17				72.27	−98.45

通过计算，在视距 20m 的情况下，所有网络制式的 20m 处边缘场强均高于 −100dBm，网络能够得到非常好的覆盖。在视距覆盖情况下，视距传播 6 种网络制式覆盖能力（2）见表 4-15。

表4-15　视距传播6种网络制式覆盖能力（2）

网络制式	频段 /GHz	输出功率 /mW	子载频功率 /dBm	20m 处边缘场强 /dBm	30m 处边缘场强 /dBm	70m 处边缘场强 /dBm	100m 处边缘场强 /dBm	150m 处边缘场强 /dBm
FDD LTE	1.8	125	−9.82	−91.40	−94.92	−102.28	−105.38	−108.90
TDD LTE	2.3		−6.81	−90.52	−94.04	−101.40	−104.50	−108.02
FDD NR	2.1		−9.82	−89.74	−93.26	−100.62	−103.72	−107.24
TDD NR	2.6	250	−11.17	−92.94	−96.47	−103.83	−106.92	−110.45
TDD NR	3.5		−11.17	−95.53	−99.05	−106.41	−109.51	−113.03
TDD NR	4.9		−11.17	−98.45	−101.97	−109.33	−112.43	−115.95

由表 4-15 可知，6 种网络制式覆盖能力都比天线口输入功率为 −15dBm 的外接天线的覆盖能力强。其主要原因是远端单元输出功率大于外接天线的天线口输出功率。另外，由于有源室内分布内置天线的特性，本节的分析假设的是其覆盖情况和外接的室内分布天线一样，其覆盖能力并没有达到表 4-15 中的情况。

2. 隔一垛墙覆盖

隔一垛墙覆盖中，天线和终端之间有一垛墙隔开，需要增加频段的穿透损耗，在这种情况下，室内分布系统天线口输入功率均取 −15dBm，计算其覆盖半径。

隔一垛墙 6 种网络制式覆盖示例（20m 距离）如图 4-17 所示，在传播 20m 之后，6 种网络制式能够接收到的信号强度。隔一垛墙传播 6 种网络制式链路计算（1）见表 4-16。

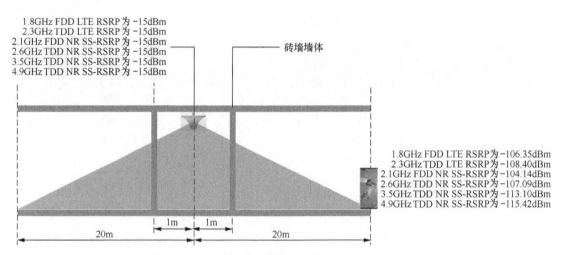

1.8GHz FDD LTE RSRP 为 −15dBm
2.3GHz TDD LTE RSRP 为 −15dBm
2.1GHz FDD NR SS-RSRP 为 −15dBm
2.6GHz TDD NR SS-RSRP 为 −15dBm
3.5GHz TDD NR SS-RSRP 为 −15dBm
4.9GHz TDD NR SS-RSRP 为 −15dBm

砖墙墙体

1.8GHz FDD LTE RSRP为 −106.35dBm
2.3GHz TDD LTE RSRP为 −108.40dBm
2.1GHz FDD NR SS-RSRP为 −104.14dBm
2.6GHz TDD NR SS-RSRP为 −107.09dBm
3.5GHz TDD NR SS-RSRP为 −113.10dBm
4.9GHz TDD NR SS-RSRP为 −115.42dBm

1m 1m

20m   20m

图4-17　隔一垛墙6种网络制式覆盖示例（20m距离）

表4-16　隔一垛墙传播6种网络制式链路计算（1）

网络制式	频段 /GHz	天线输入功率 /dBm	天线增益 /dB	天线口功率 /dBm	墙体穿透损耗 /dB	阴影余量 /dB	人体损耗 /dB	20m 处自由空间损耗 /dBm	20m 处边缘场强 /dBm
FDD LTE	1.8	−15	2	−13	11.77	15	3	63.58	−106.35
TDD LTE	2.3		3	−12	12.69			65.71	−108.40
FDD NR	2.1		3	−12	12.23			64.91	−104.14
TDD NR	2.6		3	−12	13.32		0	66.77	−107.09
TDD NR	3.5		3	−12	16.75			69.35	−113.10
TDD NR	4.9		5	−10	18.15			72.27	−115.42

通过计算，在隔一垛墙的情况下，网络覆盖发生了较大变化，20m 处边缘场强均低于 −100dBm，网络不能得到较好的覆盖，TDD NR 3.5GHz 和 TDD NR 4.9GHz 已经不能够满足覆盖的最低要求。隔一垛墙传播 6 种网络制式覆盖能力（1）见表 4-17。

表4-17　隔一垛墙传播6种网络制式覆盖能力（1）

网络制式	频段 /GHz	天线输入功率 /dBm	天线增益 /dB	10m 处边缘场强 /dBm	20m 处边缘场强 /dBm	30m 处边缘场强 /dBm	40m 处边缘场强 /dBm	50m 处边缘场强 /dBm
FDD LTE	1.8	−15	2	−100.33	−106.35	−109.87	−112.37	−114.30
TDD LTE	2.3		3	−102.37	−108.40	−111.92	−114.42	−116.35

续表

网络制式	频段 / GHz	天线输入功率 / dBm	天线增益 /dB	10m 处边缘场强 / dBm	20m 处边缘场强 / dBm	30m 处边缘场强 / dBm	40m 处边缘场强 / dBm	50m 处边缘场强 / dBm
FDD NR	2.1	−15	3	−98.12	−104.14	−107.67	−110.17	−112.10
TDD NR	2.6			−101.07	−107.09	−110.61	−113.11	−115.05
TDD NR	3.5			−107.08	−113.10	−116.62	−119.12	−121.06
TDD NR	4.9		5	−109.40	−115.42	−118.95	−121.45	−123.38

由表 4-17 可知，FDD LTE 1.8GHz 的覆盖距离最远，可以超过 30m ；TDD LTE 2.3GHz 则可以接近 30m ；FDD NR 2.1GHz 网络可以超过 20m，TDD NR 2.6GHz 则不到 20m，TDD NR 3.5GHz 和 TDD NR 4.9GHz 均不到 10m。

内置天线的有源室内分布，在隔一垛墙的情况下，观察其覆盖能力。隔一垛墙传播 6 种网络制式链路计算（2）见表 4-18。

表4-18　隔一垛墙传播6种网络制式链路计算（2）

网络制式	频段 / GHz	输出功率 / mW	子载频数量 / 个	子载频功率 / dBm	墙体穿透损耗 /dB	阴影余量 / dB	人体损耗 / dB	20m 处自由空间损耗 / dBm	20m 处边缘场强 / dBm
FDD LTE	1.8	125	1200	−9.82	11.77	15	3	63.58	−103.17
TDD LTE	2.3		1200	−6.81	12.69			65.71	−103.21
FDD NR	2.1		2400	−9.82	12.23			64.91	−101.97
TDD NR	2.6	250	3276	−11.17	13.32		0	66.77	−106.26
TDD NR	3.5		3276	−11.17	16.75			69.35	−112.28
TDD NR	4.9		3276	−11.17	18.15			72.27	−116.60

通过计算，在隔一垛墙的情况下，所有网络制式的 20m 处边缘场强均低于 −100dBm，网络不能得到良好的覆盖，TDD NR 3.5GHz 和 TDD NR 4.9GHz 已经不能满足覆盖的最低要求。隔一垛墙传播 6 种网络制式覆盖能力（2）见表 4-19。

表4-19　隔一垛墙传播6种网络制式覆盖能力（2）

网络制式	频段 / GHz	输出功率 / mW	子载频功率 / dBm	10m 处边缘场强 / dBm	20m 处边缘场强 / dBm	30m 处边缘场强 / dBm	40m 处边缘场强 / dBm	50m 处边缘场强 / dBm
FDD LTE	1.8	125	−9.82	−97.15	−103.17	−106.69	−109.19	−111.13
TDD LTE	2.3	250	−6.81	−97.19	−103.21	−106.73	−109.23	−111.17

续表

网络制式	频段 / GHz	输出功率 / mW	子载频 功率 / dBm	10m 处 边缘场强 / dBm	20m 处 边缘场强 / dBm	30m 处 边缘场强 / dBm	40m 处 边缘场强 / dBm	50m 处 边缘场强 / dBm
FDD NR	2.1		−9.82	−95.95	−101.97	−105.49	−107.99	−109.93
TDD NR	2.6		−11.17	−100.24	−106.26	−109.79	−112.28	−114.22
TDD NR	3.5	250	−11.17	−106.26	−112.28	−115.80	−118.30	−120.23
TDD NR	4.9		−11.17	−110.58	−116.60	−120.12	−122.62	−124.56

由表 4-19 可知，LTE 网络的覆盖距离最远，可以超过 40m；FDD NR 2.1GHz 网络可以接近 30m，TDD NR 2.6GHz 则不到 20m，TDD NR 3.5GHz 和 TDD NR 4.9GHz 均不到 10m。

3. 隔两垛墙覆盖

隔两垛墙覆盖中，天线和终端之间有两垛墙隔开，需要增加频段的穿透损耗。在这种情况下，室内分布系统天线口输入功率均取 −15dBm，计算其覆盖半径。

隔两垛墙 6 种网络制式覆盖示例（10m 距离）如图 4-18 所示，6 种网络制式能够接收到的信号强度，隔两垛墙传播 6 种网络制式链路计算（1）见表 4-20。

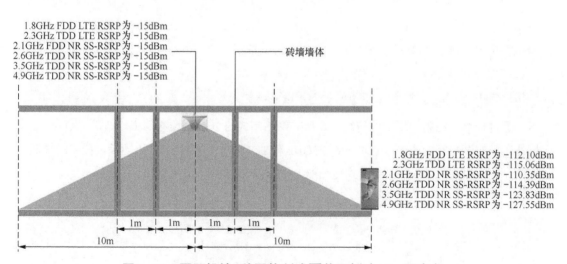

图4-18　隔两垛墙6种网络制式覆盖示例（10m距离）

表4-20 隔两垛墙传播6种网络制式链路计算（1）

网络制式	频段/GHz	天线输入功率/dBm	天线增益/dB	天线口功率/dBm	墙体穿透损耗/dB	阴影余量/dB	人体损耗/dB	10m 处自由空间损耗/dBm	10m 处边缘场强/dBm
FDD LTE	1.8	-15	2	-13	23.54	15	3	57.56	-112.10
TDD LTE	2.3		3	-12	25.38			59.68	-115.06
FDD NR	2.1			-12	24.46			58.89	-110.35
TDD NR	2.6			-12	26.64		0	60.75	-114.39
TDD NR	3.5			-12	33.5			63.33	-123.83
TDD NR	4.9		5	-10	36.3			66.25	-127.55

通过计算，在隔两垛墙的情况下，网络覆盖发生了非常大的变化，10m 处边缘场强均低于 -110dBm，网络已经不能满足覆盖的要求。隔两垛墙传播 6 种网络制式覆盖能力（1）见表 4-21。

表4-21 隔两垛墙传播6种网络制式覆盖能力（1）

网络制式	频段/GHz	天线输入功率/dBm	天线增益/dB	4m 处边缘场强/dBm	6m 处边缘场强/dBm	8m 处边缘场强/dBm	10m 处边缘场强/dBm	12m 处边缘场强/dBm
FDD LTE	1.8	-15	2	-104.14	-107.66	-110.16	-112.10	-113.68
TDD LTE	2.3		3	-107.11	-110.63	-113.13	-115.06	-116.65
FDD NR	2.1			-102.40	-105.92	-108.42	-110.35	-111.94
TDD NR	2.6			-106.43	-109.95	-112.45	-114.39	-115.97
TDD NR	3.5			-115.87	-119.39	-121.89	-123.83	-125.41
TDD NR	4.9		5	-119.60	-123.12	-125.62	-127.55	-129.14

由表 4-21 可知，LTE 网络只能在 6m 内得到良好的覆盖，而 NR 网络只有 FDD NR 2.1GHz 能够在 4m 内得到良好的覆盖，TDD NR 2.6GHz 则在 6m 内得到网络覆盖，而 TDD NR 3.5GHz 和 TDD NR 4.9GHz 均不能达到网络覆盖的最低要求。

内置天线的有源室内分布，在隔两垛墙的情况下，观察其覆盖能力，隔两垛墙传播 6 种网络制式链路计算（2）见表 4-22。

表4-22　隔两垛墙传播6种网络制式链路计算（2）

网络制式	频段/GHz	输出功率/mW	子载频数量/个	子载频功率/dBm	墙体穿透损耗/dB	阴影余量/dB	人体损耗/dB	10m处自由空间损耗/dBm	10m处边缘场强/dBm
FDD LTE	1.8	125	1200	−9.82	23.54		3	57.56	−108.92
TDD LTE	2.3		1200	−6.81	25.38			59.68	−109.88
FDD NR	2.1		2400	−9.82	24.46	15		58.89	−108.18
TDD NR	2.6	250	3276	−11.17	26.64		0	60.75	−113.56
TDD NR	3.5		3276	−11.17	33.5			63.33	−123.01
TDD NR	4.9		3276	−11.17	36.3			66.25	−128.73

通过计算，在隔两垛墙的情况下，所有网络制式的10m处边缘场强均低于−100dBm，LTE网络能够得到较好的覆盖，FDD NR 2.1GHz网络能够得到覆盖，TDD NR 3.5GHz和TDD NR 4.9GHz已经不能够满足覆盖的最低要求。隔两垛墙传播6种网络制式覆盖能力（2）见表4-23。

表4-23　隔两垛墙传播6种网络制式覆盖能力（2）

网络制式	频段/GHz	输出功率/mW	子载频功率/dBm	4m处边缘场强/dBm	5m处边缘场强/dBm	6m处边缘场强/dBm	8m处边缘场强/dBm	10m处边缘场强/dBm
FDD LTE	1.8	125	−9.82	−100.96	−102.90	−104.48	−106.98	−108.92
TDD LTE	2.3		−6.81	−101.92	−103.86	−105.44	−107.94	−109.88
FDD NR	2.1		−9.82	−100.22	−102.16	−103.74	−106.24	−108.18
TDD NR	2.6	250	−11.17	−105.60	−107.54	−109.13	−111.63	−113.56
TDD NR	3.5		−11.17	−115.05	−116.98	−118.57	−121.07	−123.01
TDD NR	4.9		−11.17	−120.77	−122.71	−124.29	−126.79	−128.73

由表4-23可知，LTE网络的覆盖距离最远，可以超过10m；FDD NR 2.1GHz网络可以接近6m，TDD NR 2.6GHz则不到4m，TDD NR 3.5GHz和TDD NR 4.9GHz均不能满足网络的最低覆盖要求。

4. 天线口功率设置小结

根据上述分析，采用室内分布系统天线覆盖，建议天线口的输入功率 $RSRP$ 在 −15dBm

左右；LTE网络和FDD NR 2.1GHz网络，建议天线口的输入功率 $RSRP$ 不低于 −15dBm ；TDD NR 2.6GHz 和 TDD NR 3.5GHz 则建议天线口的输入功率 $RSRP$ 不低于 −12dBm ；TDD NR 4.9GHz 考虑其馈线的截止频率及馈线传输损耗，不建议采用传统室内分布系统覆盖。

电梯覆盖中根据电梯的穿透损耗，采用室内分布系统天线覆盖时，天线口输入功率建议比上述电平值高3dB，电梯覆盖不建议使用内置天线的有源分布系统远端单元覆盖。

内置天线有源分布系统，远端单元根据网络覆盖的需求，选择合适的点位进行安装，覆盖目标区域。

4.9.4 漏泄电缆输入功率设置

漏泄电缆集信号传输、发射和接收等功能于一体，同时具有同轴电缆和天线的双重作用，特别适合于覆盖公路隧道、铁路隧道、城市地铁隧道以及其他无线信号传播受限的区域。根据漏泄电缆的线径，可以分为1/2英寸、7/8英寸、5/4英寸、13/8英寸等类型；根据辐射角度的大小，可以分为一般漏泄电缆、广角漏泄电缆；根据漏泄电缆传输损耗的特性可以分为线性损耗漏泄电缆和非线性损耗漏泄电缆。

为了能够使网络信号能够覆盖目标区域，采用漏泄电缆覆盖前，同样对其覆盖能力进行链路预算，传播模型采用改进型的 Keenan-Motley 模型。漏泄电缆覆盖隧道示例如图4-19所示。

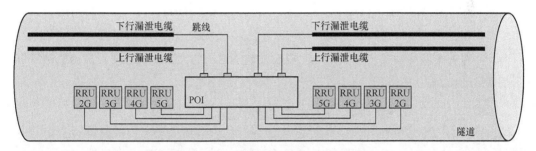

图4-19 漏泄电缆覆盖隧道示例

漏泄电缆覆盖最为普通的是地铁隧道和高铁隧道，考虑到漏泄电缆的截止频率，目前基本采用5/4英寸的漏泄电缆覆盖地铁隧道和高铁隧道。

1.漏泄电缆地铁和高铁的覆盖设置

漏泄电缆覆盖地铁和高铁隧道信号衰减首先需要考虑信源输出功率，然后是跳线损耗、POI插损；然后考虑漏泄电缆的传输及耦合损耗；最后是宽度因子、车辆的穿透损耗、人体损耗等，最大允许的路径损耗（Maximum Allowable Path Loss，MAPL）的计算方法如下。

$$MAPL = P_{in} - \left[P_r(d) + L_1 + L_2 + L_3 + L_4 + L_5 + L_6 \right]$$ 式（4-28）

在式（4-28）中，$MAPL$：漏泄电缆单边最大允许传播损耗，单位为 dB。

P_{in}：信源发射子载频功率，单位为 dBm。

$P_r(d)$：车内边缘处覆盖场强要求，单位为 dBm。

L_1：信号到漏泄电缆前所有的损耗，例如，跳线及接头损耗、POI 插损，单位为 dB。

L_2：阴影损耗余量，由于在隧道内的车厢内，所以本场景不计取。

L_3：车体穿透损耗，各个频段的穿透损耗不相同，单位为 dB。

L_4：漏泄电缆耦合损耗，单位为 dB。

L_5：相对于 2m 距离产生的空间损耗，考虑到地铁隧道的宽度，基本在漏泄电缆耦合损耗的 2m 处已经到达终端，因此，地铁隧道不计取。

L_6：人体损耗，数据业务不考虑人体损耗，计取值为 0，语音业务计取值为 3dB；LTE 网络具备 VoLTE 功能，因此，需计取。

得出漏泄电缆单边最大允许传播损耗 $MAPL$ 后，可以计算单边漏泄电缆有效覆盖长度 S，其计算方法如下。

$$S = \frac{MAPL}{L_7}$$ 式（4-29）

在式（4-29）中，S：单边漏泄电缆有效覆盖长度，单位为 m。

L_7：漏泄电缆 100m 传输损耗，单位为 dB。

将 FDD LTE 1.8GHz、FDD NR 2.1GHz、TDD LTE 2.3GHz、TDD NR 2.6GHz、TDD NR 3.5GHz 5 种网络制式的相关参数代入上述公式，选择目前使用的主流 RRU，输入其功率，计算各个网络制式使用漏泄电缆覆盖地铁隧道的能力。漏泄电缆覆盖地铁隧道链路预算见表 4-24。

表4-24   漏泄电缆覆盖地铁隧道链路预算

参数	单位	网络频段					字符代号
		FDD LTE 1.8GHz	FDD NR 2.1GHz	TDD LTE 2.3GHz	TDD NR 2.6GHz	TDD NR 3.5GHz	
基站单通道发射功率	W	40	80	40	100	160	P_t
基站子载频发射功率	dBm	12.2	15.2	15.2	14.8	16.9	P_{in}
POI 损耗	dB	5	5.5	5.5	5.5	5.5	f_a
功分器损耗	dB	0	0	0	0	0	f_b
跳线和接头损耗	dB	0.5	0.5	0.5	0.5	0.5	f_c

续表

参数	单位	网络频段					字符代号
		FDD LTE 1.8GHz	FDD NR 2.1GHz	TDD LTE 2.3GHz	TDD NR 2.6GHz	TDD NR 3.5GHz	
基站发射端口至漏泄电缆处总损耗	dB	5.5	6	6	6	6	$L_1=f_a+f_b+f_c$
阴影衰落余量	dB	—	—	—	—	—	L_2
车体穿透损耗	dB	20	20	21	22	23	L_3
漏泄电缆耦合损耗	dB	76	74	73	73	71	L_4
终端距离漏泄电缆的距离	m	4	4	4	4	4	D
宽度因子	dB	—	—	—	—	—	L_5
人体损耗	dB	3	0	3	0	0	L_6
车内边缘处覆盖场强要求	dBm	−110	−105	−110	−105	−105	$P_r(d)$
单边最大允许传播损耗	dB	17.72	20.23	22.23	18.85	21.89	$MAPL$
漏泄电缆 100m 传输损耗 5/4 英寸	dB/100m	4.5	5.4	5.9	6.6	10.1	L_7
单边漏泄电缆有效覆盖距离	m	393.7	374.6	376.8	285.6	216.7	S

　　地铁隧道一般电信运营商将其信源和 POI 等设备安装在隧道壁上，由表 4-24 可知，根据链路预算，隧道内传播能力最弱的是 TDD NR 3.5GHz 网络，单边漏泄电缆有效覆盖距离为 216.7m，考虑到网络需要一定的重叠切换去，因此，建议隧道内的漏泄电缆单侧覆盖距离为 200m，节点间距为 400m。漏泄电缆覆盖地铁隧道节点间距示例如图 4-20 所示。

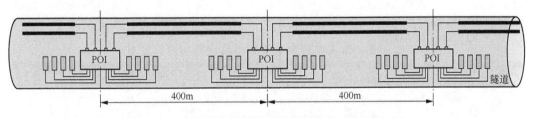

图4-20　漏泄电缆覆盖地铁隧道节点间距示例

　　在地铁隧道中，列车 3.5GHz 频段 5G 信号的穿透损耗在 23dB 左右，地铁隧道中的节点间距在 400m 左右，单侧主体覆盖只需 200m，但是在高铁隧道中，复兴号的高铁列车

3.5GHz 频段 5G 信号的穿透损耗达到 30dB，而且高铁隧道的洞室间距达到 500m，单侧覆盖需要达到 250m，通过计算，线性损耗的漏泄电缆不能够满足 3.5GHz 频段 5G 信号的隧道覆盖。

为了进一步提升高铁隧道的覆盖，使 3.5GHz 频段 5G 信号能够在高铁隧道里面形成良好的覆盖，需要引入非线性损耗漏泄电缆。普通的漏泄电缆 2m 处的综合损耗的计算方法如下。

$$2m \text{ 处的综合损耗} = \text{长度} \times \text{传输损耗} + 2m \text{ 处耦合损耗}$$

需要说明的是，非线性损耗漏泄电缆需要测量确定。同样通过链路预算进行计算，其计算方法如下。

$$P_r(d) = P_{in} - (L_1 + L_2 + L_3 + L_4 + L_5 + L_6 + L_7) \hspace{2cm} \text{式（4-30）}$$

在式（4-30）中，$P_r(d)$：漏泄电缆传播 dm 的车内边缘处覆盖场强，单位为 dBm。

P_{in}：信源发射子载频功率，单位为 dBm。

L_1：信号到漏泄电缆前所有的损耗，例如，跳线及接头损耗、POI 插损，单位为 dB。

L_2：阴影损耗余量，在隧道中的车厢内，本场景不计取。

L_3：车体穿透损耗，各个频段的穿透损耗不相同，单位为 dB。

L_4：漏泄电缆耦合损耗，包含在非线性漏泄电缆的综合损耗内。

L_5：宽度因子，相对于 2m 距离产生的空间损耗，考虑到高铁隧道的宽度一般为 8 ～ 12m，距离 2m 的漏泄电缆损耗测试点基本也在 2m 左右，因此，高铁隧道需要计取，单位为 dB。

L_6：人体损耗，数据业务不考虑人体损耗，计取数值为 0，语音业务计取数值为 3dB；LTE 网络具备 VoLTE 功能，因此，需计取。

L_7：漏泄电缆固定长度的综合损耗，单位为 dB。

将 FDD LTE 1.8GHz、FDD NR 2.1GHz、TDD LTE 2.3GHz、TDD NR 2.6GHz、TDD NR 3.5GHz 5 种网络制式的相关参数代入上述公式，选择目前使用的主流 RRU，输入其功率，计算各个频段非线性损耗的边缘场强。非线性漏泄电缆覆盖高铁隧道链路预算见表 4-25。

表4-25　非线性漏泄电缆覆盖高铁隧道链路预算

项目	代号及公式	单位	网络频段				
			FDD LTE 1.8GHz	FDD NR 2.1GHz	TDD LTE 2.3GHz	TDD NR 2.6GHz	TDD NR 3.5GHz
带宽		MHz	40	40	40	100	100
通道数		个	2	2	2	2	2

续表

项目		代号及公式	单位	网络频段				
				FDD LTE 1.8GHz	FDD NR 2.1GHz	TDD LTE 2.3GHz	TDD NR 2.6GHz	TDD NR 3.5GHz
设备功率		P_t	W	160	160	160	100	160
		P_{in}	dBm	18.24	18.24	18.24	16.20	16.89
POI插入损耗		f_a	dB	5	5.5	5.5	5.5	5.5
功分器损耗		f_b	dB	0	0	0	0	0
跳线及接头损耗		f_c	dB	1	1	1	1	1.5
基站发射端口至漏泄电缆处总损耗		$L_1=f_a+f_b+f_c$	dBm	6.00	6.50	6.50	6.50	7.00
阴影衰落余量		L_2	dB	0	0	0	0	0
车体损耗		L_3	dB	26	27	28	29	30
2m处耦合损耗		L_4	dB	包含在综合损耗内				
2m处宽度因子		L_5	dB	6.02	6.02	6.02	6.02	6.02
人体损耗		L_6	dB	3	0	3	0	0
5/4英寸漏泄电缆综合损耗（Max）	200m综合损耗	L_7	dB	79	79	80	79	80
	250m综合损耗		dB	82	83	83	82	83
	300m综合损耗		dB	84	85	86	85	86
	350m综合损耗		dB	87	87	89	89	88
覆盖边缘场强	200m覆盖边缘场强	$P_r(200)$	dBm	−101.78	−100.28	−105.28	−104.32	−106.13
	250m覆盖边缘场强	$P_r(250)$	dBm	−104.78	−104.28	−108.28	−107.32	−109.13
	300m覆盖边缘场强	$P_r(300)$	dBm	−106.78	−106.28	−111.28	−110.32	−112.13
	350m覆盖边缘场强	$P_r(350)$	dBm	−109.78	−108.28	−114.28	−114.32	−114.13

采用非线性损耗的漏泄电缆覆盖高铁隧道，对于 FDD LTE 1.8GHz 网络在 350m 处，其 *RSRP* 电平值在 −110dBm 以上，完全能够满足网络覆盖需求；TDD LTE 2.3GHz 网络在 250m 处，其 *RSRP* 电平值在 −110dBm 以上，其覆盖距离大于 250m，满足网络覆盖需求；FDD NR 2.1GHz 网络在 250m 处，其 *RSRP* 电平值在 −105dBm 以上，其覆盖距离大于 250m，满足网络覆盖需求；TDD NR 2.6GHz 网络在 250m 处，其 *RSRP* 电平值在 −110dBm 以上的覆盖距离大于 250m，满足网络覆盖需求的最低要求；TDD NR 3.5GHz 网络在 250m 处，其 *RSRP* 电平值在 −110dBm 以上的覆盖距离大于 250m，满足网络覆盖需求的最低要求。

高铁隧道由于网络覆盖条件比较苛刻，由于高铁速度很快，设备需要安装在专门的洞室内，一般洞室的间距在 500m，因此，如何提高边缘场强的电平，提升网络覆盖质量是目前 5G 覆盖的一个难点。

2. 广角漏泄电缆的设置

广角漏泄电缆辐射张角一般为 170°，推荐使用在过街隧道、宾馆型密集型场景和电梯井等无线信号传播受限的区域。广角漏泄电缆覆盖宾馆示例如图 4-21 所示。

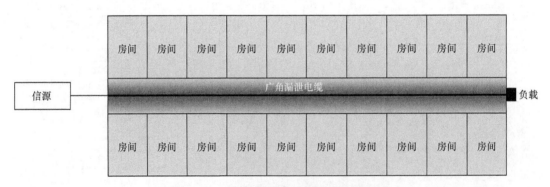

图4-21　广角漏泄电缆覆盖宾馆示例

广角漏泄电缆覆盖信号衰减首先需要考虑信源输出功率，然后是跳线损耗、POI 插损、合路器插损；然后考虑漏泄电缆的传输损耗；最后是自由空间损耗、墙体的穿透损耗、人体损耗等，*MAPL* 的计算方法如下。

$$MAPL = P_{\text{in}} - \left[P_{\text{r}}(d) + L_1 + L_2 + L_3 + L_4 + L_5 + L_6 \right] \qquad 式（4-31）$$

在式（4-31）中，*MAPL*：漏泄电缆最大允许传播损耗，单位为 dB。

P_{in}：信源发射子载频功率，单位为 dBm。

$P_{\text{r}}(d)$：边缘处覆盖场强要求，单位为 dBm。

L_1：信号到漏泄电缆前所有的损耗，例如，跳线及接头损耗、POI 插损，单位为 dB。

L_2：阴影损耗余量，这里是室内场景，计取数值为 15dB。

L_3：墙体穿透损耗，取砖墙的穿透损耗，各个频段的穿透损耗不相同，单位为 dB。

L_4：漏泄电缆耦合损耗，使用于室内覆盖采用改进型的 Keenan-Motley 模型，此处不计取。

L_5：相对于覆盖距离产生的空间损耗，单位为 dB。

L_6：人体损耗，数据业务不考虑人体损耗，计取数值为 0，语音业务计取数值为 3dB；LTE 网络具备 VoLTE 功能，因此，需计取。

由式（4-31）计算出 MAPL 后，可以计算单边漏泄电缆的有效覆盖长度，其计算方法如下。

$$S = \frac{MAPL}{L_7} \qquad\qquad 式（4-32）$$

在式（4-32）中，S：漏泄电缆的有效覆盖长度，单位为 m。

L_7：漏泄电缆 100m 传输损耗，单位为 dB。

将 FDD LTE 1.8GHz、FDD NR 2.1GHz、TDD LTE 2.3GHz、TDD NR 2.6GHz 和 TDD NR 3.5GHz 5 种网络制式的相关参数代入上述公式，选择目前使用的主流 RRU，输入其功率，采用 7/8 英寸的广角漏泄电缆，计算各个网络制式使用广角漏泄电缆覆盖能力。广角漏泄电缆覆盖室内场景链路预算见表 4-26。

表4-26 广角漏泄电缆覆盖室内场景链路预算

参数	单位	网络频段					注释
		FDD LTE 1.8GHz	FDD NR 2.1GHz	TDD LTE 2.3GHz	TDD NR 2.6GHz	TDD NR 3.5GHz	
基站单通道发射功率	W	40	80	40	100	160	P_t
基站子载频发射功率	dBm	12.2	15.2	15.2	14.8	16.9	P_{in}
合路器损耗	dB	0.5	0.5	0.5	0.5	0.5	f_a
功分器损耗	dB	0	0	0	0	0	f_b
跳线和接头损耗	dB	0.5	0.5	0.5	0.5	0.5	f_c
基站发射端口至漏泄电缆处总损耗	dB	1	1	1	1	1	$L_1 = f_a + f_b + f_c$
阴影衰落余量	dB	15	15	15	15	15	L_2
墙体穿透损耗	dB	11.77	12.23	12.69	13.32	16.75	L_3
漏泄电缆耦合损耗	dB	—	—	—	—	—	L_4

续表

参数	单位	网络频段					注释
		FDD LTE 1.8GHz	FDD NR 2.1GHz	TDD LTE 2.3GHz	TDD NR 2.6GHz	TDD NR 3.5GHz	
终端距离漏泄电缆的距离	m	20	20	20	20	20	D
自由空间传播损耗	dB	63.58	63.58	63.58	63.58	63.58	L_5
人体损耗	dB	3	0	3	0	0	L_6
边缘场强要求	dBm	−110	−105	−110	−105	−105	$P_r(d)$
最大允许传播损耗	dB	27.87	28.42	29.96	26.95	25.56	$MAPL$
7/8 英寸广角漏泄电缆 100m 传输损耗	dB/100m	5.9	6.6	7.5	7.9	11.2	L_7
漏泄电缆有效覆盖距离	m	472.4	430.6	399.5	341.1	228.2	S

通过计算，频率越高，同样的条件下，TDD NR 3.5GHz 网络覆盖距离最短，在边缘场强 SS-RSRP 要求 −105dBm 时，漏泄电缆有效覆盖距离达到 228.2m，在宾馆密集型场景，按每间房 3.3m 的宽度计算，可以覆盖单边 69 个房间，考虑到宾馆场景，一般情况下两边都有房间，则可以覆盖 138 个房间。如果在合路后，采用功分器，则可以覆盖更多的房间，信源功分后广角漏泄电缆覆盖宾馆示例如图 4-22 所示。

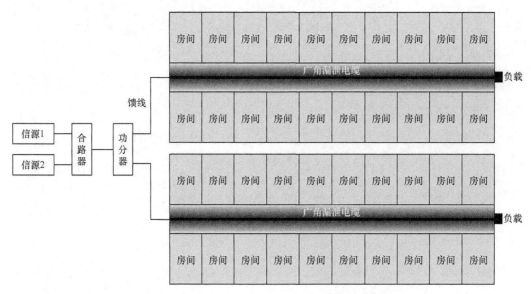

图4-22 信源功分后广角漏泄电缆覆盖宾馆示例

采用这种方式覆盖，对于宾馆密集型场景，可以采用上下两层分开覆盖，经过计算一路覆盖距离达到 201m，按每间房 3.3m 的宽度计算，可以覆盖单边 61 个房间，一个信源则可以覆盖 244 个房间，这种方式极大地提升了覆盖范围。

●● 4.10 分布系统方案设计

4.10.1 分布系统方案的选择

根据现场勘察和目标网络覆盖区域的资料收集，分析收集来的数据是进行室内分布系统网络规划的基础和依据。其目的是通过对网络覆盖区域的基本信息、市场需求、业务分布等进行细致了解后，获取数据化的资料，作为后期网络规划的输入。资料收集和分析的具体内容包括场景特征、用户业务需求信息、现有网络资料等。

其中，场景特征包括建筑物的边界信息、地形、人为环境、位置、类型、结构、图纸等。建筑物的功能类型及分布特点等情况是进行室内覆盖分析和室内分布系统规划的基础，通常根据建筑物的功能可以分为酒店、饭店、住宅区、写字楼等居住生活办公场所，机场、火车站、码头等交通枢纽，体育馆、展览馆、大型会场等公共活动场所，超市、购物街等大型娱乐购物场所，以及地下停车场等特殊区域。

建筑物的类型决定了覆盖规划、频率规划、小区规划和容量规划等，例如，在机场、火车站、码头等交通枢纽，人群密集且不分时段，因此，控制信道和业务信道的话务量都很大。同时，这些区域的平面覆盖面积大，自然隔断少，频率和小区规划难度较大。体育馆、展览馆、大型会场等公共活动场所的覆盖特点与火车站相似，只是话务量的时间性较为明显，集中在某一特定时段，而其他时间较为空闲，这种场所的基站要求容量有很好的扩展性。酒店、写字楼等居住生活办公场所采用的是立体覆盖方式，涉及电梯间与建筑物整体覆盖的问题一般都会对电梯间进行单独覆盖。层与层之间的小区规划和高层的频率规划都是难点。与写字楼相比，大型超市等购物场所的特点是人群密度大、流动性强、时间长、没有隔断或者房间，建筑物的外立面一般为玻璃，穿透损耗小，可以考虑利用邻近的室外信号覆盖。

不同的用户类别和用户业务模型对业务的需求不同，例如，收入水平、人口密度、消费习惯、已开通业务等。现有的容量需求也不同，例如，现有的话务量和数据业务以及潜在的用户业务类型等。业务需求信息的获取是为了更加合理地提出信源需求，提高资源利用率和成本回收率。

由于室内分布系统的建设方式是多系统叠加建网，所以要求对每种网络制式的需求有合理的规划和配置。如果电信运营商已经建设有其他网络制式，在室内分布系统规划设计前需要尽可能完整地收集现有网络的资料（主要包括已建站址信息、基站数据、小区话务量、各小区数据业务流量等），便于在后期的网络规划中合理利用现有的网络资源，避免与新建系统出现干扰。同时，现有网络的用户业务使用情况对多技术分布系统中需要新建网络的类似业务需求预测可提供重要参考。

竞争对手在某室内场景的网络状况和建网策略对自身的室内分布系统规划目标（例如，覆盖率、建设成本等）会造成一定影响。只有尽可能了解竞争对手在室内分布场景中的建设信息，才能在新的室内分布系统建设中明确重点，进而取得市场主动权。

室内分布系统建设模式的确定，应结合上述数据的分析结果后，首先确定现有场景是否存在室内分布系统，对于没有室内分布系统的场景，应采用新建模式，而对于已有室内分布系统的场景，则优先考虑采用新建结合改造的方式。

5G 网络的室内分布系统包括无源分布系统和有源分布系统两种。其中，无源分布系统包括传统无源分布系统和漏泄电缆分布系统；有源分布系统包括 PRRU 分布系统、皮基站分布系统、光纤分布系统、移频 MIMO 分布系统等。不同的分布系统适合不同的场景及市场需求。

4.10.2 传统无源分布系统的设计

传统无源分布系统主要由信源设备、馈线、合路器、功分器、耦合器、干线放大器以及天线等组成。其中，信源可分为宏蜂窝、微蜂窝、分布式基站和直放站等，电信运营商可以根据实际的需求选择信源。MIMO 技术的使用，使传输速率得到提升，在 4G、5G 室内分布系统建设过程中，要充分考虑室内分布系统建设的通道数。对于不同场景下的建筑物应根据其楼宇特点及用户需求选用最合适的信源及传统室内分布系统建设的通道数。传统无源室内分布系统不同场景下信源及分布方式的选择见表 4-27。

表4-27 传统无源室内分布系统不同场景下信源及分布方式的选择

场景	定义	分布方式	信源方式
写字楼	中、高档写字楼	传统无源双路室内分布	微蜂窝或射频拉远
	企事业单位的办公地点		
	区级以上政府机关办公楼		
	其他等级的写字楼	传统无源单路室内分布	

续表

场景	定义	分布方式	信源方式
宾馆	3 星级（含）以上宾馆与饭店	传统无源双路室内分布	微蜂窝或射频拉远
	其他宾馆	传统无源单路室内分布	
住宅	普通住宅、塔楼和 6 层以上板楼，户内覆盖率低于 50%	小区分布（单路）	微蜂窝
	6 层以下砖混楼居民区，户内覆盖率低于 50%	小区分布（单路）	微蜂窝
	高档别墅	小区分布（双路）	微蜂窝
医院	2 级（含）以上医院	传统无源双路室内分布	微蜂窝或射频拉远
	其他医院	传统无源单路室内分布	
重点工程	市重点工程（例如，地铁等）	传统无源双路室内分布	
商场	大型商场、卖场、室内市场	传统无源双路室内分布	
	其他商场	传统无源单路室内分布	
娱乐场所	体育场馆、展览中心	传统无源双路室内分布	
	大型娱乐场所		
	大型度假村		
	其他娱乐场所		

除了需要根据场景和不同信源优缺点作为信源选择的基本依据，信源选取还需要遵循以下原则。

① 信源的选取应将室外网络和分布系统综合考虑，合理分配室内外的基站容量，减少室内外软切换，控制室内外信号干扰，使整体网络容量得到最大化，同时，实现室内外的平滑过渡衔接，实现网络覆盖质量的最优化。

② 信源配置完成后，尽量保持在短期内稳定，同时，结合网络优化原则，根据业务发展情况做出适时调整。

③ 对于宏蜂窝作为信源的场景，可采用宏蜂窝结合射频拉远的方式提供覆盖。分布系统的宏蜂窝机房可以与接入点系统建设统筹安排，共用电源等配套设施，提高资源的利用率，节省成本。

④ 对于直放站作为信源的场景，尽量采用光纤直放站。直放站施主小区的选取应该首先从与室内覆盖直接相邻的室外基站中，选取室内覆盖点信号占比最大的开始，如果超过了指标，则依次以次强的基站作为施主小区，以此类推。

⑤ 室内尽量采取分布式基站作为信源，在光纤资源紧张或难以铺设的情况下可以选择微蜂窝。射频拉远单元应首选与室内覆盖点直接相邻的室外基站作为施主基站。如果该基站已经达到最大载频配置，则顺次选择次强导频作为施主基站，以此类推；如果直接相邻的室外基站均不能接入新的射频拉远单元，则选择相邻建筑的宏蜂窝作为施主基站；如果以上情况都不能满足，则选用微蜂窝作为信源。

有通信专用机房的楼宇将信源与电源、传输等设备安装在通信专用机房内。没有通信专用机房的楼宇，相关通信设备应尽量简化，选择就近安装。挂墙型信源设计主要考虑以下因素。

① 墙体材料：首选砖墙结构。隔板墙体承重不够，钢筋混凝土浇筑的墙体太结实，打孔不方便。

② 墙面空间：墙面有成片空闲区域，设备挂墙安装空间足够；井道或房间深度至少是设备挂装厚度的 2 倍，确保有一定的安装维护空间，以满足安装、调试、维护和散热的要求。

③ 供电：一般采用交流供电的方式，需要从业主交流配电箱找一个满足容量要求的空闲空开，根据交流线的长度和设备负载，确定电源线的线径。

④ 接地：如果井道内有桥架或接地点，则可供信源设备接地；室外有楼顶防雷带或接地点，以确保天线和馈线可靠接地。

⑤ 室外天线安装：选定室外 GNSS 天线或直放站信号接收天线的安装位置，与业主做好沟通，确认馈线路由和穿孔方式。如果天线安装位置没有防雷保护，则还需在天线附近安装避雷针。

⑥ 光纤路由：包括传输光缆线路、BBU 与 RRU、RRU 与 RRU 设备之间的光纤。光纤路由不仅要勘察现有资源，也需要与业主沟通，以确认最佳方案。

传统无源室内分布系统设计应包括信源安装设计、机房内安装设计或者是弱电间挂墙安装设计。安装信源应注意合理分配空间资源，安排好各个单元的安装位置，并且这些位置要便于走线和接地。

传统无源室内分布系统设计应包括室内分布系统天线和馈线平面安装图设计。设计图纸时，需要标明天线的编码与各段馈线的长度，图例中应区分各类设备、器件及馈线尺寸和型号，由于图纸基本为黑白打印，所以馈线的尺寸建议采用虚线或者线的粗细区分。传统分布系统天线和馈线平面安装图示例如图 4-23 所示。

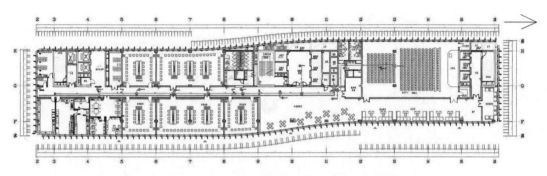

图4-23　传统分布系统天线和馈线平面安装图示例

　　传统无源室内分布系统设计包括室内分布系统拓扑图设计。室内分布系统拓扑图设计时，需要设计近端设备的合路情况与传统分布系统主干覆盖的区域去向。如果是采用直放站做信源的系统，则需要设计出近端机连接的主设备信源和下挂直放站的情况。室内分布系统拓扑图示例如图 4-24 所示。

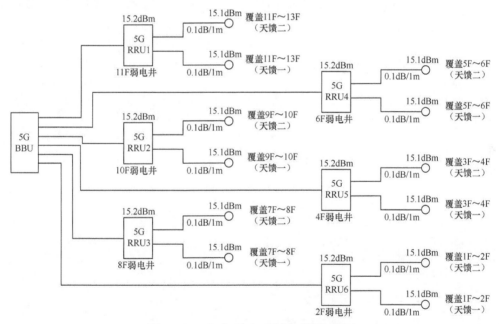

图4-24　室内分布系统拓扑图示例

　　传统无源室内分布系统设计应包括室内分布系统整体系统图的设计，整体系统图设计需要设计出每副天线的天线口输入功率，考虑到系统中会有多系统合路，需要计算出覆盖能力最差的网络信号的强度和主要覆盖信号的强度。传统无源分布系统图示例如图 4-25 所示。

　　如果该点位进行模拟测试，则需要有模拟测试图，模拟测试时应注意场景中的各种情况，选择类似的小场景进行模拟测试。传统无源分布系统模拟测试图示例如图 4-26 所示。

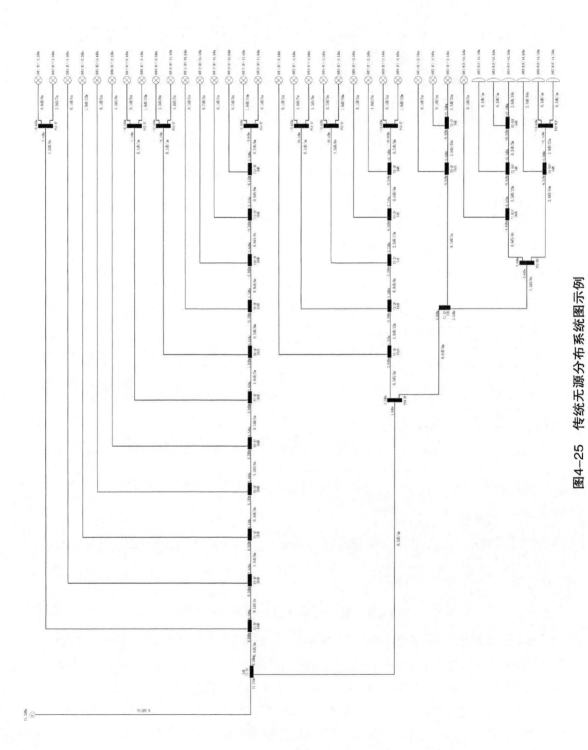

图4-25 传统无源分布系统图示例

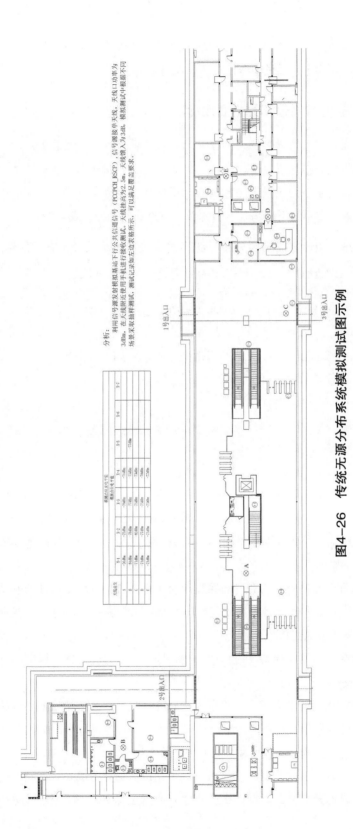

图4-26 传统无源分布系统模拟测试图示例

一个完整的传统室内分布系统设计中的图纸设计应该包括上述的信源安装图、天线和馈线平面安装图、拓扑图、系统图、模拟测试图等。

4.10.3 漏泄电缆分布系统的设计

漏泄电缆分布系统由信号源、合路器、功分器、耦合器、干线放大器、负载等射频器件以及漏泄电缆组成。信源可以分为宏蜂窝、微蜂窝、分布式基站和直放站等，根据实际的需求选择信源。对于不同场景下的建筑物应根据其楼宇特点及用户需求选用最合适的信源。漏泄电缆室内分布系统不同场景下信源及分布方式的选择见表4-28。

表4-28 漏泄电缆室内分布系统不同场景下信源及分布方式的选择

场景	定义	分布方式	信源方式
隧道	高铁隧道	普通漏泄电缆分布系统（双路）	射频拉远
	地铁隧道		
	高速公路隧道		微蜂窝或射频拉远
	过街隧道	普通漏泄电缆分布系统（单路）	直放站
写字楼	一般写字楼	广角漏泄电缆分布系统（单路）	微蜂窝或射频拉远
宾馆	3星级以下宾馆与酒店		
宿舍	厂矿企业宿舍	广角漏泄电缆分布系统（双路）	
写字楼	中、高档写字楼		
电梯	各类电梯	普通漏泄电缆分布系统（单路）	直放站

在地铁隧道、高铁隧道以及高速公路隧道的覆盖中，由于 GNSS 天线需要接收卫星信号，所以信源基本上会采用分布式基站的射频拉远方式。与传统无源室内分布系统一样，漏泄电缆分布系统除了需要根据场景和不同信源优缺点作为信源选择的基本依据，信源选取还需要遵循以下原则。

① 信源的选取应将室外网络和分布系统综合考虑，合理分配室内外的基站容量，减少室内外软切换，控制室内外信号干扰，使整体网络容量最大化，同时，实现室内外的平滑过渡，实现网络覆盖质量的最优化。

② 信源配置完成后尽量保持在短期内稳定，同时，结合网络优化原则，根据业务发展情况做出适时调整。

③ 对于直放站作为信源的场景，尽量采用光纤直放站。直放站施主小区的选取应该首先从与室内覆盖直接相邻的室外基站中，选取在室内覆盖点信号占比最大的开始，如果超过了指标，则依次从次强的基站作为施主小区，以此类推。

④ 室内尽量采取分布式基站作为信源，对于光纤资源紧张或难以铺设的情况可以选择微蜂窝。射频拉远单元应首选与室内覆盖点直接相邻的室外基站作为射频拉远挂接基站，

如果该基站的 BBU 已达到最大配置，则需要增加 BBU 设备，以满足射频拉远的挂接需求；如果无法增加 BBU 设备来满足射频拉远的挂接需求，则可以选用微蜂窝作为信源。

有通信专用机房的楼宇，将信源与电源、传输等设备安装在通信专用机房内。没有通信专用机房的楼宇，相关通信设备应尽量简化，就近安装。挂墙型信源设计主要考虑以下因素。

① 墙体材料：首选砖墙结构。隔板墙体承重不够，钢筋混凝土浇筑的墙体太结实，打孔不便。

② 墙面空间：墙面有成片空闲区域，设备挂墙安装空间足够，井道或房间深度至少是设备挂装厚度的 2 倍，确保有一定的安装维护空间，以满足安装、调试、维护和散热的要求。

③ 供电：一般采用交流供电，需要从业主交流配电箱找一个满足容量要求的空闲空开，根据交流线的长度和设备负载，确定电源线的线径。

④ 接地：如果井道内有桥架或接地点，则可供信源设备接地；室外有楼顶防雷带或接地点，以确保天线和馈线可靠接地。

⑤ 室外天线安装：选定室外 GNSS 天线或直放站信号接收天线的安装位置，与业主做好沟通，确认馈线路由与穿孔方式。如果天线安装位置没有防雷保护，则还需要在天线附近安装避雷针。

⑥ 光纤路由：包括传输光缆线路、BBU 与 RRU、RRU 与 RRU 设备间光纤。光纤路由不仅要勘察现有资源，也需要与业主做好沟通，以确认最佳方案。

与传统无源室内分布系统设计相比，漏泄电缆分布系统相对简单一些，其设计应包括信源安装设计、漏泄电缆平面布置图、系统图和光纤路由设计图。信源安装设计包括机房内安装或者是弱电间挂墙安装。

漏泄电缆分布系统天线和馈线平面布置图，设计图纸时应注意漏泄电缆终端采用的是负载还是天线。天线需要标明编码、各段馈线或漏泄电缆的长度，图例中应区分各类设备、器件及馈线尺寸和型号，由于图纸基本为黑白打印，馈线的尺寸建议用虚线或者线的粗细区分，特别是馈线和漏泄电缆的区分。漏泄电缆分布系统天线和馈线平面布置图示例如图 4-27 所示。

漏泄电缆分布系统拓扑图设计时需要设计近端设备的合路情况与漏泄电缆分布系统主干覆盖的区域去向，如果采用直放站作为信源，则需要设计出近端机连接的主设备信源和下挂直放站的情况。漏泄电缆分布系统拓扑图示例如图 4-28 所示。

漏泄电缆室内分布系统图设计需要设计出漏泄电缆末梢端的功率，如果终端采用天线，则需要计算出每副天线的天线口输入功率，考虑到系统中会有多系统合路，需要计算出覆盖能力最差的网络信号的强度和主要覆盖信号的强度。漏泄电缆分布系统图示例如图 4-29 所示。

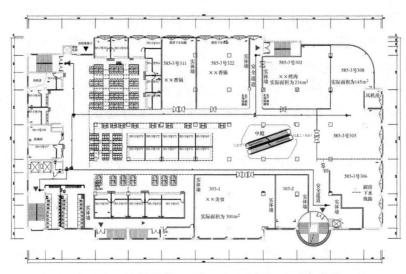

图4-27　漏泄电缆分布系统天线和馈线平面布置图示例

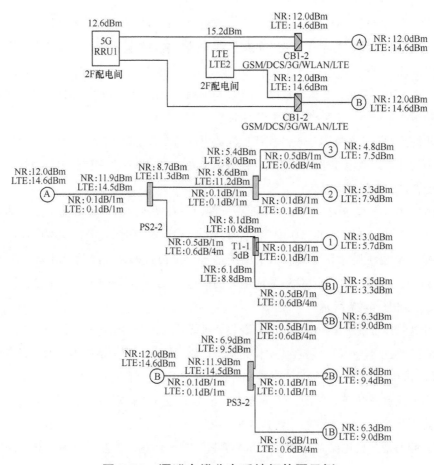

图4-28　漏泄电缆分布系统拓扑图示例

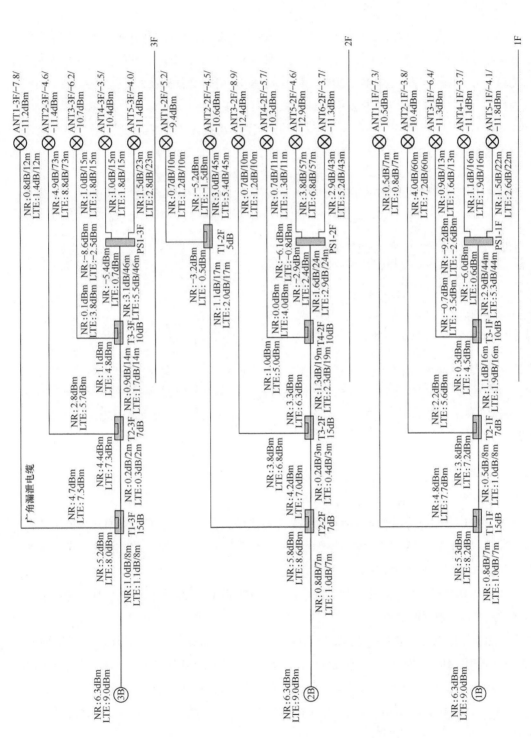

图4-29　漏泄电缆分布系统图示例

4.10.4 PRRU 分布系统的设计

PRRU 分布系统一般由主设备厂家提供, PRRU 分布系统也称为"毫瓦级分布式小站""数字有源室内分布""五类线分布系统"等, 是一种毫瓦级的分布式基站。PRRU 分布系统由基带处理单元、汇聚单元和远端单元组成。其中, 远端单元根据天线的设置可以分为放装型（天线内置）和室内分布型（需外接室内分布天线）两种; 根据通道数可以分为 2T2R（两发两收）和 4T4R（四发四收）两种。对于不同场景下的建筑物应根据其楼宇特点及用户需求选用最合适的远端单元。PRRU 分布系统不同场景下分布方式的选择见表 4-29。

表4-29　PRRU分布系统不同场景下分布方式的选择

场景	定义	分布方式	远端单元方式
交通枢纽	机场售票厅、候机厅和高铁售票厅、候车厅	PRRU分布系统	放装型 4T4R
	汽车售票厅、候机厅和码头售票厅、候车厅		
	地铁站厅、站台		
大型场馆	大型会展中心、体育场馆		
写字楼	中、高档写字楼		放装型 4T4R 和室内分布型 4T4R 结合
	企事业单位的办公地点		
	区级以上政府机关办公楼		
宾馆	3 星级（含）以上宾馆与饭店		室内分布型 2T2R
医院	2 级（含）以上医院		放装型 4T4R 和室内分布型 4T4R 结合
商场	商业综合体		放装型 4T4R
	大型商场、卖场、室内市场		

PRRU 分布系统作为最高容量的分布系统, 一般建议设置在高业务需求或者高口碑场景中。PRRU 分布系统除了需要根据场景和不同信源优缺点作为信源选择的基本依据, PRRU 分布系统选取还需要遵循以下原则。

① PRRU 分布系统选取应将室外网络和分布系统综合考虑, 合理分配室内外的基站容量, 减少室内外软切换, 控制室内外信号干扰, 使整体网络容量最大化, 同时, 实现室内外的平滑过渡, 实现网络覆盖质量的最优化。

② PRRU 分布系统配置完成后尽量保持在短期内稳定, 同时结合网络优化原则, 根据业务发展情况做出适时调整。

有通信专用机房的楼宇, 将基带处理单元与电源、传输等设备安装在通信专用机房内。在没有通信专用机房的楼宇, 基带处理单元应集中放置在综合业务区机房, 通过光纤与汇聚单元连接, 就近安装汇聚单元。汇聚单元挂墙安装设计主要考虑以下因素。

① 墙体材料: 首选砖墙结构。隔板墙体承重不够, 钢筋混凝土浇筑的墙体太结实, 打孔不方便。

② 墙面空间: 墙面有成片空闲区域, 设备挂墙安装空间足够, 井道或房间深度至少是

设备挂装厚度的 2 倍，确保有一定的安装维护空间，以满足安装、调试、维护和散热的要求。

③ 供电：一般采用交流供电的方式，需要从业主交流配电箱找一个满足容量要求的空闲空开，根据交流线的长度和设备负载，确定电源线的线径。

④ 接地：如果井道内有桥架或接地点，则可供信源设备接地；室外有楼顶防雷带或接地点，以确保天线和馈线可靠接地。

⑤ 光纤路由：光纤路由包括传输光缆线路、基带处理单元与汇聚单元，或汇聚单元与远端单元设备间光纤。光纤路由不仅要勘察现有资源，也需要与业主做好沟通，以确认最佳方案。

远端单元分布系统设计应包括基带处理单元安装设计、汇聚单元安装设计、远端单元及天线平面布置图、系统图和光纤路由设计图，还包括机房内安装或者是弱电间挂墙安装。

远端单元分布系统天线和馈线平面布置图设计图纸时应注意，远端单元是放装型还是室内分布型。如果采用的是放装型，则需要具备远端单元的编码；如果采用的是室内分布型，不仅要有远端单元的编码，还要有外接天线的编码，以及网线、光电缆、馈线等各类线缆每段的长度，图例中应区分各类设备、器件及馈线尺寸和型号。远端单元分布系统天线平面布置图示例如图 4-30 所示。

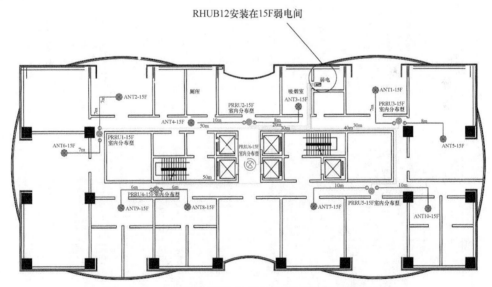

图4-30 远端单元分布系统天线平面布置图示例

由于远端单元分布系统的机构相对比较简单，一般而言，拓扑图和系统图基本在一张图上即可体现，设计系统图时应注意远端单元采用的是放装型还是室内分布型。如果采用的是放装型，则可以不需要设计天线口的输入功率，其功率以设备输出功率为准；如果采用的是室内分布型，则需要计算天线口的输入功率。在远端单元分布系统图，需要注意的是，需要汇聚单元与基带处理单元的连接图。远端单元系统图示例如图 4-31 所示。

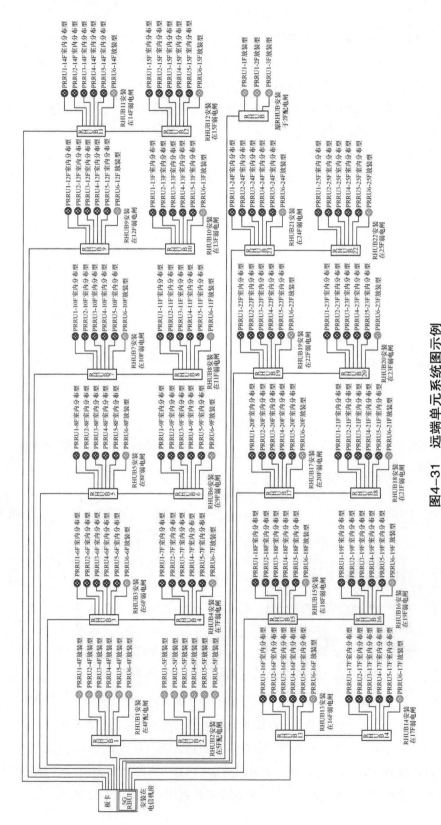

图4-31　远端单元系统图示例

4.10.5　皮基站分布系统的设计

本节的皮基站分布系统是指扩展型皮基站分布系统，它是一种采用数字化技术，基于光纤承载无线信号传输和分布的微功率的室内分布系统，也称为"白盒化基站分布系统""Femeto（掌上基站）分布系统"。其结构和远端单元分布系统一样，其组成架构包括接入单元、中继单元和远端单元 3 个部分的设备。其中，远端单元根据天线的设置可以分为放装型（天线内置）和室内分布型（需外接室内分布天线）两种；根据通道数可以分为 2T2R 和 4T4R 两种。对于不同场景下的建筑物应根据其楼宇特点及用户需求选择合适的远端单元。皮基站分布系统不同场景下分布方式的选择示例见表 4-30。

表4-30　皮基站分布系统不同场景下分布方式的选择示例

场景	定义	分布方式	信源方式
厂矿企业的行业应用	厂矿生产区	扩展型皮基站分布系统	放装型 4T4R
	厂矿办公区		放装型 4T4R 和室内分布型 4T4R 结合
	厂矿生活区		室内分布型 2T2R
商业超市	比较偏远的商场超市或者密闭性比较好的地下室商业超市		放装型 4T4R
地下室	各类地下室		室内分布型 2T2R
其他	比较偏远场景、密闭性比较好的场景、行业应用场景	传统无源室内分布	大功率皮基站替代主设备信源

皮基站的产品形态不只有扩展型皮基站，还有一体化小功率皮基站和一体化大功率皮基站。扩展型皮基站一般是指皮基站分布系统；一体化小功率皮基站分为家庭级皮基站和企业级皮基站两种，一般以功率和容量区分，家庭级皮基站的发射功率为 50mW/ 通道，企业级皮基站的发射功率为 250mW/ 通道，企业级皮基站的网络容量比家庭级皮基站大。一体化大功率皮基站的发射功率一般在 20W/ 通道以上，可以替代主设备作为传统无源分布系统信源。

皮基站的设置除了需要根据场景和产品的特性作为选择的基本依据，皮基站的选取还需要遵循以下原则。

① 由于皮基站采用的核心架构和主设备不一致，而且皮基站使用的区域会有"网络插花"现象，所以皮基站的设置应将室外网络和皮基站一起综合考虑，合理配置小区邻区数据，减少室内外软切换，控制室内外信号干扰，使整体网络容量最大化，同时，实现室内外的平滑过渡，实现网络覆盖质量的最优化。

② 信源配置完成后尽量保持在短期内稳定，同时，结合网络优化原则，根据业务发展情况做出适时调整。

有通信专用机房的楼宇将信源与电源、传输等设备安装在通信专用机房内。没有通信专用机房的楼宇，相关通信设备应尽量简化，就近安装。挂墙型信源设计主要考虑以下因素。

① 墙体材料：首选砖墙结构，隔板墙体承重不够，钢筋混凝土浇筑的墙体太结实，打孔不方便。

② 墙面空间：墙面有成片空闲区域，设备挂墙安装空间足够，井道或房间深度至少是设备挂装厚度的2倍，确保有一定的安装维护空间。

③ 供电：一般采用交流供电的方式，需要从业主交流配电箱找一个满足容量要求的空闲空开，根据交流线的长度和设备负载确定电源线的线径。

④ 接地：如果井道内有桥架或接地点，则可供信源设备接地；室外有楼顶防雷带或接地点，以确保天线和馈线可靠接地。

⑤ 室外天线安装：选定室外GNSS天线或直放站信号接收天线的安装位置，并与业主做好沟通，确认馈线路由与穿孔方式。如果天线安装位置没有防雷保护，则需要在天线附近安装避雷针。

⑥ 光纤路由：包括传输光缆线路、接入单元与中继单元设备或中继单元与远端单元设备间光纤。光纤路由不仅要勘察现有资源，也需要与业主做好沟通，以确认最佳方案。

皮基站分布系统相对比较简单，其设计应包括信源安装设计、系统图和光纤路由设计图。

皮基站分布系统和PRRU分布系统的结构基本一致，设计天线和馈线平面布置图时应注意，远端是放装型还是室内分布型，如果是放装型，则需要具备远端的编码；如果采用的是室内分布型，则不仅需要有远端的编码，还要有外接天线的编码与网线、光电缆、馈线等各类线缆的长度。图例中应区分各类设备、器件及馈线尺寸和型号。

同样，皮基站分布系统的结构相对简单，拓扑图和系统图基本在一张图上即可体现，设计系统图时应注意远端采用的是放装型还是室内分布型。如果采用的是放装型，则可以不需要设计天线口的输入功率，其功率以设备输出功率为准；如果采用的是室内分布型，则需要计算天线口的输入功率。需要注意的是，皮基站分布系统图需要中继单元与接入单元的连接图。皮基站分布系统图示例如图4-32所示。

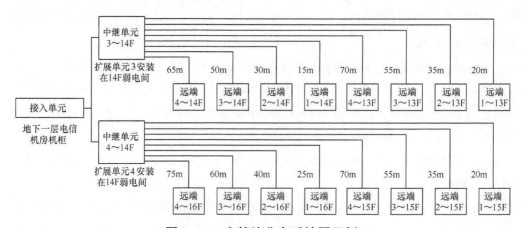

图4-32 皮基站分布系统图示例

4.10.6　光纤分布系统的设计

光纤分布系统由主单元、扩展单元和远端单元 3 个功能部件组成，根据其工作原理，可以将光纤分布系统归类为分布式的光纤直放站。远端单元根据天线的设置可以分为放装型（天线内置）和室内分布型（需外接室内分布天线）两类；根据通道数可以分为 1T1R（一发一收）和 2T2R（两发两收）两种。对于不同场景下的建筑物应根据其楼宇特点及用户需求选用合适的远端单元。光纤分布系统不同场景下分布方式的选择见表 4-31。

表4-31　光纤分布系统不同场景下分布方式的选择

场景	定义	分布方式	信源方式
地下室	空旷型地下室	光纤分布系统	放装型 2T2R
	半空旷型地下室		室内分布型 1T1R
隧道	高速公路隧道	漏泄电缆分布系统	室内分布型 2T2R
	过街隧道	传统无源分布系统	
小区覆盖	大型小区覆盖、城中村覆盖		
市场	覆盖型聚集类市场	光纤分布系统	放装型 2T2R

光纤分布系统的本质是直放站，需要主设备信源才能提供网络容量，因此，使用光纤分布系统的场景一般是网络业务需求较小的区域。光纤分布系统除了需要根据场景和产品的特性作为选择的基本依据，光纤分布系统的选取还需要遵循以下原则。

① 信源的选取应将室外网络和分布系统综合考虑，合理分配室内外的基站容量，减少室内外软切换，控制室内外信号干扰，使整体网络容量最大化，同时，实现室内外的平滑过渡，实现网络覆盖质量的最优化。

② 信源配置完成后尽量保持在短期内稳定，同时结合网络优化原则，根据业务发展情况做出适时调整。

③ 光纤分布系统的施主小区选取应该首先从与室内覆盖直接相邻的室外基站中，选取在室内覆盖点信号占比最大的开始，如果超过了指标，则依次从次强的基站作为施主小区，以此类推。

有通信专用机房的楼宇将信源、主单元以及电源、传输等设备安装在通信专用机房内。没有通信专用机房的楼宇，相关通信设备应尽量简化，就近安装。挂墙型信源、主单元及扩展单元设计主要考虑以下因素。

① 墙体材料：首选砖墙结构，隔板墙体承重不够，钢筋混凝土浇筑的墙体太结实，打孔不方便。

② 墙面空间：墙面有成片空闲区域，设备挂墙安装空间足够，井道或房间深度至少是设备挂装厚度的 2 倍，确保有一定的安装维护空间，以满足安装、调试、维护和散热的要求。

③ 供电：一般采用交流供电的方式，需要从业主交流配电箱找一个满足容量要求的空闲空开，根据交流线的长度和设备负载，确定电源线的线径。

④ 接地：如果井道内有桥架或接地点，则可供信源设备接地；室外有楼顶防雷带或接地点，以确保天线和馈线可靠接地。

⑤ 室外天线安装：选定室外 GNSS 天线或直放站信号接收天线的安装位置，与业主做好沟通，确认馈线路由与穿孔方式。如果天线安装位置没有防雷保护，则需要在天线附近安装避雷针。

⑥ 光纤路由：包括传输光缆线路、基带处理单元与射频拉远单元、主单元与扩展单元、扩展单元与远端单元设备间光纤。光纤路由不仅要勘察现有资源，也需要与业主沟通，以确认最佳方案。

光纤分布系统设计应包括信源安装设计、远端单元和天线平面布置图、系统图和光纤路由设计图。

光纤分布系统设计天线和馈线平面布置图时应注意远端是放装型还是室内分布型。如果采用的是放装型，则需要具备远端的编码；如果采用的是室内分布型，则不仅需要有远端的编码，还要有外接天线的编码，以及网线、馈线等各类线缆的长度。图例中应区分各类设备、器件及馈线尺寸和型号。光纤分布系统天线和馈线平面布置图示例如图 4-33 所示。

光纤分布系统设计时，应注意远端采用的是放装型还是室内分布型。如果采用的是放装型，则拓扑图和系统图基本在一张图上即可体现，可以不需要设计天线口的输入功率，其功率以设备输出功率为准。如果采用的是室内分布型，则需要考虑远端的类型是毫瓦级远端，还是瓦级远端。如果采用的是毫瓦级远端，其机构与 PRRU 分布系统的室内分布型远端类型一致，拓扑图和系统图基本在一张图上即可体现，需要设计天线口的输入功率；如果采用的是瓦级远端，其机构与传统无源分布系统的直放站远端类型一致，需要单独设计拓扑图和系统图，系统图上需要设计出每副天线的天线口输入功率，考虑到系统中会有多系统合路，需要计算出覆盖能力最差的网络信号的强度和主要覆盖信号的强度。光纤分布系统图示例如图 4-34 所示。

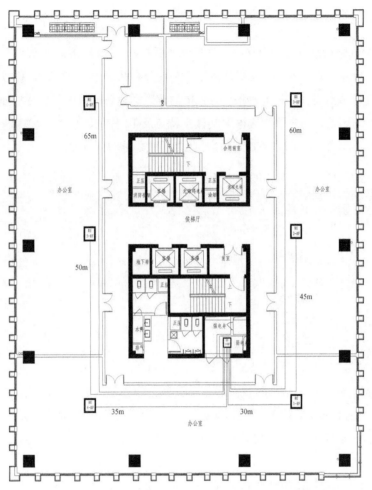

图4-33　光纤分布系统天线和馈线平面布置图示例

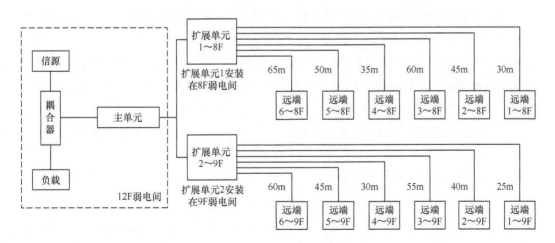

图4-34　光纤分布系统图示例

4.10.7 移频 MIMO 分布系统的设计

移频 MIMO 分布系统主要由移频管理单元（近端机）、移频覆盖单元（远端机）、供电单元和管理平台等部分组成。它需要具备原有室内分布系统才可以实施，移频 MIMO 分布系统的移频覆盖单元（远端机）一般为 2T2R 的放装型设备，用于替换原有室内分布系统天线。对于不同场景下的建筑物应根据其楼宇特点及用户需求确定移频覆盖单元的替换数量。移频 MIMO 分布系统不同场景下替换点位数量的选择见表 4-32。

表4-32　移频MIMO分布系统不同场景下替换点位数量的选择

场景	定义	分布方式	信源方式
空旷型场景	几乎没有隔断的场景	移频 MIMO 分布系统	每 3 个天线替换 1 个
半空旷型场景	隔断比较少的场景		每 2 个天线替换 1 个
半密集型场景	内部覆盖的场景结果基本与写字楼结构类似，其特点是隔断比宾馆少，基本 2 间房以上有隔断		每个天线替换
密集型场景	内部覆盖的场景结果基本与宾馆类似，其特点是基本每间房都有隔断	—	不建议建设

移频 MIMO 分布系统是一种将高频信号变频为无源室内分布系统支持的频段，利用原有馈线、器件进行传输，在移频覆盖单元（远端机）将信号复原成原来频率发射的系统。整个系统对于变频部分，可以将其视为变频直放站；对于原有网络的信号，可以将其视为合路器。

移频 MIMO 分布系统的移频覆盖单元（远端机）需要替换原有室内分布系统天线，可以根据场景的隔断疏密进行选择性替换，具体可以参考《5G 网络深度覆盖技术实战进阶》中的相关章节。移频 MIMO 分布系统除了根据场景特点选择替换的数量，还需要遵循以下原则。

① 信源的选取应将室外网络和分布系统综合考虑，合理分配室内外的基站容量，减少室内外软切换，控制室内外信号干扰，使整体网络容量最大化，同时，实现室内外的平滑过渡，实现网络覆盖质量的最优化。

② 信源网络容量配置完成后尽量保持在短期内稳定，同时，结合网络优化原则，根据业务发展情况做出适时调整。

③ 根据其产品的特点，选择远端单元作为信源最合适。

有通信专用机房的楼宇将信源、移频管理单元（近端机）、供电单元信源以及电源、传输等设备安装在通信专用机房内。没有通信专用机房的楼宇，相关通信设备应尽量简化，就近安装。挂墙型信源、移频管理单元（近端机）、供电单元信源的设计主要考虑以下因素。

① 墙体材料：首选砖墙结构，隔板墙体承重不够，钢筋混凝土浇筑的墙体太结实，打孔不方便。

② 墙面空间：墙面有成片空闲区域，设备挂墙安装空间足够，井道或房间深度至少是设备挂装厚度的 2 倍，确保有一定的安装维护空间。

③ 供电：一般采用交流供电的方式，需要从业主交流配电箱找一个满足容量要求的空闲空开，根据交流线的长度和设备负载，确定电源线的线径。

④ 接地：如果井道内有桥架或接地点，则可供信源设备接地；室外有楼顶防雷带或接地点，以确保天线和馈线可靠接地。

⑤ 光纤路由：包括传输光缆线路、基带处理单元与汇聚单元设备间光纤。光纤路由不仅要勘察现有资源，也需要与业主做好沟通，以确认最佳方案。

移频 MIMO 分布系统设计应包括信源、移频管理单元（近端机）、供电单元安装设计、移频覆盖单元（远端机）平面布置图、系统图、移频覆盖单元（远端机）电源线连接图和光纤路由设计图。移频覆盖单元（远端机）平面布置图示例如图 4-35 所示。

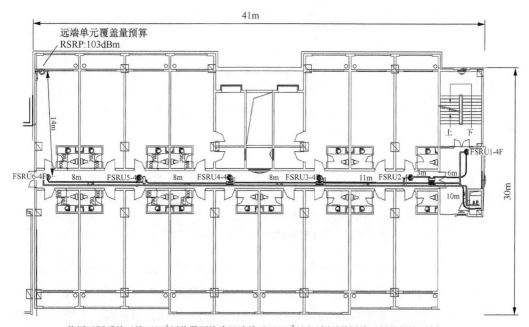

将原无源系统天线ANT[1]原位置更换为远端单元FSRU[2]（原无源系统馈线及器件保持不变）

1. ANT（Antenna hardware interface，天线硬件接口，ANT 是 Antenna 前 3 个字母的缩写）。
2. FSRU（Frequency Shift Remote Unit，移频覆盖单元）。

图4-35　移频覆盖单元（远端机）平面布置图示例

移频 MIMO 分布系统远端根据建设点位隔断的多少，选择全部替换还是间隔替换，具体要在移频覆盖单元（远端机）平面布置图上体现，需要对移频覆盖单元（远端机）进行编码。考虑到移频覆盖单元（远端机）是有源设备，需要对其供电，图纸中需要设计出电源线路由。

移频 MIMO 分布系统的移频管理单元（近端机）根据移频覆盖单元（远端机）数量及场景的物理分离情况，设计对应的数量，并配置对应的 5G 主设备，原有分布系统的合路情况需要明确说明。移频 MIMO 分布系统拓扑图示例如图 4-36 所示。

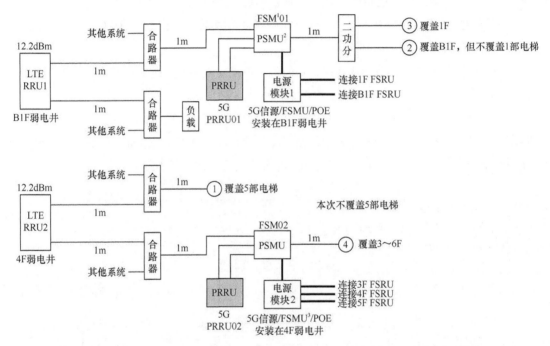

1. FSM[Frequency Division Multiplexing channel Selector Modle，FDM（频分多路复用）信道选择器模块]。
2. PSMU（Pilot Strength Measurement Unit，导频强度测量单元）。
3. FSMU（Frequency Shift Management Unit，移频覆盖管理单元）。

图4-36 移频MIMO分布系统拓扑图示例

根据移频 MIMO 分布系统移频覆盖单元（远端机）布置情况及原有室内分布系统的情况，设计移频 MIMO 分布系统图。系统图上需要体现替换天线的情况，移频 MIMO 分布系统移频覆盖单元（远端机）的 5G 系统可以不标注天线口功率，以移频覆盖单元（远端机）输出功率为准，但是考虑到系统利用原有分布系统，因此，需要计算并标出每副天线的原有分布系统天线口输入功率，一般计算出覆盖能力最差的网络信号的强度即可。移频 MIMO 分布系统图示例如图 4-37 所示。

移频 MIMO 分布系统的电源管理单元和直流分配箱根据移频覆盖单元（远端机）数量及场景的物理分离情况，设计相应的数量。移频覆盖单元（远端机）电源线连接图示例如图 4-38 所示。

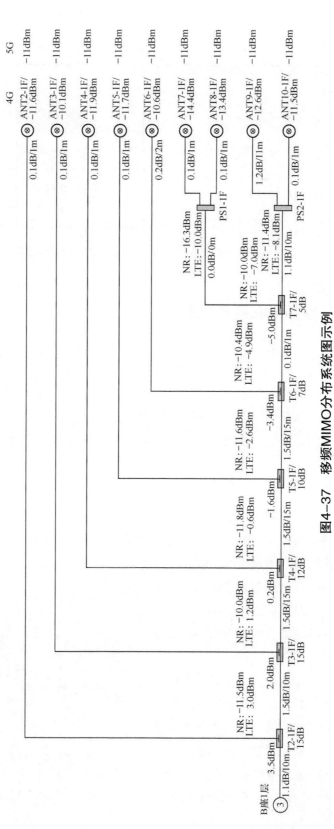

图4-37 移频MIMO分布系统图示例

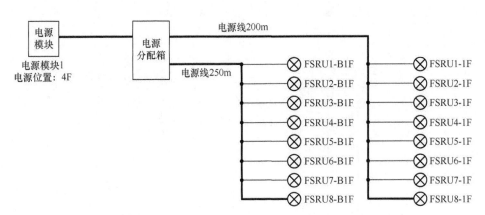

图4-38 移频覆盖单元（远端机）电源线连接图示例

●● 4.11 室内分布系统仿真

室内分布系统楼宇内部结构复杂，不同的建筑物材质、规模、结构对无线电波传播造成不同程度的衰减和损耗，因此，室内网络覆盖要考虑常见的信号盲区和孤岛效应等问题。

室内网络覆盖的关键问题是天线的定位和优化，为了高效率地提升规划方案，需要使用仿真软件进行辅助优化。仿真软件以相对准确可靠的计算，可在施工之前对方案进行仿真及评估方案的合理性，对不合理之处加以纠正，从而达到更优质的室内网络覆盖效果。

4.11.1 射线跟踪模型

目前，室内分布系统仿真软件普遍采用的是射线跟踪模型，它是基于光学原理，从某个发射源向各个方向发出射线，考虑射线传播路径中所遇到的障碍物而产生衍射、反射、直射、绕射等效应，通过接收点信号矢量叠加，计算得出接收信号场强，从而获得3D 多径数据和路径损耗矩阵，确定性模型更适合于具体场景做出准确预测。3D 射线跟踪模型如图 4-39 所示。

总体来说，射线跟踪模型仿真是更加趋于实际的一种模型，而其他的室内分布系统传播模型则是预测模型，不同的场景需要根据模拟测试的结果进行模型矫正，使其链路预算能够更加接近实际的覆盖效果。因此，室内分布系统的仿真也适用于其他室内分布

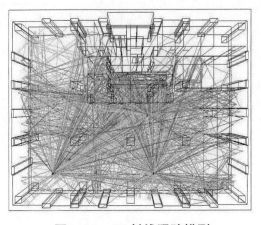

图4-39 3D射线跟踪模型

系统传播模型的矫正，可进一步提升链路预算的精准度，符合实际的覆盖效果。

射线跟踪模型主要应用于 5G 精细化仿真，与传统统计模型相比，主要具有以下 4 个方面的特性。

① 较精确的电磁波传播路径搜索和直射、反射、衍射、绕射能量计算，提高电平预测的准确性。

② 射线跟踪模型可以输出多径信息，有助于更精确的特性建模。

③ 射线跟踪模型的传播模型可以校正。

④ 射线跟踪模型对建筑物复杂环境的三维模型进行预测时，其运算过程耗费的时间较长。

4.11.2 建模

在进行室内分布系统仿真之前，需要将覆盖的场景进行建模，使用仿真软件的计算机辅助设计（Computer Aided Design，CAD）导入功能，将该建筑物的 CAD 平面图导入，再进行以下操作。

① 设置比例尺。

② 框选抽取范围。

③ 设置坐标原点。

④ 设置抽取模板：垂直墙、门、窗户、柱子。

⑤ 完成抽取。

⑥ 如果无法从图上抽取模板，则需要自行绘制。

⑦ 结构不同的楼层需要重复上述步骤。

上述步骤完成后，仿真软件中呈现立体直观的 3D 建筑，再进行室内分布系统部署，最终从立体建筑物内直观地映射出实际网络架构和网络组件。3D 建筑模型如图 4-40 所示。

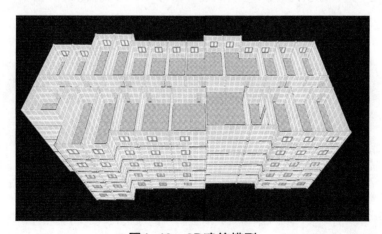

图4-40　3D建筑模型

4.11.3 室内分布系统设计注入

如果仿真软件支持室内分布系统方案的设计，则可以直接在模型中进行室内分布系统设计；如果仿真软件不支持室内分布系统方案的设计，则需要将其他软件编制的设计方案录入模型中进行编制。3D 建筑模型室内分布系统方案示意如图 4-41 所示。

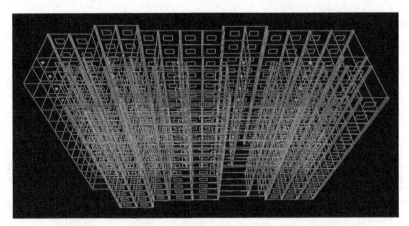

图4-41   3D建筑模型室内分布系统方案示意

4.11.4 模型穿透损耗的导入

一般情况下，建筑物内都具有大量隔断，隔断种类也各有不同，有钢筋混凝土墙壁等硬隔断，也有可移动的装修材料等软隔断。不同材质的隔断对无线信号传输带来不同的穿透损耗，从而导致电磁波的路径损耗也不同。

建立与实际建筑材质一致穿透损耗的模型是提升室内无线网络仿真预测精度的前提之一，我们在实地进行 5G 频段下材料穿透损耗测试，5G 传播模型穿透损耗实测数据见表 4-33。

表4-33   5G传播模型穿透损耗实测数据

频段	频率 /MHz	材质穿透损耗 /dB			
		钢化玻璃	砖墙	石膏板墙	木门
n28	785	5.11	10.07	6.79	2.25
n41	2685	5.83	13.32	9.61	3.09
n78	3355	6.16	16.75	11.25	3.39
n79	4915	6.84	18.15	12.42	3.48

根据设计方案的频段，导入本场景相对应材质的穿透损耗。仿真软件内设置对应的穿透损耗如图 4-42 所示。

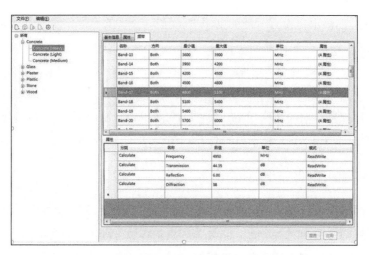

图4-42　仿真软件内设置对应的穿透损耗

4.11.5　仿真

各类设置完成后,进行仿真。室内覆盖仿真示意如图 4-43 所示。

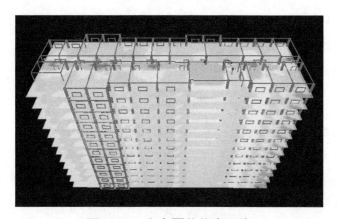

图4-43　室内覆盖仿真示意

通过仿真后,设计者可相对直接地了解室内分布系统的弱覆盖区,找到弱覆盖区,调整室内分布系统的设计方案,使设计方案达到性价比最优的状态。

●● 4.12　5G 室内分布系统小区规划

4.12.1　物理小区标识规划

物理小区标识(Physical Cell Index,PCI)用于区分不同小区 5G 网络的无线信号,保证在相关小区覆盖范围内没有相同的物理小区标识。5G 的小区搜索流程确定了采用小区 ID 分组的形式，首先通过辅助同步信道（Secondary Synchronization CHannel，SSCH）确定小区组 ID，再通过物理同步信道（Physical Synchronization CHannel，PSCH）确定具体的小区 ID。

PCI 由主同步码和辅同步码组成。其中，主同步码有 3 种不同的取值（0，1，2）；辅同步码有 336（0，1，…，335）种不同的取值。因此，共有 1008（3×336 = 1008）个 PCI 码。

1. PCI 规划的原则

① 可用性原则：满足最小复用层数与最小复用距离，从而避免可能发生的冲突。

② 扩展性原则：在初始规划时，需要为网络扩容做好准备，避免后续规划过程中频繁调整前期规划的结果，可保留一些 PCI 组。即使有若干个 PCI 组可以使用，也只能同步到其中一个小区。

③ 不混淆原则：混淆是指一个小区的邻区具备相同的 PCI，此时终端请求切换时，导致终端不知道切换到哪个目标小区。

④ 错开最优化原则：5G 的参考再生段（Regenerator Section，RS）符号在频域的位置与该小区分配的 PCI 相关，通过将邻小区的 RS 符号频域位置尽可能错开，可以在一定程度上降低 RS 符号间的干扰，有利于提高网络的性能。

2. PCI 规划的约束条件

① 同一个小区的所有邻区列表中不能有相同的 PCI。

② 使用相同 PCI 的两个小区之间的距离需要满足最小复用距离。

③ PCI 复用至少间隔 4 层小区以上，大于 5 倍的小区覆盖半径。

④ 邻区导频位置要尽可能错开，即相邻的两个小区 PCI 模 3 后的余数不同。

⑤ 对于可能导致越区覆盖的高站，需要单独设定较大的复用距离。

⑥ 需考虑室内覆盖预留、城市边界预留。

另外，在进行小区的 PCI 规划时，主要考虑的是各个物理信道和信号对 PCI 的约束。

（1）约束条件 1：主同步信号对小区 PCI 的约束要求

相邻小区 PCI 之间模 3 的余值不同，即：

$$\mod(PCI_1,3) \neq \mod(PCI_2,3) \qquad 式（4-33）$$

原理：相邻小区必须采取不同的主同步信号（Primary Synchronization Signal，PSS）序列，否则将严重影响下行同步的性能。

（2）约束条件 2：辅同步信号对小区 PCI 的约束要求

相邻小区 PCI 除以 3 后的整数部分不同，即：

$$\text{int}(PCI_1,3) \neq \text{int}(PCI_2,3)(\text{此约束条件较弱}) \qquad \text{式（4-34）}$$

原理：相邻小区采用的辅同步信号（Secondary Synchronization Signal，SSS）序列需要不同，否则将影响下行同步性能。由于 SSS 信号序列由两列小 m 序列共同决定，只要 $N_{\text{ID}}^{(1)}$ 和 $N_{\text{ID}}^{(2)}$ 不完全相同即可。约束条件 1 已经保证了相邻小区的 $N_{\text{ID}}^{(2)}$ 不同，所以该约束条件相对较弱。

（3）约束条件 3：物理广播信道（Physical Broadcast CHannel，PBCH）对小区 PCI 的约束要求

相邻小区 PCI 不同，即：

$$PCI_1 \neq PCI_2 \qquad \text{式（4-35）}$$

原理：加扰广播信号的初始序列不同。广播信道的扰码初始序列 $C_{\text{init}} = N_{\text{ID}}^{\text{cell}}$。

（4）约束条件 4：控制格式指示信道（Physical Control Format Indicator CHannel，PCFICH）对小区 PCI 的约束要求

相邻小区 PCI 模 2 的小区 RB 个数后的余值不同，即：

$$\text{mod}\left(PCI_1, 2N_{\text{RB}}^{\text{DL}}\right) \neq \text{mod}\left(PCI_2, 2N_{\text{RB}}^{\text{DL}}\right) \qquad \text{式（4-36）}$$

该约束条件隐含在约束条件 1 中。

原理：相邻小区的 PCFICH 映射的物理资源的位置不同。

（5）约束条件 5：下行链路参考信号（Down Link-Reference Signal，DL-RS）对小区 PCI 的约束要求

相邻小区 PCI 模 6 的余值不同，即：

$$\text{mod}(PCI_1,6) \neq \text{mod}(PCI_2,6) \qquad \text{式（4-37）}$$

该约束条件隐含在约束条件 1 中。

原理：相邻小区的 DL-RS 映射的物理资源的位置不同。

（6）约束条件 6：上行链路参考信号（Up Link-Reference Signal，UL-RS）对小区 PCI 的约束要求

相邻小区 PCI 模 30 的余值不同，即：

$$\text{mod}(PCI_1,30) \neq \text{mod}(PCI_2,30) \qquad \text{式（4-38）}$$

该约束条件隐含在约束条件 1 中。

原理：UL-RS 采用的基序列不同，即保证相邻小区的 UL-RS 中的 q 不同，q 由 u，v 来决定，u 由 $f_{\text{gh}}(ns)$ 及 $f_{\text{SS}}^{\text{PUCCH}}$ 或 $f_{\text{SS}}^{\text{PUCCH}}$ 来确定。当 $\text{mod}(PCI_1,30) \neq \text{mod}(PCI_2,30)$ 时，$f_{\text{SS}}^{\text{PUCCH}}$ 不同，可以保证很大概率上的 q 值不同。

4.12.2　跟踪区规划

5G 的跟踪区（Trace Area，TA）与长期演进技术（Long Term Evolution，LTE）TA 相似。5G 系统中引入 TA，其作用包括以下 4 个方面。

① 网络需要终端加入时，通过邻区列表进行寻呼，快速找到终端。

② 终端可以在邻区列表中自由移动，以减少与网络的频繁交互。

③ 当终端制定一个不在其上注册的邻区列表时，需要发起 TA 更新，移动管理实体（Mobility Management Entity，MME）为终端分配一个新的邻区列表。

④ 终端也可以发起周期性的 TA 更新，以便和网络保持紧密联系。

在进行 TA 规划时，需要遵循以下 3 项原则。

1. 与 4G 协同

由于 5G 网络覆盖受限，终端会频繁地在 5G 与 4G 系统之间进行互操作，从而引发系统重选和位置更新流程，导致终端耗电，所以在网络规划时，TA 尽量与 4G 相同。

2. 覆盖范围合理

TA 的规划范围应适度，不能过大或过小。如果 TA 范围过大，网络在寻呼终端时，则寻呼消息会在更多小区发送，导致寻呼信道（Paging CHannel，PCH）负荷过重，同时，使空口的信令流程增加。如果 TA 范围过小，则终端发生位置更新的机会增多，同样会增加系统负荷。

3. 地理位置区分

地理位置区分的主要目的是充分利用地理环境减少终端位置更新和系统负荷。其原理同位置区（Location Area，LA）/路由区（Route Area，RA）类似。例如，利用山脉等作为位置区的边界，尽量不要将位置区的划分边界设在话务量较高的区域，在地理上应该保持连续。

4.12.3　邻区规划

5G 的邻区规划与 4G 的邻区规划原理基本一致，需要综合考虑各小区的覆盖范围及站间距、方位角等，并且注意 5G 与异系统间的邻区配置。在具体配置上，5G 的每个下一代基站（the next generation Nobe B，gNB）配置其他 gNB 的小区为邻区时，必须先增加外部小区，这与在基站控制器（Base Station Controller，BSC）中配置跨 BSC 邻区时类似，即必须先增加对应的小区信息，再配置邻区。

1. 邻区设置原则

邻区设置原则如下。

（1）互易性原则

根据各小区配置的邻区数情况及互配情况，调整邻区，尽量做到互配，即如果小区 A 在小区 B 的邻区列表中，那么小区 B 也要在小区 A 的邻区列表中。

（2）邻近原则

如果两个小区相邻，那么它们要在彼此的邻区列表中，对于站点比较少的业务区（6 个以下），可将所有扇区设置为邻区。

（3）百分比重叠覆盖原则

确定一个终端可以接入的导频门限，在大于导频门限的小区覆盖范围内，如果两个小区重叠覆盖区域的比例达到一定程度（例如 20%），则将这两个小区分别置于彼此的邻区列表中。

（4）需要设置临界小区和优选小区

临界小区泛指组网方式不一致的网络交界区域、同频网络与异频网络的交界、对称时隙与非对称时隙的过渡区域、不同本地网的区域边界、不同组网的结构边界。优选邻区是与本扇区重叠覆盖比较多的小区，切换时优先切换到这些小区上。

邻区调整首先调整方向不完全正对的小区，然后调整正对方向的小区。对于网络搬迁，在现有网络邻区设置的基础上，根据路测情况进行调整，调整后的邻区列表作为网络搬迁的初始邻区。如果存在邻区列表没有配置而导致掉话的情况，则在邻区列表中加上相应的邻区。

系统设计时，初始的邻区列表可参照下面的方式进行设置，系统正式开通后，根据切换次数调整邻区列表。邻区设置步骤主要是同一个站点的不同小区必须相互设为邻区，接下来的第一层相邻小区和第二层小区基于站点的覆盖选择邻区，当前扇区正对方向的两层小区可设为邻区，小区背对方向的第一层可设为邻区。

2. 互操作邻区设置

考虑到 5G 与其他网络共存的情况，初期 5G 在覆盖方面还存在薄弱环节。因此，合适的互操作邻区设置对于提高 5G 与 4G 的切换成功率、降低 5G 掉话率、提升 5G 用户的感知能力起到很大作用。

对于 5G 与其他系统的互操作邻区设置，除了遵循互易性、邻近性、百分比重叠、临界小区和优选小区，还需要遵循以下原则。

① 与 5G 小区正对的 4G 小区，必须设置为邻区关系。

② 如果 5G 与 4G 共站址，则宜将与 5G 同方向的 4G 小区设置为邻区关系。

③ 5G 覆盖区域的 4G 应添加 LTE 邻区，以便 5G 用户及时享受更高的宽带业务。

虽然自动邻区关系（Automatic Neighbor Relationship，ANR）算法可以自动增加和维护邻区关系，但考虑到 ANR 需要基于用户的测量和整网话务量密切相关，并且测量过程会引入时延，因此，初始建网不能完全依靠 ANR。初始邻区关系设置好后，随着用户数的不断增加，此时可以采用 ANR 功能来发现一些漏配邻区，从而提升网络性能。

4.12.4　室内分布系统小区规划

室内分布系统的小区规划原则如下。

① 小区划分主要依据建筑物的结构特性、面积、容量需求及业务密度分布等因素，通常需要对以下 4 种情况进行分区。

• 覆盖面积大于或等于 50000m² 的独立楼宇，需要分区覆盖。

• 业务需求大于单小区最大等效容量需求时，需要分区覆盖。

• 写字楼高于 20 层需要分区，按照人流量分区。

• 多台有源设备的引入必然会对基站造成上行底噪的干扰，因此，为了提高基站的性能，单个基站的有源设备数量过多时需要分区。

② 分区后的布线系统应保证各个分区的覆盖区域清晰明确。

③ 小区的划分要从有利于各小区的切换来考虑，有利于频率的复用，减少各小区的干扰，需要简要分析各区域（电梯、楼层、停车场等）的小区切换情况，可能出现的问题以及应采取的措施。

•• 4.13　切换与外泄控制

随着室内分布系统在各类建筑物中的广泛建设和使用，不可避免地出现室内信号漏泄到室外的情况，从而对室外小区产生干扰。同时，也存在如何协调好室内外切换以保证用户体验感知的问题。为了尽量减少室内信号外泄和保障平滑切换，本节将分析漏泄控制策略和切换设置原则。

4.13.1　漏泄控制策略

如果外泄的产生是由于室内信号强度过大造成的，那么需要降低天线的发射功率以减少对室外信号的干扰，通过小功率多天线的理念进行室内覆盖的建设。在进行信号强度的调整时，为了保障没有过多的室内信号漏泄到室外，可以检测在建筑物外的 10 ～ 15m 区域的室内信号电平值，是否低于室外信号电平 10dBm 作为一个简单的评估依据。为了控制室内信号的漏泄，应结合建筑物外墙材质和建设场景合理设计室内分布系统。

① 室外墙（砖混合承重墙）可以不特别考虑漏泄控制。

② 对天线进行合适的选型，采用方向性较好的定向板状天线向室内进行覆盖，从而有效地减少信号向室外的漏泄。例如，大楼的进出口、玻璃幕墙、窗户、非金属轻质隔墙等区域。

③ 通常对于 5 层以下的楼层采用定向吸顶天线，如果楼宇周边有立交桥、过街天桥，可以根据桥的高度适当增加定向吸顶天线的使用楼层。

④ 由不同基站覆盖的相邻楼宇，如果距离小于等于 20m，则通常需要增加定向吸顶天线，防止信号漏泄。

⑤ 监测并定位信号漏泄的天线，对天线进行重新布放，调整天线的辐射方向，或者适当增设衰减器，也可以借助室内障碍物的阻挡增加路损，避免强度较大的信号直接漏泄到室外产生干扰。

4.13.2 切换设置原则

切换设置原则是尽量减少切换。频繁地切换会增加系统的开销，降低网络性能并导致用户的通话感知下降。因此，要科学合理地做好切换设置，建议遵循以下设置原则。

① 切换区域的设置需要综合考虑小区的切换时间要求、干扰水平、话务容量、目标覆盖建筑的楼层高度和材料等因素，从而做到切换区域大小合适，避免出现由于区域过小而形成的干扰和区域过大引起的切换不及时等问题。

② 室内分布小区与室外小区的切换区域通常设置在门厅外 5m 的地方，切换区域的直径为 3～5m，保证用户在进入室内前完成切换。这样设置切换区域既避免了过分靠近马路导致过往车辆用户的频繁切换，又避免了过于靠近室内区域导致关门时室内信号的突然衰弱而切换失败。

③ 高层建筑一般受周边室外宏基站覆盖的影响，同时存在大量较强信号，没有主导频覆盖，往往出现频繁切换与掉话的现象。切换设置通常采用"小功率、多天线"的方式，天线安装在房间内，定向天线从靠窗位置向内覆盖，高层室内小区不配置室外邻区。

④ 切换区域应该设置在人流量小的地方，避免大量用户在使用网络的过程中出现频繁切换的现象。同时，切换区域不能设置得过大，否则，会导致多个小区信号重叠区域过多，出现"乒乓切换"现象。

⑤ 电梯与目标建筑平层之间的切换确定在电梯厅内发生，在小区划分时，建议将电梯单独划分为一个小区或者将电梯与低层共用同一小区，电梯厅尽量使用与电梯同一小区的信号进行覆盖。

⑥ 对于地下车库等区域，由于车辆速度较快，建议切换区域设置得尽可能长，如果遇

到车道的拐弯阻挡，则可以采用增加天线等措施保障切换区域的连续性。另外，对于地下车库，车辆一旦进入地下车库，室外信号的覆盖强度迅速下降，因此，需要将切换区域设置在进入地下车库入口处的车道上。为了保证在地下车库的入口处也有足够的重叠覆盖区域，有必要在出入口处分别安装一副天线，保证信号顺利切换。

⑦ 对于隧道覆盖，例如，高铁隧道、地铁隧道和高速公路隧道等，由于隧道比较狭窄，外部信号辐射进去比较困难，隧道内覆盖的信号也无法较好地渗透出来，所以信号重叠区域非常小。高铁速度非常快，地铁和高速汽车速度也比较快，用户进入隧道后，才能接收到隧道内的信号，而此时隧道外的信号急剧下降，无法及时进行切换，导致出现掉话的现象；用户出隧道后，才能接收到隧道外的信号，而此时隧道内的信号接收率急剧下降，无法及时进行切换，出现掉话的现象。因此，为了提升切换成功率，应考虑用户出隧道进出口的信号切换，通过天线延伸隧道信号的覆盖，建议将隧道内的信号引导至隧道口，增加切换重叠区。隧道出入口切换设置示意如图4-44所示。

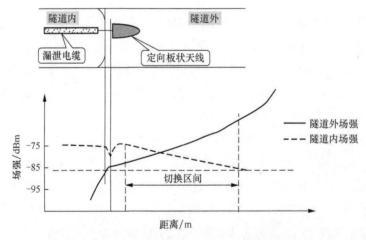

图4-44　隧道出入口切换设置示意

重叠覆盖区的距离要能满足所有系统的切换要求，重叠覆盖区的距离不能太长，必须控制信号外泄，避免对隧道外的室外宏基站覆盖区造成干扰。

●●4.14　室内分布系统电源设计

室内覆盖站点一般建于信号屏蔽较强的建筑物、隧道内，视站点重要程度选择性地建设设备机房。室内分布系统及拉远信源设备一般建在远端，传输及信源近端设备设置在设备机房。常用的室内分布系统的供电系统包括交流供电系统与直流供电系统两种。

4.14.1　供电系统

移动网通信系统设备供电系统设计应参照《通信电源设备安装工程设计规范》（YD/T 5040—2005）执行，为了保障室内分布系统功能的正常运转，通常要求室内分布系统的电源供电满足特定设计原则。

1. 交流引入原则

该原则要求机房就近引入一路稳定可靠的 380V 市电电源，用来给机房内的开关电源设备、机房空调设备、照明以及仪表等设备供电。交流供电系统使用电能表箱（含单相电能表和交流配电空开），各新建独立通信站点采用机房引入的市电电源作为主用电源，再将此交流电源引入电能表箱为该站内各交流负荷供电。站内所有交流负荷均由电能表箱上相应输出分路上接引。如果建筑物内设有双电源，则应从两路电源转换后的配电设备上接引。基站引入的交流电源功率、交流引入线以及交流配电箱的容量均按远期考虑，从而为基站的远期发展预留一定的容量。基站交流电源的引入容量与交流设备配置由设备的交流总耗电来确定，同时需要考虑远期其他通信业务发展中的容量需求。

2. 直流供电原则

该原则要求机房采用直流电源供电系统，配置一套 –48V 直流供电系统，该系统由高频开关组合电源架（包含交流配电单元、高频开关整流模块、监控模块和直流配电单元）和阀控式铅酸蓄电池组组成。高频开关组合电源架的机架容量按远期考虑。基站的直流供电系统主要负责机房内直流用电设备的供电，包括基站设备、传输设备及监控设备等。直流供电系统的运行方式采用的是并联浮充供电方式。市电正常时，由高频开关组合电源架上的整流模块给通信设备供电，同时对蓄电池组浮充供电。当交流电源停电后，由蓄电池直接给通信设备供电。

3. 蓄电池配置原则

该原则要求蓄电池配置按近期负荷考虑，同时预留一定发展负荷可能需要的容量。蓄电池容量是按照对基站负荷供电 2 ~ 6h、对传输设备供电 24h 进行设计的。为了确保市电停电后基站设备与传输设备合理运行，在开关电源中设置了两级低电压切断装置对蓄电池放电进行配置。当蓄电池放电电压达到第一级保护电压时，切断基站设备负荷，蓄电池组只为传输设备供电；当蓄电池放电电压达到第二级保护电压时，再切断传输设备的供电，以避免电池过放电。当新建室内覆盖基站蓄电池组时，其配置策略对于基站直流负荷小于等于 15A 的蓄电池组，每站可以按照 1 组 48V/50Ah 配置；对于基站直流负荷大于 15A 的蓄电池组，每站可按 1 组 48V/65Ah 配置或 1 组 48V/100Ah 配置。

4. 后备电源原则

移动通信站点设备尽量选用直流后备电源的供电方式，不建议采用交流后备电源的供电方式。条件允许的情况下，直放站原则上也要有后备电源。

5. 射频拉远单元供电原则

对于采用"一基带处理单元带多射频拉远单元"模式的室内分布系统和小区覆盖，基带处理单元一般可安装在具备可靠后备电源的基站内，基带处理单元通过光纤和射频拉远单元相连，安装相距100m以上的每个射频拉远单元要求单独配一体化电源和蓄电池组。射频拉远单元可以考虑采用远端供电的方式，实际工程中，需根据各自情况制定相应方案，原则上重要建筑物室内覆盖应提供备电机制，保障室内网络安全，减少掉电退服事件发生的概率。

6. 开关电源原则

对于室内覆盖基站，开关电源整流模块按近期配置，安装2~3个10~15A的整流模块。考虑到网络的发展、负荷的远期需求，开关电源应留有一定的扩容容量。

7. 设备安放原则

工程建设中大部分BBU建议放置在局址机房或综合业务接入区机房内，并使用直流供电。如果个别放置于室内分布站点内的基带处理单元，则使用交流供电。射频拉远单元及直放站设备全部采用交流供电方式，由市电220V交流电源提供。输入电压允许波动范围建议设置在198~242V。

8. 机房电源线布放原则

电力电缆、接地导线均应选用钢芯导线；机房内的导线应采用阻燃型电缆；直流电缆按允许电压降，兼顾允许载流量和机械强度选型；交流电缆按允许载流量，兼顾机械强度选型。同时，电源线要求走线槽或铁管，保障走线箱的美观和牢固，保证良好的接地效果。微蜂窝、直放站电表箱电源要求接到用户配电箱的输出端，切忌从电源线路上剥接。

主机和每个有源设备的电源插板至少有一个两芯插座及一个三芯插座。这些插座在工作状态时放置于不易触摸到的安全位置，防止出现触电事故。

9. 射频拉远单元电源建设原则

采用就近市电供电，配置220V的电源，根据射频拉远单元的电源模块，如果是交流模块，则可以直接接入交流电；如果射频拉远单元为-48V直流电，则需要增加整流设备，将交流电整流成-48V的直流电，然后接入射频拉远单元供电。电源的容量问题需要根据该室内分布系统点位设备的负荷情况，引入一路相应容量的外市电结合路点的各个设备分别供电。

4.14.2　接地与防雷

各通信系统设备防雷和接地应参照《通信局（站）防雷与接地工程设计规范》（YD5098—2005）与《通信局（站）防雷与接地工程设计规范》（GB50689—2011）执行，以确保系统功能的正常运行。

① 室内分布系统必须有良好的接地系统，并应符合保护地线的接地电阻值。信号源设备和室内分布系统的有源设备单独设置接地体或采用联合接地体时，电阻值应不大于 10Ω。

② 基站和干线放大器设备必须接地，接地线连接至大楼综合接地排，已经与综合接地排相连的走线箱可以连接至走线槽。

③ 使用直放站作为室内分布系统信号源时，施主天线的同轴电缆在进入机房与设备连接处应安装馈线避雷器并接地，防止出现由施主天线和馈线引入的感应雷。馈线避雷器接地端子应就近引接到室外馈线入口处接地线上。

④ 有源设备的供电设备正常不带电的金属部分和避雷器的接地端，均应做保护接地，严禁做接零保护。

⑤ GNSS 天线和馈线应在避雷针的有效保护范围之内。GNSS 天线和馈线设置在楼顶时，GNSS 天线和馈线在楼顶布线时严禁与避雷带缠绕。GNSS 室内馈线应加装同轴防雷器保护，同轴防雷器独立安装时，其接地线应接到馈窗接地汇流排。当馈线室外绝缘安装时，同轴防雷器的接地线也可接到室内接地汇集线或总接地汇流排。当通信设备内 GNSS 馈线输入端和输出端已内置防雷器时，不应增加外置的同轴馈线防雷器。

●● 4.15　室内分布系统设计工具

室内分布系统方案的设计包含覆盖、容量、电源配套等，同时涉及室内传播模型及链路预算、天馈系统功率设计、信源容量计算、电源负荷计算、干扰隔离度测算等。因此，通常需要采用专业的方案设计工具和仿真模拟预测工具进行室内网络的设计工作。本节将重点介绍业界常用的室内分布系统设计工具及室内分布系统仿真工具。

4.15.1　室内平面快速重建系统

室内分布系统设计最基础的设计工具就是建筑物图纸。详细、优质的建筑物图纸会直接影响室内分布系统设计及建设的质量，因此，获取优质的建筑物图纸极为重要。一般情况下，建筑物图纸由业主提供。在业主无法提供建筑物平面图或建筑物结构图时，需要采用其他方法描绘建筑物平面图。具体包括 3 种方法：一是根据建筑物内的楼层布局示意图进行描绘，重新制作图纸，但楼层布局示意图，不能准确提供尺寸；二是丈量绘图，这种方法适合结构简单、容易丈量的建筑物，对于复杂的图纸则无法准确地描绘出来；三是使用室内平面重建工具，重新描绘建筑物平面图。

室内平面快速重建系统是一套基于激光雷达和惯性测量单元（Inertial Measurement Unit，IMU），对环境进行数据采集和三维重建，重建后的三维点云地图经过后期处理导出二维平面地图，主要面向室内平面环境的快速构建。室内平面快速重建系统实物示意如图4-45所示。

图4-45　室内平面快速重建系统实物示意

室内平面快速重建系统的机械结构开发基于传统背包的设计，在背包上加装传感器支架。该系统的软件开发基于成熟的机器人操作系统（Robot Operating System，ROS）平台，这使各传感器与感知模组中间的数据传输更便利、更高效、更稳定。ROS平台兼容的程序设计语言为Python和C++。室内平面快速重建系统选用C++开发，便于与前期开发的模块结合。室内平面快速重建系统的上位机分为Linux和Windows两个部分，选择Qt（Qt是一个编程语言工具）开发，以便后续的跨平台移植。

室内平面快速重建系统的操作流程为：设计人员到现场后，使用室内平面快速重建系统的设备进行平面数据采集。数据采集完毕后开始构建地图，地图构建完毕后，检查确认地图是否有问题。如果地图无问题，则可在工程计算机上进行对应操作。工程计算机与相机实物示意如图4-46所示。

图4-46　工程计算机与相机实物示意

设计人员通过工程计算机连接采集设备，下载数据，然后进行后续数据处理、标注，形成工程图数据库（矢量）[Drawing database（vector），DWG] 格式文件。建筑物室内数据采集 3D 云效果如图 4-47 所示，建筑物室内隔断数据 2D CAD 如图 4-48 所示。

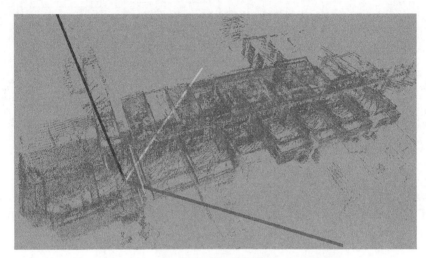

图4-47　建筑物室内数据采集3D云效果

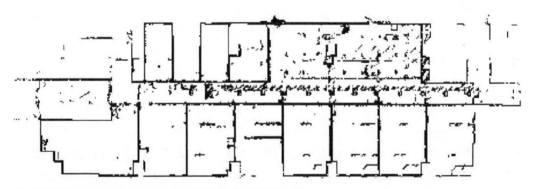

注：该图是软件计算结果，设计者可根据这些模糊的点绘制平面图。

图4-48　建筑物室内隔断数据2D CAD

室内平面快速重建系统具有以下优点。

（1）体积小、质量小，携带方便

室内平面快速重建系统由工程计算机、图像采集相机、定制背包、数据连接线、激光雷达传感器、姿态传感器、稳压电源、电量显示表（2 个）、电池开关（2 个）、电池、伸缩支架和充电器等部件组成。除了工程计算机和图像采集相机，其他设备均放在一个背包内。室内平面快速重建系统标准配置的电池为 14.8V/6000Mah，工作电压为 12 ～ 16.8V，该电池可以携带上飞机。室内平面快速重建系统设备连接示意如图 4-49 所示。

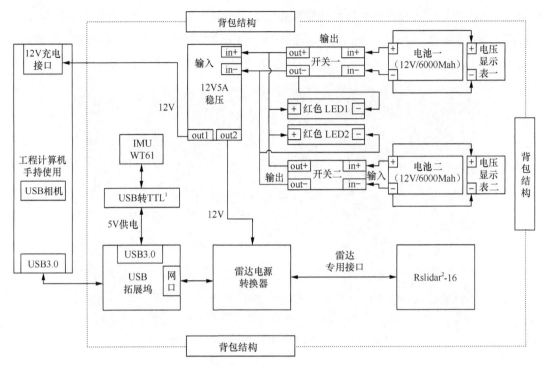

1. TTL（Transistor-Transistor Logic，晶体管晶体管逻辑）。
2. Rslidar 是雷达的意思。

图4-49　室内平面快速重建系统设备连接示意

（2）耗电低，巡航时间久

工程计算机自带的电池可以使用 4 小时，具体续航时间因环境变化会有所不同。如果作业任务大于等于 4 小时，则建议直接连接背包 Type-C（是一种 USB 接口外形标准，可用于主设备和外部设备的一种接口类型）充电线进行作业，以保证作业任务的顺利进行。如果作业任务小于 4 小时，则可根据实际情况断开工程计算机的充电设备，以延长系统整体的作业时间。作业过程中也可以随时根据需要对工程计算机进行充电。工程计算机无作业任务时，也可以使用常规的 Type-C 充电器进行充电，以保持充足的电量进行建图作业。

（3）操作简单

数据包采集软件部署在掌上工程计算机，该工程计算机的系统为 Ubuntu18.04。开机后，启动脚本，即可开启数据采集软件与各传感器驱动。在采集数据之前，用户需要检查各传感器的连接状态，可通过主界面上方的各传感器状态获取其实时连接状态，如果出现传感器状态不正常的情况，则检查 USB 接口是否松动，重新启动驱动。待各传感器的状态都正常后，再开始数据采集。

（4）不需要事先提供图纸

室内平面快速重建系统不需要事先描绘图纸，只要进入需要覆盖的区域进行数据采集即可。

（5）支持定点拍照

为了加深勘察人员的记忆，对于一些特殊的区域，或者室内分布天线和室内分布信源安装的位置可以进行拍照标记，同时能够在云图上显示。

（6）支持 3D 云点图切片

为了能够更加清晰地了解建筑物的立体情况，室内平面快速重建系统支持图层切片，并且可以根据需求设置切片厚度。

（7）支持生成采集报告

该系统不仅支持生成采集报告，还支持生成可以在 CAD 内使用 ".DXF" 的地图文件。

（8）支持相对应的参数设置

该系统需要在数据采集之前完成设置，建图所需的参数。此时需要根据实际场景设置所需参数，具体参数设置示例如下。

激光最近距离：即所建地图的分辨率，默认为 0.1m。

激光最远距离：即所建场景的最大范围长度，默认为 100m，如果实际场景的最大范围长度比 100m 大，则需要重新设置。

关键帧增加距离阈值：默认为 1m。

关键帧角点降采样参数：室内设置为 0.1m，室外设置为 0.2m。

平面点降采样参数：室内设置为 0.2m，室外设置为 0.4m。

通过生成的 2D CAD 图，重新描绘精细的 CAD 建筑平面图，为室内分布系统设计打好基础。

4.15.2 室内分布系统设计软件

当前室内分布系统设计主要有两种方式：一种采用 Microsoft Visio（Windows 操作系统下运行的流程图和矢量绘图软件）进行设计；另一种采用 AutoCAD 进行设计。目前，国内的中国铁塔股份有限公司、各家电信运营商对室内分布系统设计文件的要求也主要为上述两种格式文件。然而，随着 AutoCAD 在通信设计领域的普及，基于 AutoCAD 开发的室内分布系统设计软件及工具已逐渐占据市场主流。

目前，业内使用较多的天越、迪佛等室内设计软件都是基于 AutoCAD 的室内分布系统设计工具或者软件。这类设计工具通常可适用于各种室内场景的无线覆盖设计，主要用于解决移动通信等无线系统（2G、3G、4G、5G、WLAN 等）对于室内分布系统的设计问题，可广泛用于方案设计人员对楼宇、场馆及隧道等建筑物内的天馈系统的设计。该类工具为适应国内的设计文件要求，通常对 AutoCAD 和 Microsoft Visio 提供了良好的兼容支持。例如，支持 AutoCAD 设计方案的导入、方案修改、再设计以及自定义等，还可以把

AutoCAD 的图纸转换并导出为 Microsoft Visio 格式。另外，不同的工具虽然各具特色，但是其支持的主要功能都涵盖了常见室内分布方案设计的各个方面。

1. 天线布置

该功能按照现场勘测的情况，根据移动通信的原理和设计人员的经验可以进行天线布置，设置墙体衰减等。

2. 设计前场强预测

该功能根据已布放好位置的天线和预计所需的电平可以进行场强预测；根据预测效果调整天线电平，以达到最合理的覆盖目的。

3. 配置平面图路由

该功能根据布置好的天线、天线要求电平以及现场情况，配置实际路由，并可调整器件位置和路由布局。

4. 根据平面图生成楼层所需电平表

该功能根据楼层路由和天线电平要求，可得到楼层需要的电平、各个楼层所需电平及各个楼层天线布局可输出至统计表格。

5. 运行主干优化功能生成主干系统图

该功能根据平面图输出表格，通过优化功能得到主干组合，人为加入配置条件，具体包括放大器的使用数量、位置等，并可得到各个楼层天线的电平结果，供设计人员参考。设计人员根据不同的配置，选择最佳组合，最后输出系统图，并完成排版。

6. 添加合路器等器件形成完整系统图

该功能根据组合图，在必要时可以添加器件（例如，合路器）；根据最后调整结果重新计算电平，形成完整的系统图。

7. 把系统图的天线电平编号导入平面图

该功能根据设计出来的系统图，可以把相关的结果输出到平面图（包括编号、多种网络的天线电平）。

8. 设计后电平预测

该功能根据最终的电平可以进行系统的电平预测。

9. 根据总的系统图生成多个小的系统图

由于总系统图的文件较大，一般需要多个页面才能显示，为了方便打印，该功能可以通过软件将其分割为多张小的系统图，同时可根据图纸形成图纸目录等。

10. 完成材料单的统计

该功能根据系统图产生报表，该报表包括天线、器件、馈线和接头等设备材料的数量及型号等。

11. DWG 图转为 VSD 图

该功能可以把 AutoCAD 方案图纸的 ".dwg" 格式转换为 Microsoft Visio 的 ".vsd" 格式。

12. 图框管理

该功能根据客户需求，可以实现自由选择图纸的图框，在设计前，通过图框管理保证图纸比例一致，设计完成后，带有图框的图纸可以统一打印。

13. 智能打印

该功能可以将设计后的图纸批量打印成纸，也可以打印成便携文件格式（Portable Document Format，PDF）文档，通过该类工具的应用，可大幅提高室内分布方案设计人员的设计质量和效率，节省集成商的人力成本，方便建设单位规范、高效地审核方案，便于各相关单位保存工程资料，为项目后期的改造和升级提供便利。

4.15.3 室内分布系统仿真软件

由于室内环境具有复杂的特性，为了有效地指导实际工程施工与预先对目标覆盖场景进行准确的效果模拟测试，所以业内通常会使用相关的室内分布系统仿真软件进行前期的效果模拟预测。例如，室内环境场强分布、信号强度统计数据、干扰分析统计、室内外协同仿真预测以及室内三维空间的立体仿真等。目前，在国内外认可度较高的仿真工具主要有 Forsk 公司的 Atoll、Siradel 公司的 Volcano 室内传播模型、iBwave 公司的 iBwave Design 集成仿真套件，以及 Ranplan 公司的 Ranplan 设计仿真优化套件。

1. Atoll

Atoll 是法国 Forsk 公司开发的无线网络仿真集成软件，在使用不同传播模型的基础上可以分别对室内环境、室外环境以及室内外综合环境进行仿真预测和结果的对比验证。

Atoll 经过长期的版本更新，目前已可支持 GSM/GPRS/EDGE、CDMA 2000/EV-DO、TD-SCDMA、UMTS/HSPA、WiMAX、Microwave Links 以及 Wi-Fi 等现有大部分网络制式。作为一个仿真与优化的一体化集成平台，其强大的功能模块使 Atoll 能够支持网络规划建设的整个生命周期。其整个生命周期包括从最初的仿真设计到进一步的精细化仿真建模，最终到网络建成后的优化维护。Atoll 具有以下特点。

（1）计算精度准确

Atoll 的开发组件和功能模块都支持 64 位系统，在计算精度上更加准确，能够很好地支持计算量大的复杂仿真（例如，Monte Carlo），同时在进行高密集度网络仿真与异构网仿真的过程中都具有良好的数据处理优势。

Atoll 在仿真预测及优化调整的各个阶段都支持实际测试数据与理论计算数据的对比分析。实测数据导入 Atoll 后可以用来校正传播模型、分析流程评估建模和热点定位等。

Atoll 内建有 64 位的高性能地理信息系统（Geographic Information System，GIS）地图引擎为精细化的网络预测模拟和优化仿真提供保障。高性能的 GIS 引擎使在仿真过程中能够实现对高精度和大范围的地图数据进行快速处理和数据呈现。Atoll 除了支持常规标准的地图格式 [例如，逐行按波段次序排列（Band Interleaved by Line，BIL）、标志图像文件格式（Tagged Image File Format，TIF）、位图图像（Bit MaP，BMP）等]，还支持网络地图服务商的地图，同时，Atoll 还设计了与 Mapinfo、ArcView 等常用地图软件的接口。

（2）灵活性强

Atoll 内建的智能化数据处理机制能够自行对网络参数进行迭代计算和处理，可自动完成最优网络参数的搜索和匹配。另外，Atoll 还提供基于 C++ 的软件开发套件接口以方便一些自定义功能模块的集成开发，这使 Atoll 在使用上更灵活。

Atoll 内嵌了专门用于室内环境仿真的传播模型，可对室内复杂环境中的各种材质衰耗值进行设置，模型计算参数可设置的特性大幅提高了室内传播环境中的仿真计算的精度和可信度。

2. Volcano

Volcano 系列无线传播模型是由法国 Siradel 公司开发的一套适用于室内外不同场景的无线传播计算模型。该系列模型由 Volcano Rural 模型、Volcano Urban 模型以及 Volcano Indoor 模型 3 个部分组成。该系列模型的使用可以安装嵌入在 Atoll 集成环境中，并可以直接调用。

其中，Volcano Rural 模型适用于城区室外或者郊区室外环境的模拟预测，使用地图数据主要是一般精度（20m 及以上）的栅格地图。Volcano Rural 模型是一种确定性模型，该模型的原理是使用射线跟踪技术通过垂直面的地形轮廓数据计算收发设备间的损耗值，并进一步对接收信号强度进行测算，该模型可以通用于视距和非视距两种场景。

与 Volcano Rural 模型相比，Volcano Urban 模型侧重于密集城区或者郊区环境的预测仿真，地图数据除了可以采用与 Volcano Rural 模型相同的平面栅格地图，还能够使用较高精度（10m）的 3D 矢量地图。与 Volcano Urban 模型同样是确定性模型，其对 2D 地图数据采用射线跟踪技术进行预测仿真（与 Volcano Rural 模型相同），同时，结合一种考虑多径传播的射线发射技术对 3D 矢量地图进行相应处理，仿真过程中能够自动提取建筑物的高度信息与建筑物外墙的轮廓材质损耗信息，并通过数学模型进行综合计算。另外，在使用 Volcano Urban 模型进行仿真时，其发射机的位置不仅可以选择室外模式，还可以选择室内模式。在选择室内模式后，Volcano Urban 模型的计算会充分考虑从室内到室外这个过程产生的损耗。反之，如果选择室外模式，则计算过程将直接忽略这种损耗。Volcano Urban 的这种特性大幅提高了室内复杂环境进行拟预测的精度和效率。

Volcano Indoor 模型专门适用于室内传播环境，该模型是基于 COST 231 多墙模型进行研发的。使用 Volcano Indoor 模型时，该模型会自动考虑室内环境的结构布局、材质损耗、楼层数量等信息进行综合计算，并且相关的参数还可以通过手动修改进行校正。Volcano Indoor 模型在进行室内环境的仿真建模时，其特点是根据室内环境的 3D 平面结构计算路损。Siradel 公司专门提供了独立安装的数字建筑物模型（Digital Building Model，DBM）编辑工具对室内环境进行精细化建模，DBM 编辑工具通过导入 CAD 的 DXF 工程平面图，然后再进行（例如，结构材质选择、结构材质损耗和楼层高度等）信息的设置后，即可输出适合 Atoll 工程的可扩展标记语言（eXtensible Markup Language，XML）文件，最后导入相应的 Atoll 工程完成仿真计算。

3. iBwave Design

iBwave Design 是由加拿大 iBwave 公司专门为室内无线环境仿真研发的一款集成开发工具软件。iBwave Design 集工程项目资料管理、室内网络规划布局、网络仿真计算及后期优化调整于一身，极大地提升了整体网络的设计效率。另外，"一站式"的管理模式有效地降低了人工成本和工具使用成本。iBwave Design 的具体特点如下。

（1）工程数据自动更新

工程中的文件数据同步更新，如果改变网络中的一个组件信息或者增减组件时，那么整个平面图布局、设备组件数据库和仿真计算过程中涉及相关有变更的组件信息都会随之同步更新，以提高使用者的工作效率，避免手动设置时由于遗忘同步进行数据更新而导致的计算结果偏差。

（2）多格式平面图导入

iBwave Design 支持图片格式平面图的导入，例如，GIF、JPEG、PDF 等格式，同时也支持 AutoCAD 格式的平面图导入。平面图导入后，iBwave Design 可根据需求对平面图进行相应缩放，并可按缩放后的尺寸比例对平面图中的走线长度进行自动测量。

（3）错误检测

iBwave Design 可以提供具体的错误信息以提升纠错效率。例如，两个输出口相互连接、连接器选择错误（公头或母头没有分清楚）、放大器过载等错误，软件会自动检测并输出详细的错误提示信息。

（4）组件数据库

iBwave Design 提供了强大的组件设备数据库，数据库自动与各大厂商的产品数据库通过网络对接来保障数据资料的同步更新。用户可根据具体需求直接从 iBwave Design 的云端数据库拖动相应最新设备器件进行设计和模拟仿真。如果云端数据库缺少所需要的设备器件，用户则可自行添加或者对现有器件设备进行改造。

（5）材料价格清单

iBwave Design 可对所选择的器件设备等材料进行单价设置，并最终统计工程中各项材料的使用数量和总价，以方便设计人员对工程成本进行分析和把控。

（6）统计报告

基于数据统计的仿真模拟报告可帮助设计人员快速分析和优化工程的建设效果。同时，iBwave Design 还能提供包含详细数据的链路预算与走线路由等报告以提升设计效率和准确指导施工建设。

（7）实测数据校正

iBwave Design 支持导入在室内进行的实测数据，实测数据导入后可以直接与预测的计算数据进行对比分析，从而快速定位问题产生的原因。

（8）现场文件保存

工程项目文件中有专门区域用来保存现在的环境照片和预计安装布线图照片等文档资料，方便施工人员参考，以减少安装过程中出现错误和疏漏的概率。

（9）模型选择

进行仿真计算时，根据不同的室内覆盖环境提供具有针对性的传播模型，同时，现有模型的相关参数可手动进行调整，或者自定义传播模型以适应特殊场景的应用。

（10）统一的数据存储

iBwave Design 平台以"一站式"的数据管理和数据存储为特色，对同一工程的所有数据文件（例如，现场影像资料、仿真预测报告、材料清单和平面图设计等）进行分类存储和管理，避免工程数据的碎片化，有效地提升了各阶段对工程版本的控制力。

4. Ranplan

Ranplan 是由英国 Ranplan 公司集成开发的一款工具软件，Ranplan 产品系列是一套支持室内设计、室内 / 外联合仿真 / 优化、室内分布审核、项目综合管理等一体化的综合产品。该产品系列主要由无线网络规划工具 Ranplan Design、无线网络仿真优化工具 Ranplan Professional 以及无线网络综合管理平台 Ranplan Collaboration Hub 3 个部分组成。

（1）无线网络规划工具 Ranplan Design

专业的室内无线网络设计工具支持传统 Design 与基带处理单元 / 射频拉远单元的传统室内分布以及 Lampsite[1]、QCell[2]、皮基站等新型室内分布系统设计，提供丰富的设计组件及智能插件，方便用户完成复杂场景下的多网融合规划设计。

整体来说，Ranplan Design 是一款室内分布系统设计软件，它的特点如下。

① 全新简约、清晰、扁平化的设计界面，建筑建模设计与网络系统设计自由切换，根据设计流程合理分区，支持多种常用编辑操作，避免视觉干扰，专注设计，可以使设计者提升工作效率；能够支持 CAD 图纸的快速智能识别，区分墙壁、楼梯、窗户、门、隧道和其他常见的建筑结构，可以进行 3D 建模。支持无源 / 有源 / 混合室内分布系统网络解决方案。CAD 建筑平面图智能识别如图 4-50 所示。

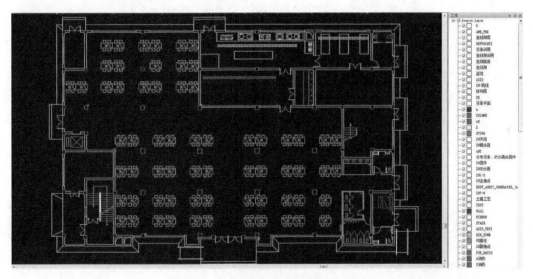

图4-50　CAD建筑平面图智能识别

② 智能设计，以目标为导向的设计方法，自动完成网络系统拓扑设计、校验、排布、优化，自动完成天线位置、Wi-Fi 频点分配，自动配置天线发射参数，智能分析设计结果，快速给出满足设计要求的最佳方案。

③ 建筑模型、网络设备、线缆连接与信号强度分布图的虚拟 3D 呈现，辅助设计的同时，直观、清晰、完美地展示设计效果。3D 楼层及设备布局如图 4-51 所示。

---

1. Lampsite 是华为基于室内数字化理念推出的业界领先的无线多频多模深度覆盖的一种解决方案。
2. QCell 是中兴通讯推出的一款有源室内分布覆盖方案。

图4-51　3D楼层及设备布局

④ 丰富的设备、材质数据库。该数据库包含公共数据库和私有数据库两种类型。其中，公共数据库包含常用的建筑材质、通用设备和无线通信系统数据；私有数据库可以根据用户需要专业定制，用户也可以自行添加、删除和编辑数据库。

- 公共数据库中的常用建筑材质包含 10 多种常见建筑材质及其在 300MHz ～ 70GHz 的无线传播损耗参数。

- 公共数据库中的通用设备包含 2000 多种主流设备厂家的设备参数。

- 公共数据库中的无线通信系统包含所有主流无线通信技术标准。其中包括 5G、LoRa[1]、窄带物联网（Narrow Band Internet of Things，NB-IoT）系统。

⑤ 多样化设计报表，内容丰富，形式灵活，支持导出各种格式的文件报表（例如 ".pdf" ".doc" ".bmp" ".xls" 等），支持导出各种设计报表和综合报告，支持各种区域和设计图纸的打印。

（2）无线网络仿真优化工具 Ranplan Professional

一款室内外联合仿真优化工具，适用于室内、室外以及室内外联合场景，支持 3D 环境建模和 3D 传播模型预测，支持基于用户和业务模型的半动态系统级容量仿真，可以综合评估网络覆盖、质量和容量等无线系统性能指标，大幅提高无线网络规划设计的质量和效率，优化网络结构及网络布局，提升网络建设的投资回报率。

Ranplan Professional 的传播模型 3D 射线跟踪传播系统（Ray-Tracing & Ray-Launching Propagation System，RRPS），模拟电磁波的物理传播特性，预测评估建筑物及地形地貌对无线信号传播的影响，可以快速、准确地预测 3D 环境下的信号强度、到达角（Angle of Arrival，AoA）、功率时延分布（Power Delay Profile，PDP）等信道特性参数。

- 支持 300MHz ～ 70GHz 频率范围。

- 支持 GSM、CDMA、TD-SCDMA、WCDMA、FDD-LTE、TD-LTE、Wi-Fi、LoRa、

---

1. LoRa 是 Semtech 公司开发的一种低功能局域网无线标准。

NB-IoT、5G 网络制式。

● 支持射线跟踪计算的最大次数设置（包括反射次数、衍射次数和透射次数），支持用户快速调整射线跟踪模型计算的精度和速度。

● 支持三维空间离散化，室内计算支持 0.1 ～ 1m 精度，室外计算支持 5m 精度。

● 预测标准误差，室内为 3 ～ 5dB，室外为 3 ～ 8dB，支持对建筑材质参数校正等，能够快速准确地仿真路径损耗、信号强度、重叠覆盖区域、最佳服务小区等网络系统性能参数。

● 全 3D 天线信号强度及覆盖预测。

● 漏泄电缆传播模型预测。

● 通过实测数据校正传播模型。

● 预测结果，热图、统计图多样化呈现。

● 支持室内、室外和室内外联合场景 3D 传播预测。

室内分布系统仿真平面如图 4-52 所示。

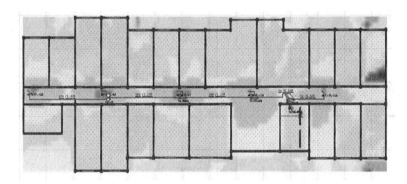

图4-52　室内分布系统仿真平面

室内外联合仿真平面如图 4-53 所示。

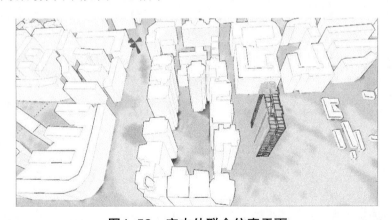

图4-53　室内外联合仿真平面

（3）无线网络综合管理平台 Ranplan Collaboration Hub

浏览器（Browser，B）/服务器（Server，S）架构的云管理平台，可以集中管理 Ranplan Design 和 Ranplan Professional 的项目，支持项目数据云存储和云统计查找，支持物业站点的管理，支持项目设计结果在线智能审核，支持跨平台移植，支持对接外部网优平台、项目审核平台以及流程管理平台等。

5G 室内分布系统验收

Chapter 5

第5章

评估 5G 分布系统是否达到建设目标要求，应对其进行验收检验。5G 室内分布系统的验收环节是建设项目的重要环节。该环节分为工程施工工艺检查和无线网性能验收两个部分，具体包括以下内容。

① 机房、站点环境检查。

② 设备、天馈系统的安装检查。

③ 线缆布放、走道及槽道工艺验收。

④ 电源、监控、塔桅和防雷接地等配套设施安装验收。

⑤ 验收前性能测试、5G 室内分布系统的性能指标等。

工程验收应在完成全部设计工作量、设备安装、测试、竣工文件和提交工程完成报告后进行。

●●5.1 工程施工工艺检查

工程施工工艺检查主要包括"机房、站点环境检查""设备、天馈系统的安装检查""线缆布放、走道及槽道工艺验收"这3个部分。具体检查验收项目根据规范、工艺要求进行判断，验收结果为合格或不合格。

5.1.1 机房、站点环境检查

作为室内分布系统信号源的基站设备（包括基带处理单元），对于工作环境及设备安装机房环境有一定的要求。机房环境检查验收项目见表5-1（主要用于基带处理单元安装的机房），验收结果为合格或不合格。

表5-1 机房环境检查验收项目

序号	检查项目	规范标准	测试工具及方法	验收结果		备注
				合格	不合格	
1	工作温度和湿度	① 温度不超过28℃，机房配有温度计和温度告警设备。② 湿度在15%～80%范围内，必要时，配有湿度计和湿度调节设备	现场检查			
2	机房建筑	机房所有的门、窗、馈线进出口能防止雨水渗入，机房的墙壁、天花板和地板不能有渗水、浸水的现象，机房内不能有水管穿越，不能用洒水式消防器材				
3	安防消防	机房门窗锁闭应安全可靠，机房内各种监控系统、机房照明系统、空调系统应能正常使用，机房内必须配备有效的灭火消防器材				
4	其他	机房整洁干净，没有灰尘及杂物				

对于室内分布站点的环境同样需要进行检查。室内分布站点的环境检查验收项目见表5-2。

表5-2　室内分布站点的环境检查验收项目

序号	测试项目	规范标准	测试工具及方法	验收结果		备注
				合格	不合格	
1	信号源环境	基站设备或直放站设备工作环境及设备安装机房环境符合设计要求	现场检查、审图			
2	器件及材料工作环境	严禁工作在高温、易燃、易爆、易受电磁干扰(大型雷达站、发射电台、变电站)的环境				
3	器件及材料安装环境	安装环境应保持干燥、少尘、通风,严禁出现渗水、滴漏和结露现象	现场检查			
4	建筑物楼内电源系统和防雷接地	符合工程设计要求				
5	室内分布系统工程防火要求	符合防火规范要求				

5.1.2　设备、天馈系统的安装检查

1. 设备安装检查

在室内分布系统建设开始之前,需要检查进场的设备及器材,检查其质量规格是否和设计文件的要求一致。设备及器材开工前检查见表 5-3。

表5-3　设备及器材开工前检查

测试项目	规范标准	测试工具及方法	验收结果		备注
			合格	不合格	
设备及器材开工前检查	设备规格型号应符合工程设计要求,无受潮、破损和变形现象	现场检查			
	材料的规格型号应符合工程设计要求,其数量应能满足连续施工的需要				
	所有器件必须具有批次检测合格报告,工程建设中不得使用不合格的设备和器材。当器材型号不符合工程设计要求而需要做较大改变时,必须提前征得设计和建设单位的同意,并办理设计变更手续				

室内分布系统信源安装完成后，需要对安装的情况进行检查，检查其是否满足设计文件的要求，信号源与设备安装检查见表 5-4。

表5-4　信号源与设备安装检查

测试项目	规范标准	测试工具及方法	验收结果		备注
			合格	不合格	
基站安装	符合基站设计要求	现场检查、审图			
	壁挂式设备的安装必须垂直、牢固，不允许悬空放置	现场检查			
	安装自立式设备，机架应垂直，允许垂直偏差 ≤ 1.0‰				
	同一列机架的设备面板应呈一直线，相邻机架的缝隙应 ≤ 3mm				
	设备机架的防震加固必须符合规范和工程设计要求				
	设备上的各种零件、部件及有关标志正确、清晰、齐全				
	当有两个以上主机设备需要安装时，设备的间距应大于 0.5m，整齐安装在同一水平线（或垂直线）上				
	主机壁挂式安装，主机底部距地面 1.5m				

室内分布系统安装完成后，需要检查室内分布系统的各类器件安装的情况，检查其是否满足设计文件的要求。无源设备安装检查见表 5-5。

表5-5　无源设备安装检查

测试项目	规范标准	测试工具及方法	验收结果		备注
			合格	不合格	
合路器、功分器、耦合器等无源设备安装	安装位置、设备型号必须符合工程设计要求	现场检查、审图			
	安装时用相应的安装件进行固定，并且使其垂直、牢固，不允许悬空放置，不应放置室外（如果遇到特殊情况，则需室外放置，必须做好防水、防雷处理）	现场检查			
	接头牢固可靠，电气性能良好，两端固定				
	设备严禁接触液体，防止端口进入灰尘				
	设备空置端口必须连接匹配负载				
	在多网合路点上（按照是否需要合路确定）做好合路端口的预留开口，并用转接头接好				

有源室内分布系统需要对室内分布系统的各个网元进行供电，其检查的要求和无源分布系统不一样，在有源室内分布系统安装完成后，需要对有源室内分布系统安装的情况进

行检查，检查其是否满足设计文件的要求，有源设备安装检查见表5-6。

表5-6　有源设备安装检查

序号	测试项目	规范标准	测试工具及方法	验收结果		备注
				合格	不合格	
1	有源室内分布系统的各级有源设备安装位置	安装位置符合设计要求	现场检查、审图			
		安装位置确保无强电、无强磁和无强腐蚀性设备的干扰	现场检查			
		有源设备不允许空载加电				
		信号分布系统有源设备应当具备简单网管功能				
2	有源器件安装方式	安装牢固平整，有源器件上应有清晰明确的标识。安装时用相应的安装件进行固定，要求主机内所有的设备单元安装正确、牢固、无损伤和掉漆的现象				
		施工完成后，所有的设备和器件要做好清洁，保持干净				
3	有源器件的电源	电源插板至少有两芯及三芯插座各一个，工作状态时放置于不易触摸到的安全位置				
4	有源器件应有良好接地	应有良好接地，并采用 $16mm^2$ 的接地线与建筑物的主地线连接				

2. 天线和馈线安装检查

无论是有源室内分布系统还是无源室内分布系统，都会涉及室内分布系统天线和馈线安装，部分基带处理单元下层到站点的室内分布系统和皮基站分布系统需要安装 GNSS 天线和馈线，对于天线和馈线的安装需要进行检查和验收。对于室内分布系统的各种天线和馈线，包括 GNSS 天线和馈线的安装都要符合验收要求。天线和馈线安装检查见表5-7。

表5-7　天线和馈线安装检查

测试项目	规范标准	测试工具及方法	验收结果		备注
			合格	不合格	
天线和馈线安装	安装位置、型号必须符合工程设计要求	现场检查、审图			
	室内天线和馈线安装时应保证天线和馈线的清洁干净，天线和馈线安装的过程中不能弄脏天花板或其他设施，保持天花板原有的洁净度	现场检查			

续表

测试项目	规范标准	测试工具及方法	验收结果		备注
			合格	不合格	
天线和馈线安装	挂墙式天线和馈线安装必须牢固、可靠，并保证天线和馈线垂直美观，不破坏室内原有布局	现场检查			
	吸顶式天线和馈线安装必须牢固、可靠，并保证天线和馈线水平。天线和馈线安装在天花板下时，应不破坏室内整体环境；天线和馈线安装在天花板吊顶内时，应预留维护口；室外附挂于墙体类伪装天线和馈线则应使用膨胀螺丝固定于混凝土类墙体，非圆形天线和馈线应保持垂直或者水平放置				
	如果装修吊顶为石膏板或者活动吊顶，则可依照设计要求将天线和馈线安装于吊顶与天花板之间，但必须对天线和馈线固定，不能任意摆放				
	吸顶式天线和馈线不允许与金属天花板吊顶直接接触，在与金属天花板吊顶接触安装时，接触面间必须加绝缘垫片				
	电梯内的天线和馈线固定，必须用膨胀螺栓固定于电梯井壁				
	采用 MIMO 双路无源分布系统方案时，两个单极化天线尽量采用 1.6m 以上间距，如果实际安装空间受限，则双天线间距不应低于 0.7m				
	GNSS 天线和馈线安装	现场检查、审图			

5.1.3　线缆布放、走道及槽道工艺验收

1.线缆布放工艺验收

室内分布系统的线缆主要有射频同轴电缆、漏泄电缆、电源线、接地线、光纤和网线等。各类线缆布放验收都有具体要求，线缆布放工艺验收见表 5-8。

表5-8　线缆布放工艺验收

序号	测试项目	规范标准	测试工具及方法	验收结果		备注
				合格	不合格	
1	一般要求	线缆的规格、型号应符合工程设计要求	现场检查、审图			
		所放线缆应顺直、整齐，线缆拐弯应均匀、平滑、一致，按顺序排列	现场检查			
		线缆两端应有明确的标志				

续表

序号	测试项目	规范标准	测试工具及方法	验收结果		备注
				合格	不合格	
2	射频同轴电缆的布放和电缆头的安装	射频同轴电缆的布放应牢固、美观，不得有交叉、扭曲和裂损等情况	现场检查			
		需要弯曲布放时，弯曲角应保持平滑、均匀，其弯曲曲率半径必须满足射频同轴电缆的指标要求				
		射频同轴电缆经过的线井应为电气管井，不得使用风管管井或水管管井				
		射频同轴电缆应避免与强电高压管道和消防管道一起布放走线，确保无强电、无强磁的干扰				
		射频同轴电缆应尽量在线井和吊顶内的线槽布放，走线美观，并按照规定用扎带固定，且不得与其他厂家的馈线及电线绑扎在一起				
		与设备相连的射频同轴电缆应用馈线夹等工具进行固定				
		射频同轴电缆布放时不能强行拉直，以免扭曲内导体				
		射频同轴电缆的连接头必须安装牢固，接触良好，并做防水密封处理				
		射频同轴电缆在天花板吊顶或井道中通过时，如果已经做接头，则需把接头密封好，以免有杂物进入接头				
		射频同轴电缆绑扎固定的间隔符合设计要求	现场检查、审图			
		电缆头的规格型号必须与射频同轴电缆吻合	现场检查			
		电缆冗余长度应适度，各层的开剥尺寸应与电缆头相匹配				
		电缆头的组装必须保证电缆头平整、无损伤、无变形，各配件完整无损；电缆头与电缆的组合良好，内导体的焊接或插接应牢固、可靠，电气性能良好				
		芯线为焊接式的电缆头，焊接质量应牢固、端正，焊点光滑，无虚焊、无气泡，不损伤电缆绝缘层。焊剂宜用松香酒精溶液，严禁使用焊油				
		芯线为插接式的电缆头，组装前应将电缆芯线（或铜管）和电缆头芯子的接触面清洁干净，并涂防氧化剂后再进行组装				
		电缆施工时应注意端头的保护，不能进水、受潮；暴露在室外的端头必须用防水胶带进行防水处理；已受潮、进水的端头应锯掉				

续表

序号	测试项目	规范标准	测试工具及方法	验收结果 合格	不合格	备注
2	射频同轴电缆的布放和电缆头的安装	连接头在使用之前，严禁拆封；安装后必须做好绝缘防水密封	现场检查			
		现场制作电缆接头或其他与电缆相接的器件时，应有完工后的驻波比测试记录，组装好电缆头的电缆反射衰减（在工作频段内）应满足设备和工程设计要求	现场检查、审查记录			
		所有 7/8 英寸、5/4 英寸的射频同轴电缆要用粗扎带捆扎，没有用 PVC 管的地方要用黑色扎带，有白色 PVC 管的地方用白色扎带；两条以上的射频同轴电缆要平行放置，每条线单独捆扎				
		射频同轴电缆接头与主机/分机、天线、耦合器和功分器连接时，距离射频同轴电缆接头必须保持 50mm 的射频同轴电缆为直出，之后的连接部分方可转弯				
		杜绝因连线太长而盘踞在器件周围，必须做到在确定好射频同轴电缆长度后再锯掉，做到一次成功，较短的连线要先测量好以后再做，不要因为不易连接而打急弯				
3	漏泄电缆的布放	漏泄电缆的布放除了满足射频同轴电缆布放要求，安装位置和安装方式还必须符合工程设计要求，如果安装位置需要变更，则必须征得设计单位和建设单位的同意，并办理设计变更手续	现场检查			
		漏泄电缆布放的最小弯曲半径、最大张力和固定夹最小间隔等应满足相应的技术指标				
		漏泄电缆布放时，不应从锋利的边或角上划过。如果不得不将漏泄电缆长距离的部分从地面或小的障碍物上拉过，则应使用落地滚筒				
4	走线管	对于不在机房、线井和天花板吊顶中布放的射频同轴电缆，应套用 PVC 走线管。要求所有走线管布放整齐、美观，其转弯处要使用转弯接头连接				
		走线管应尽量靠墙布放，并用馈线夹等工具进行固定，其固定间距应能保证走线不出现交叉和空中飞线的现象				
		如果走线管无法靠墙布放（例如，地下停车场），馈线走线管可与其他线管一起走线，并用扎带与其他线管固定				

续表

序号	测试项目	规范标准	测试工具及方法	验收结果		备注
				合格	不合格	
4	走线管	走线管进出口的墙缝应用防水、阻燃的材料进行密封				
5	电源线的敷设	电源线的敷设路由及截面应符合设计规定。直流电源线和交流电源线宜分开敷设，避免绑在同一线槽内	现场检查			
		敷设电源线应平直、整齐，不得出现急剧弯曲和凹凸不平的现象；电源线转弯时，弯曲半径应符合相应技术标准				
		电源线的布放在同一平面上可采用并联复接的方式走线				
		芯线间和芯线与地间的绝缘电阻应 ≥ 1MΩ				
		电源线必须根据设计要求穿铁管或 PVC 管后布放，铁管和 PVC 管的质量和规格应符合设计规定，管口应光滑，管内清洁、干燥，接头紧密，不得使用螺丝接头，穿入管内的电源线不得有接头				
		电源线与设备连接应可靠、牢固，电气性能良好				
		电源插座的两芯和三芯插孔内部必须事先连接完后才可以实际安装				
		电源插座必须固定，如果使用电源插板，则电源插板需放置于不易触摸到的安全位置				
		电源线与同轴电缆平行敷设时，隔离符合设计要求	现场检查、审图			
6	接地线的敷设	机房接地母线的布放应符合工程设计要求	现场检查、审图			
		机房接地母线宜用紫铜带或铜编织带，每隔 1m 左右在电缆走道固定一处	现场检查			
		接地母线和设备机壳之间的保护地线宜采用 $16mm^2$ 左右的多股铜芯线（或紫铜带）连接				
		当接线端子与线料为不同材料时，其接触面应涂防氧化剂				
		电源地线和保护地线与交流中线应分开敷设，不能相碰，更不能合用。交流中线应在电力室单独接地				

序号	测试项目	规范标准	测试工具及方法	验收结果		备注
				合格	不合格	
7	光纤（含光电复合缆）的布放	光纤的布放、光纤连接线的路由走向必须符合施工图设计文件（方案）的规定，且应整齐、美观，不得出现交叉、扭曲和空中飞线等情况	现场检查、审图			
		光纤连接线两端的余留长度应统一，并符合工艺要求				
		尾纤的布放必须采用阻燃塑料软管、PVC 管或尾纤槽加以保护，并用扎带固定。无套管保护部分宜用活扣扎带绑扎，扎带不宜扎得过紧				
		当光纤需要弯曲布放时，要求弯曲角保持平滑。其曲率半径 ≥ 40mm				
		编扎后的光纤连接线在槽道内应顺直，无明显扭绞现象				
8	网线的布放	远端有源天线单元与扩展单元的网线实际长度尽量控制在 100m 以内，如果远端有源天线单元与扩展单元的网线实际长度大于 100m 时，则需改用光电复合缆	现场检查、审图			
		网线在布放时，应考虑供电安全、尽量避开锋利物体或墙壁毛刺，可采取衬套防护线缆；可采用阻燃塑料软管、PVC 管或电缆槽加以保护并用扎带固定。采用 PVC 管时应尽可能靠墙布放并固定，走线应横平竖直				
		网线布放时应尽量远离热源，或与热源间增加隔热材料				
		网线的布放、路由走向必须符合施工图设计文件（方案）的规定，且应整齐、美观，不得出现交叉、扭曲和空中飞线等情况				
		网线两端的余留长度应统一，并符合工艺要求。RJ45[1] 接头压制做工需满足设计、施工要求				
		当网线需要弯曲布放时，要求弯曲角保持平滑。其曲率半径 ≥ 25mm，在转弯处或附近保留适当余量（建议 0.1m 左右）				

续表

序号	测试项目	规范标准	测试工具及方法	验收结果 合格	验收结果 不合格	备注
8	网线的布放	爬梯及走线架上的网线应绑扎牢固，网线在垂直上升段绑扎点间隔应不大于1m。室内网线敷设完成后，对于网线进线穿越的楼板洞、墙洞需用防火材料封堵。网线设备端应留有一定空余长度，在设备附近保留适当余量（建议0.1m左右），并绑扎整齐固定，便于后期检修、维护线缆及设备。五类线应避免与强电、高压管道和消防管道等一起布放，确保其不受强电、强磁等源体的干扰。网线布放必须符合设计文件的要求，至少网线两端1m范围内应整齐、美观，中途杜绝出现空中飞线等情况。线缆安装完成后，必须在线缆两端、中间接续处或者转弯处粘贴标签或绑扎标牌	现场检查、审图			

注：1. RJ45 是布线系统中信息插座连接器的一种，RJ 是 Registered Jack（注册的插座）的缩写。

2. 室内分布系统电缆走道及槽道安装工艺验收

室内分布系统电缆走道及槽道安装工艺有具体的要求，室内分布系统电缆走道及槽道安装工艺验收见表5-9。

表5-9 室内分布系统电缆走道及槽道安装工艺验收

测试项目	规范标准	测试工具及方法	验收结果 合格	验收结果 不合格	备注
电缆走道（或槽道）安装	电缆走道（或槽道）的位置、高度应符合工程设计要求	现场检查、审图			
	电缆走道的组装应平直，无明显扭曲和歪斜，横铁安装位置应满足电缆下线和弯曲要求，横铁排列均匀	现场检查			
	整条电缆走道安装应平直，无明显起伏和歪斜现象				
	电缆走道与墙壁或机列应保持平行				
	安装电缆走道的吊挂或立柱应符合工程设计要求，安装应垂直、整齐、牢固				
	电缆走道的侧旁支撑、终端加固角钢的安装应牢固、端正、平直				
	沿墙水平电缆走道应与地面平行，沿墙垂直电缆走道应与地面垂直				

续表

测试项目	规范标准	测试工具及方法	验收结果		备注
			合格	不合格	
电缆走道（或槽道）安装	所有支撑加固用的膨胀螺栓余留长度应一致（螺帽紧固后余留 5mm 左右）	现场检查			
	所有油漆铁件的漆色应一致，刷漆均匀，不留痕，不起泡				

●● 5.2 无线网性能验收

无线网性能验收主要针对无线网主设备的各种性能进行测试，并结合分布系统对无线网覆盖与性能指标进行测试。

无线网设备性能测试合格，调测完毕入网后，进行 DT/CQT 以获取无线网性能指标，确认是否满足室内分布系统的技术指标要求。

5.2.1 验收前性能测试

分布系统验收前应进行设备及分布系统的性能测试，确认设备安装合格，分布系统施工符合设计要求。测试环境、测试工具及测试方法应按照相关规范或规定执行。测试过程应有建设单位委托的监理单位、施工单位和供货单位的相关技术人员共同参与。测试完毕应提交设备性能和系统性能自检测试报告。

室内分布系统检查测试的具体要求如下。

① 无源天线和馈线系统驻波比应小于 1.5。

② 天线口输出功率应符合工程设计要求。

③ 分布系统多通道间的链路参数应满足工程设计要求。

④ 覆盖性能检测测试应包括信号覆盖电平、噪声电平、信号信噪比、天线发射功率和信号漏泄等，测试的各项指标应符合工程设计的指标要求。

5.2.2 5G 室内分布系统的性能指标

5G 室内分布系统的性能指标，具体参考 4.1 章节室内分布系统设计总体原则中的相关性能指标要求，电信运营商如果选择特殊的覆盖要求，则根据其特殊的性能指标要求进行建设。

5.2.3 性能验收

无线网性能验收要求被测设备安装完毕，硬件软件全部工作正常，数据正确配置并可以正常运行。对于室内分布系统，由于其特殊性，只做一个阶段的系统验收，不区分单站和工程验收阶段。

无线网覆盖与性能指标包括但不限于以下内容。

网络覆盖指标包括覆盖区域内测试终端接收电平、信号质量统计。

网络质量指标包括连接建立成功率与连接建立时延、呼叫成功率、掉线率、切换成功率、切换时延、用户平均吞吐量、用户峰值速率和小区平均吞吐量等。

根据 5G 网络的实际应用，5G 室内分布系统验收指标一般包括以下内容。

1. 覆盖类指标

覆盖类指标包括无线覆盖率、单用户下行速率达标率、单用户上行速率达标率、单用户下行平均速率、单用户上行平均速率、单用户下行峰值速率、单用户上行峰值速率和多载波的单用户上下行峰值速率等。

2. 接入类指标

接入类指标包括 NR 接入成功率、NR 接入时延、新空口承载语音（Voice over New Radio，VoNR）呼叫成功率和 VoNR 呼叫建立时延等。

3. 保持类指标

保持类指标包括 NR 数据业务掉线率等。

4. 移动性指标

移动性指标包括室外切换成功率、室内切换成功率和 5G 切换时延等。

5. 干扰漏泄指标

干扰漏泄指标包括室外漏泄和上行通道底噪等。

以上指标为 5G 室内分布系统的典型测试指标，具体因电信运营商的 5G 频段、频宽、特殊要求有所差异。测试方法主要包括路测和拨打测试两种。

●●5.3 验收流程

无线通信室内分布系统工程验收工作流程如图 5-1 所示。

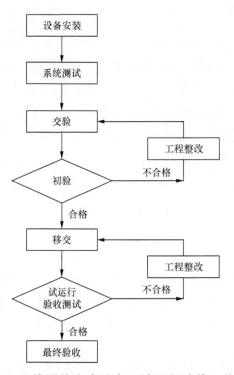

图5-1 无线通信室内分布系统工程验收工作流程

●● 5.4 工程初验、工程试运行和工程终验

5.4.1 工程初验

设备割接入网后，经过联网测试和工程网优，检查测试全部合格，具备工程初验条件，方可提出工程初验申请。

建设单位根据有关文件要求组织验收小组进行初步验收。施工单位、设计单位、监理单位、设备供应商及代理商应给予积极配合。

室内分布系统初验测试内容应包括通话质量、数据业务速率、误码块、帧率和切换测试等。初验测试的操作方法可依照设备供应商的技术文件使用的相关专用仪表来进行。

在初验测试时，如果发现主要指标和性能达不到要求，则应由责任方负责及时处理，确认问题解决后，再重新测试。

验收小组应对施工质量给出评价和做出结论，衡量施工质量标准的等级一般包括优良和合格两种。

优良：主要工程项目全部达到施工质量标准，其余项目较施工质量标准稍有偏差，但不影响设备的使用和寿命。

合格：主要工程项目基本达到施工质量标准，不影响设备的使用和寿命。

5.4.2　工程试运行

工程试运行应从初验测试通过后开始，工程试运行时间原则上为 6 个月，不得少于 3 个月。

工程试运行期间，应保证 90% 以上的新建基站已割接入网，并可以正常运行。

工程试运行期间，测试的主要性能和指标应达到工程设计指标及规范要求，方可进行工程终验。如果主要指标不符合要求，应从次月开始重新进行测试。在工程试运行期间，如果故障率总指标合格，但某月的指标不合格，应追加一个月，直到故障率总指标合格为止。

工程试运行期间，所有设备应加载联网运行。

工程试运行观察项目应包括系统的建立功能、系统的信号方式、系统的各种主要网络管理功能及设备性能的稳定性，其指标要求与工程初验相关内容相同。

工程试运行观察项目及指标的主要来源应包括话务统计、告警分析、路测分析结果及用户投诉分析情况。

工程试运行相关测试项目、测试的方法和指标与工程初验相关内容相同。

5.4.3　工程终验

在工程试运行结束，相关遗留问题解决后，建设单位（或主管部门）应组织工程终验。

在工程终验过程中，建设单位（或主管部门）应主要检验系统的稳定、可靠和安全性能，并应对下列项目进行检查。

① 工程初步验收提出的遗留问题的处理情况。

② 工程试运行情况报告。

③ 验收小组确定的系统指标抽测项目。

④ 工程技术档案的整理情况。

建设单位（或主管部门）在工程终验后，应对工程质量和工程技术档案进行评价，形成终验报告。

对通过竣工验收的工程，验收小组应对工程质量给予评定，并向参与工程建设的各方颁发验收证书。工程质量评定标准应符合以下规定。

系统全部满足设计指标要求，试运行稳定可靠，主要安装工程项目全部达到施工质量标准，应评为优良。

系统基本满足设计指标要求，适应性稳定可靠，主要安装工程项目基本达到施工质量标准，其他项目较施工质量标准稍有偏差，但不会影响设备的使用寿命，应评为合格。

5G 室内分布系统建设管理

Chapter 6

第6章

通过充分了解室内分布系统工程的各个环节和作用，可以提升实际工程的建设质量和加快实际工程的建设进度，间接提升用户感知的能力。

本章旨在从工程建设和管理角度进行论述：首先，通过分析5G室内分布系统工程建设的全过程管理，对工程项目的全生命周期的各环节进行把控；其次，就5G室内分布系统工程的建设施工做出明确要求，以保证实际工程项目的优质高效建设；再次，通过分析5G室内分布系统的共建共享，以实现减少建设成本的目标；最后，讨论了5G室内分布系统节能的各种可能，进一步提升5G室内分布系统的节能减排成效。

●● 6.1   5G 室内分布系统工程建设的全过程管理

5G 室内分布系统工程建设的全过程管理是对工程项目的全生命周期的各个环节进行把控。

6.1.1   项目全过程流程

基本建设程序是对基本建设项目从酝酿、规划到建成投产所经历的整个过程中的各项工作开展先后顺序的规定。基本建设程序划分为若干个进展阶段和工作环节，它们之间的先后次序和相互关系不是任意决定的，有着严格的先后顺序，不能任意颠倒。室内分布系统项目基本建设程序流程如图 6-1 所示。

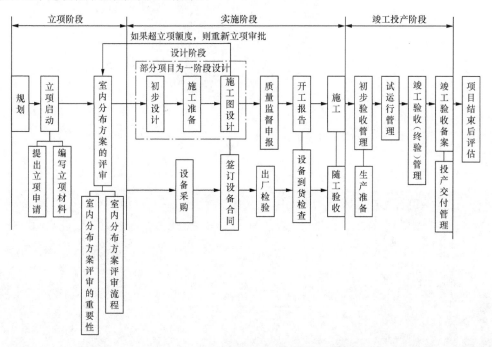

图6-1   室内分布系统项目基本建设程序流程

6.1.2   立项阶段管理

1. 规划

室内分布系统建设也需要规划，不能简单认为只要有需求，就可以马上开始建设。为了指导并规范实际工程建设的开展，达到全局把控、投资管控的目的，必须积极开展室内分布系统的规划工作。

以某电信运营商为例，每年的年中启动规划，用以指导未来 3 年网络建设发展方向，尤其是对第二年的建设规模及建设投资具有很强的指导意义。

规划期间，需要进行网络建设需求分析，开展站址预规划工作，进行站址匹配。站址匹配的原则需要从多个方面考虑，例如，建设场景的重要性、经济与人口重点区域和建设优先级排序等；需要遵循电信运营商网络结构、覆盖指标、服务质量和共建共享等要求，提升规划站址的准确性。

2. 立项启动

根据规划的批复资金及规模，准备建设相关室内分布系统的立项启动工作。

（1）提出立项申请

首先，向相关项目主管部门提出立项申请，立项申请的主要内容包括介绍需要立项项目的理由、规模及投资；其次，召开相关会议，决策是否立项。

（2）编写立项材料

根据相关决策，如果决定立项，则启动相关的立项工作，编制相关立项材料。

立项材料包括可行性研究报告或项目建议书，具体内容应包括投资必要性、技术可行性、财务可行性、组织可行性和风险评估等。

可行性研究报告或项目建议书可由建设单位委托相关设计单位进行编写和制作。

立项文件编写和制作完成后，由建设单位进行评审，并进行可研（立项）批复。

3. 室内分布方案的评审

在室内分布项目实施前，应进行室内分布方案的评审。

（1）室内分布方案评审的重要性

① 优化方案：逐级审核优化方案，室内分布设计人员根据站点的勘察情况，进行方案编制及提交地市电信运营商建设部门初步审核，地市电信运营商建设部门初步审核通过后，可将方案提交给省建设主管部门进行二次审核，以满足整体规划目标思路及匹配批复投资及规模。不同类型的室内分布站点优化方案如下。

自建站点：根据不同的场景，采用不同的室内分布系统建设手段，审核重点是排除不符合相关场景的覆盖手段。

租赁站点：要求采用少量设备信源来覆盖尽可能大的面积，不能因为采用的是共建共享方式，过多地采用信源并浪费信源的功率，可以采取优化方案的策略，增加直放站来覆盖。

其他建设模式站点（例如，收费代建）：应保证最终的室内分布覆盖目标达到设计要求。

② 控制成本：对室内分布系统进行成本审核，以满足建设投资要求。

自建站点：要求在满足覆盖及容量需求的情况下，建设成本控制在一定范围内。

租赁站点：要求其租赁费用分摊低于建设分布系统的成本。

其他建设模式站点（例如，收费代建）：主要成本为主设备本身的采购和维护成本。

③ 理清思路：由于网络建设的各个阶段有不同的情况，例如，建设资金、信源等情况，建设思路会有一定的变化。对不同阶段提交的室内分布系统方案进行审核，使其符合规划建设中随时的变化。

（2）室内分布方案评审流程

典型的室内分布方案评审流程如图 6-2 所示。

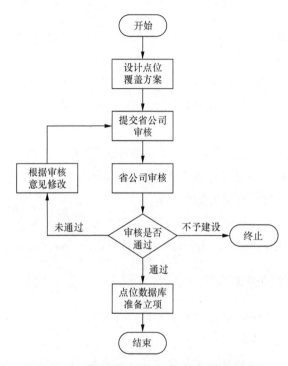

图6-2　典型的室内分布方案评审流程

室内分布方案审核的重点是投资方案审核和成本方案审核。

① 投资方案审核：核实建设的场景、审核方案的合理性和审核投资的合理性。

② 成本方案审核：核实建设的场景、审核方案的合理性和审核租金的合理性。

6.1.3　实施阶段管理

1. 设计阶段

室内分布系统项目立项后，进入项目的设计阶段，由建设方委托相关设计院编制实施计划，具体分为以下两种情况。

① 工程项目采用二阶段设计，二阶段设计分为初步设计和施工图设计，在初步设计阶段编制设计概算，施工图设计阶段编制施工图预算。

② 工程项目采用一阶段设计，编制一阶段设计及一阶段设计预算。

初步设计及施工图设计需要进行设计评审，如果最终概（预）算投资额度超过可行性研究报告批复的立项额度，则需要重新评估项目的可行性，必要时，需重新进行立项审批。

设计评审通过后，根据评审纪要进行修改，并由建设方进行设计批复。

采用二阶段设计的工程项目，在初步设计完毕后，开始进行施工准备工作。

2. 设备采购

（1）无线网主设备采购的背景

无线网主设备采购是项目流程中非常重要的一个阶段，对项目的工程质量与造价影响巨大。

目前，无线网主设备的配置复杂，尤其是 5G 主设备的设备类型众多，功能多样化，价格差别较大，需要采购负责人进行无线网主设备配置的核对及价格的确认工作。需要注意的是，必须对最终设备配置进行监督核查，才能采购到更符合实际、性价比更高的产品。

（2）无线网主设备采购流程

① 研究采购文件，具体包含主设备目录库及报价、采购要求等。

② 组织相关采购专家，根据实际项目需求，编制设备采购需求表。

③ 设备采购需求表经确认后，发给相关设备厂商，由设备厂商提供详细配置及报价。

④ 电信运营商采购部门联合建设部门需求，审核设备厂商的详细配置和报价，并提出进一步修改要求。

⑤ 根据修改要求，相关设备厂商进行配置及报价的修改。以上修改流程反复进行，直至采购文件符合本项目的规模和价格要求。一般每期项目工程会规定上限采购价格，采购价格不得超出该上限。

⑥ 相关主设备厂商提交最终符合本次采购要求的文件，由电信运营商组织采购专家再次确认，保证相关文件无误后，提交上级采购部门。

⑦ 根据最终的设备采购清单挂账、下单。设备厂商发货，建设部门接收，设备到货检验后进行安装。

3. 质量监督申报

（1）申报手续

建设单位应当在通信建设工程开工 5 个工作日前办理通信建设工程质量监督申报手续。投资规模较小的通信建设工程项目可以集中办理通信建设工程质量监督申报手续。

建设单位办理通信建设工程质量监督申报手续，应当通过质监管理平台提交《通信建设工程质量监督申报表》和以下文件材料。

① 项目立项批准文件。

②施工图设计审查批准文件。

③工程勘察、设计、施工和监理等单位的资质等级证书。

④其他相关文件。

（2）质量监督

①检查工程质量责任主体执行建设工程质量法律、法规和通信建设工程强制性标准的情况。

②检查工程质量责任主体落实工程质量责任和义务、建立质量保证体系和质量责任制度情况。

③检查影响工程质量、安全和主要使用功能的关键部位和环节。

④检查工程使用的主要材料和设备的质量。

⑤检查工程防雷和抗震等情况。

⑥检查工程质量监督申报和工程竣工验收的组织形式及相关资料。

（3）质量监督流程

质量监督流程如图 6-3 所示。

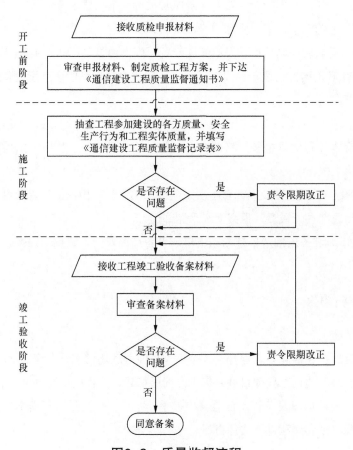

图6-3　质量监督流程

4. 开工报告

开工报告由施工单位在工程项目施工前由施工单位编制，一般应包括施工许可、设计交底记录及施工组织设计方案等。

建设单位（或监理单位）应审查施工单位提交施工组织设计中的资质，具体包含企业资质和安全生产许可证，审查项目经理和专职安全生产管理人员是否具备通信行业监管部门颁发的相应类别的《安全生产考核合格证书》[建筑施工企业主要负责人（A类证）、建筑施工企业项目负责人（B类证）、建筑施工企业专职安全生产管理人员（C类证）]。审查批准施工单位提出的施工组织设计、安全技术措施和危险性较大的部分工程安全专项施工方案；监督检查安全技术措施、施工技术方案和施工进度计划的实施情况。

6.1.4　竣工投产阶段管理

竣工投产阶段分为初步验收、试运行、竣工验收（终验）、竣工验收备案和投产交付5个阶段。

1. 初步验收管理

工程项目达到预定可使用状态以后，由建设单位组织财务部门和网络维护部门等相关部门共同组成初验小组，同时，召集设计单位、施工单位和监理单位（如有）等相关方参加，共同对项目进行初步验收，并形成初验文件。

（1）验收条件

施工单位完成项目主体工程量，工程自检合格，提交完工报告。

施工单位提交正式的竣工资料（竣工文本、材料平衡表和工程余料缴料退库等）。

（2）验收组织构成

验收组织一般由建设单位、财务部门、网络维护部门、设计单位、施工单位和监理单位等构成。

（3）初步验收

① 核查工程质量，主要包括项目实现设计要求的功能、性能情况和施工工艺质量，确定是否达到施工验收规范和设计文件要求。

② 核查工程量，核对竣工图的准确性、规范性。

③ 核查竣工图主要的工作包括确认标注准确，设备端口和地址等资源配置准确，距离标注准确。

④ 核查竣工图的图章和责任人签字。

⑤ 形成初步验收意见，编制初验报告、初验会议纪要，如果存在问题，则出具整改通

知书。

　　⑥ 初验日期：初验批复签发之日即为通过初步验收的日期。

　　⑦ 签发初验证书：初步验收通过后，初验小组给主设备厂家及施工单位签发初验证书。

2. 试运行管理

（1）试运行通知

项目初验合格以后，电信运营商建设部门发试运行通知给使用部门。建设单位会同使用部门对设备进行试运行，以检查工程是否符合合同要求。

（2）试运行报告

试运行结束后，使用部门应出具试运行报告，由部门负责人或其指定人员审阅。然后，试运行报告交由建设部门项目管理人员审阅接收，开始组织终验。

（3）试运行报告出具单位

试运行报告由使用部门编制，提交建设部门。

3. 竣工验收（终验）管理

项目初验后，建设单位收到施工单位提交的工程结算报告（竣工文本、结算文本）以后，由该工程负责人或其授权人审核，审核无误后，提交审计部门，对项目进行结算审计。

（1）终验条件

① 初步验收 3 ～ 6 个月以上（或根据相关协议约定）。

② 试运行通过，初步决算经过审核或审计，工程余料缴料退库已移交完毕，初验遗留问题已整改，并已复验通过。

③ 所有工程技术文档已系统整理，可以随时移交维护和归档。

④ 对不影响工程生产能力和发挥效益的少量收尾工作，建设单位应该在竣工验收后继续负责，保证这些工作顺利完成。

（2）终验报告

完成试运行后，建设单位组织财务部门、网络维护部门、设计单位、施工单位和监理单位（如有）对项目进行验收，审阅竣工验收文件。竣工验收文件审阅无误后，由验收小组出具终验报告并签字，然后根据终验流程生成终验批复文件。

（3）竣工决算

项目竣工决算是反映项目建设成果和财务情况的总结性文件，是正确核定新增固定资产价值、办理固定资产交付使用手续的依据。建设单位必须重视竣工决算的编制工作，做到编报及时、数字准确和内容完整。

（4）签发终验证书

终验通过后，建设单位给主设备厂家与施工单位签发终验证书。

4. 竣工验收备案管理

建设单位应当自通信建设工程竣工验收合格之日起15日内，通过质监管理平台提交《通信建设工程竣工验收备案表》及《通信建设工程竣工验收报告》。

通信质量监督机构收到《通信建设工程竣工验收报告》后，应当重点对基本建设程序、竣工验收的组织形式和竣工验收资料是否符合有关规定进行监督，如果发现有违反有关规定的行为，则应当责令停止使用，限期改正。建设单位改正后，应当重新组织工程竣工验收。

5. 投产交付管理

投产交付管理需重点关注工程档案的管理。

工程档案需工程竣工验收后3个月内归档，并按规定向有关部门移交。

工程档案管理需重点关注的具体内容包括项目建设依据性文件、法律性文件、基础性文件、施（竣）工文件及工程竣工图的齐全完整和编制质量情况。

围绕项目管理全生命周期的归档文件包括项目审批流程文件、合同、设计文件、监理文件和施工（竣工）文件等。

各阶段的主要文件材料如下。

（1）工程立项阶段的文件材料

① 工程项目建议书及其批准文件。

② 工程选址意见书及其批准文件。

③ 可行性研究报告和修改后的可行性研究报告及批准文件。

④ 可行性研究报告会审纪要。

⑤ 工程评估文件。

⑥ 环境预测、调查报告、专家建议、环境影响报告书和批准文件。

⑦ 计划任务书。

（2）工程管理阶段文件材料

① 征地和拆迁文件。

② 计划、投资和管理文件。

③ 专项审批文件。

④ 招标、投标、承／发包合同协议。

⑤ 设备采购（含涉外文件）。

⑥ 生产技术准备和试运行文件。

⑦ 工程财务文件。

⑧ 工程监理文件。

（3）工程设计阶段文件材料

① 设计基础文件。

② 设计文件。

（4）工程施工阶段文件材料

① 工程施工文件。

② 配套设备及管线安装施工文件报告。

③ 工程施（竣）工文件。

（5）工程验收阶段文件材料

① 初步验收文件。

② 竣工验收文件。

6.2 5G 室内分布系统工程的建设施工要求

6.2.1 设备及器件安装要求

1. 设备机架安装要求

应根据室内机房平面布置图纸核对机柜机架安装位置和安装方向。

设备机架应垂直水平安装牢固，垂直度偏差应不大于机架高度的 1‰。

机架上的各种零件不得脱落或损坏，漆面如有脱落应及时补漆，所有紧固件应紧密固定。

同一列机架设备正面的面板应呈一直线，机架门应开关自如，相邻机架间缝隙上下均匀，不应大于 3mm。

设备机架的防震加固应符合《通信设备安装工程抗震设计标准》（GB/T 51369—2019）和工程设计要求。

对于地下室或有防静电地板的机房，机柜不允许直接安装于地板上，需安装抗震底座，底座要求做防锈处理。

设备机架或壁挂机箱应采用截面积不小于 $16mm^2$ 的多股铜线连接到接地汇集线上。

设备机架安装示意如图 6-4 所示。

图6-4　设备机架安装示意

2. 机架内设备安装要求

机架内设备一般有基带处理单元、电源分配单元（Direction Current Distribution Unit，DCDU）等。

设备安装时采用机架两侧安装托板的方式对设备进行支撑，机架两侧与机架立柱通过螺栓拧紧固定。

各种螺栓必须拧紧，同类螺栓露出的螺帽长度必须保持一致。

机架内的线缆应沿着机架两侧线槽进行布放，并绑扎结实，线缆避免交叉；电源线和信号线应分别从机架两侧分开布放，避免相互干扰。

基带处理单元综合机柜内设备布置示意如图 6-5 所示。

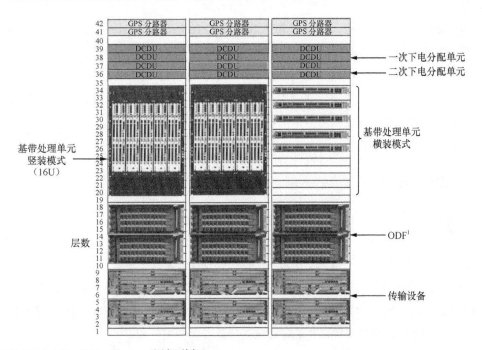

1. ODF（Optical Distribution Frame，光纤配线架）。

图6-5　基带处理单元综合机柜内设备布置示意

基带处理单元、电源分配单元安装在 19 英寸标准机柜内，采用机架两侧安装托板的方式支撑基带处理单元、电源分配单元，机架两侧与机架立柱通过 M6 螺栓进行固定。

基带处理单元、电源分配单元设备采用截面积不小于 2.5mm² 的多股铜线接到机架或壁挂机箱内的接地排上。

3. 壁挂设备安装要求

5G 分布系统的壁挂设备主要包括射频拉远单元、直放站、有源室内分布设备、配电箱和光纤分配箱等。

壁挂式设备应安装在满足承重要求的墙体上，安装应牢固稳定；安装墙体应为混凝土墙或砖（非空心砖）墙等。

设备挂墙安装应保证水平／竖直方向偏差均小于 ±1°，设备正面的面板朝向应便于工作人员接线及维护。

设备安装件的安装应符合相关设备供应商的安装及固定技术要求，所有配件应拧紧固定。

利用机架上的接地螺栓对通信设备外壳接地时，应使用花刺垫片，花刺垫片应位于设备外壳与接地端之间。

壁挂设备采用 2 个或者 4 个锚栓于房屋结构或满足抗震要求的墙体上，锚栓采用后扩底锚栓或定型化学锚栓，具体应根据设计要求进行安装。

如果壁挂设备（含机框）的重量大于 10kg 且设备中心与墙体距离大于 150mm，则在设备底部增加三角支架进行支撑。

有源室内分布设备的中继单元支持挂墙或者机柜内安装，室内安装的中继单元一般安装于楼宇内的弱电竖井，接地线就近连接到弱电竖井，接地线应使用截面积不小于 16mm^2 的多股铜线。有源室内分布的微型射频拉远单元一般安装于吊顶位置，其安装方式应符合相关厂家对施工安装的要求。

4. 室内分布系统器件安装要求

室内分布系统的器件主要分为有源器件和无源器件两种。其中，有源器件主要有干线放大器；无源器件主要有连接器、功分器、合路器、耦合器和多系统合路平台等。

各类器件的安装位置和设备型号必须符合工程设计要求。

安装时应该使用相应的安装件进行固定，并且使其垂直、牢固，不允许悬空放置，如果遇到特殊情况需室外放置，则必须采用符合 IP65 ［IP 是英文 Ingress Protection（进入保护）的缩写］防护等级规格的器件，并做好防水处理。

室内分布系统器件安装示意如图 6-6 所示。

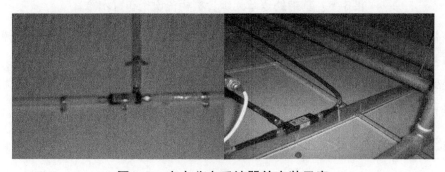

图6-6　室内分布系统器件安装示意

器件接头牢固可靠，电气性能良好；器件两端应固定，严禁接触液体，并防止端口进入灰尘；器件应安装在易维护位置。另外，每个无源器件应有清晰明确的标识，空置端口必须连接匹配的负载。

POI 设备或多网合路器安装设备位置、设备型号必须符合工程设计要求；安装时应该使用相应的安装件进行固定，并且使其垂直、牢固。如果遇到多家电信运营商，则应将各家电信运营商的输入端分开标识清楚。POI 安装示意如图 6-7 所示。

图6-7　POI安装示意

需要注意的是，有源器件需要进行接地处理，无源器件一般情况下不需要接地。如果 POI 系统自带监控（有源），则 POI 设备必须进行接地，接地线汇接到主地排上。

6.2.2　走线架安装要求

线缆走道的安装应符合以下要求。

① 整条线缆走道应平直，无明显起伏或歪斜现象。

② 线缆走道与墙壁或机架列应保持平行，水平偏差不应大于 2.0‰。

③ 线缆走道吊挂应符合工程设计要求，吊挂安装应垂直、整齐和牢固。

④ 线缆走道的地面支柱安装应垂直、稳固，垂直偏差不应大于 1.5‰。同一方向的立柱应在同一条直线上。如果立柱妨碍设备安装，则可适当移动立柱位置。

⑤ 线缆走道的侧旁支撑和终端加固角钢的安装应牢固、端正和平直。

⑥ 沿墙水平线缆走道应与地面平行，沿墙垂直线缆走道应与地面垂直。

⑦ 线缆走道穿过楼板孔洞或墙洞处应加装保护框，电缆放绑完毕应有非燃烧材料盖板或防火泥封住洞口，保护框和盖板均应刷漆，其颜色应与地板或墙壁一致。

⑧ 所有支撑加固用的锚栓余留长度应一致（螺帽紧固后余留 5mm 左右）。

⑨ 机房内所有油漆铁件的漆色应一致，刷漆（或补漆）均匀，不留痕，不起泡。

⑩ 室内的走线架及各类金属构件必须接地，各段走线架之间必须采用电气连接。

走线架安装示意如图 6-8 所示。

图6-8 走线架安装示意

6.2.3 线缆布放要求

1. 室内电源线的布放要求

室内电源线的规格、型号及颜色应符合工程设计要求，布放应排列整齐、美观，不得有交叉，连接良好。室内电源线外皮颜色要求见表6-1。

表6-1 室内电源线外皮颜色要求

直流电源		交流电源	
正极	红色	L_1^1 相	黄色
		L_2 相	绿色
负极	蓝色	L_3 相	红色
		中性线	浅蓝色
		保护地线	黄绿色

注：1. L 是英文 Live Wire 的缩写，中文意思为火线。

采用的室内电源线必须是整条电缆，严禁中间接头；室内电源线外皮应完整，芯线及金属护层对地的绝缘电阻应符合出厂要求。

交 / 直流电源的室内电源线应分开布放；室内电源线与信号线应分开布放，间距不应小于 150mm。

室内电源线拐弯应平滑均匀，铠装室内电源线的敷设弯曲半径不得小于外径的 20 倍，塑包电源线弯曲半径应不得小于其外径的 6 倍。

在室内电缆走道上布放的室内电源线应进行绑扎，绑扎后的室内电源线应相互紧密靠拢，外观应平直整齐，线扣间距应均匀，线扣松紧应适度，每根横铁上均应绑扎固定，塑料带扎头应放置于隐蔽处。

设备电源引入线一般应利用自带的电源线。如果设备电源线引入孔在机架顶部位置，则可沿机架顶将其顺直布放。

馈电母线为铜、铝汇流条时，设备电源引入线应从汇流条的背面引入，连接螺栓应从面板方向穿向背面，连接紧固正负引线和地线应顺直并拢，室内电源线两端应采用焊接或压接与铜鼻子可靠连接，并在两端设置明确的标记符号。

2. 基带处理单元电源线的布放要求

基带处理单元电源线应采用整段材料，基带处理单元电源线的走线尽量保持水平或竖直，布放整齐、美观，拐弯处以圆弧平滑过渡。

基带处理单元电源线的布放应自然平直，垂直线缆的布放穿线宜自上而下进行，不得使基带处理单元电源线放成死弯或打结，不应受到外力的挤压和损伤。

基带处理单元电源线的布放在室外每 0.8m 宜固定一次。

室外基带处理单元电源线布放时应采取防雷、接头防水等措施。

基带处理单元电源线在进机房的馈线窗前要做一个回水弯，回水弯最低处宜低于馈线窗下沿 $0.1 \sim 0.2m$，防止雨水顺基带处理单元电源线流入基站室内，基带处理单元电源线进出口的馈孔应用防水和阻燃的材料进行密封。

其他要求按照室内电源线的布放工艺要求执行。

3. 光缆及尾纤布放要求

光缆的弯曲半径要大于光缆直径的 20 倍，不应把光缆折成直角。

室外光缆的布放，沿走线架固定部分使用光电馈缆卡具固定，光缆的布放在室外每 0.8m 宜固定一次。

光缆在进机房的馈线窗前要做一个回水弯，防止雨水顺光缆流入基站室内。光缆进出口的馈孔应用防水和阻燃的材料进行密封。

光缆在布放时，多余部分放在走线架上绑扎，过长的尾纤应整齐盘绕于光缆绕线架上或绕成直径大于 0.8m 的圈后固定，也可以整齐盘绕于尾纤盒内。没有使用尾纤的光连接头应该使用保护套进行保护。

光缆在槽道内应加套管或线槽保护，无套管保护部分宜用活扣扎带绑扎。机架内用扎带固定尾纤时不应过紧，尾纤在扎带环中可自由抽动。固定尾纤时，推荐在尾纤外面缠绕尼龙粘扣带后，再用扎带固定。尾纤在机架外部布放应加套管保护，套管末端应固定或伸入机柜内部。尾纤保护套管两端应用绝缘胶带封扎，避免尾纤滑动，被套管切口划伤。胶带颜色宜与套管颜色一致。

敷设好的光缆及尾纤不应被重物或其他重量较大的线缆叠压。

光缆连接线两端应粘贴标签，标签应整齐一致，标识应准确、清晰、完整。

光接续盒应安装牢固可靠，密封良好，并易于维护操作。如果采用的光缆带有金属铠装层或金属加强筋，则应在接续盒处进行可靠接地。

光缆加强芯应进行防雷接地。接地线规格应不小于 16mm²。

4. 信号线及控制线的布放要求

信号线及控制线的规格型号、数量应符合工程设计要求。

布放信号线及控制线应有序、顺直、整齐，避免交叉纠缠。

信号线及控制线弯曲应均匀、平滑一致，弯曲半径大于 60mm。

信号线及控制线两端应有明确的标记符号。

5.（超）五类线布放要求

需要注意的是，（超）五类线应有余量。交接间、设备间对（超）五类线长度宜设为 0.5～1.0m，工作区为 10～30mm，有特殊要求的应按设计要求预留长度。

（超）五类线在管道内和吊平顶内隐蔽走线位置，绑扎的间距不应大于 40cm；在管道开放处和明线布放时，绑扎的间距不应大于 30cm。（超）五类线必须用尼龙扎带牢固绑扎。

对于不能在管道、走线井、吊顶、天花板内布放的（超）五类线，应考虑安装在走线架上或套用 PVC 管。

（超）五类线的布放长度不应超过 100m。如果实际长度大于 100m，则应修改设计，改用其他传输方式解决。

水晶头（RJ45）的接头压制做工需满足设计、施工要求。

6. 接地线布放要求

（1）接地线布放通用要求

接地线采用外护层为黄绿相间颜色标识的阻燃电缆。

接地线上靠近端子处应设置永久保留的标识，并应标明对端位置。

需要说明的是，严禁在接地线中加装开关或熔断器。

接地线的敷设应短直、整齐，多余的接地线应截断，不得盘绕；接地线在线槽或走线架上绑扎间距应均匀合理，绑扎扣应整齐，绑扎扣刨头不宜外露。

接地线与设备及接地排连接时必须加装铜接线端子，并必须压（焊）接牢固。

接线端子尺寸应与接地线的线径吻合；接线端子的平面接触部分应平整、无锈蚀、无氧化；接线端子压（焊）接好后，应套上黄绿双色的热塑套管或缠绕黄绿双色绝缘塑料带。

接线端子与接地排之间应采用镀锌螺栓连接，一个螺栓压接一根地线，连接应可靠、美观，接地排连接处应进行热搪锡处理。

接地线与接地排连接示意如图 6-9 所示。

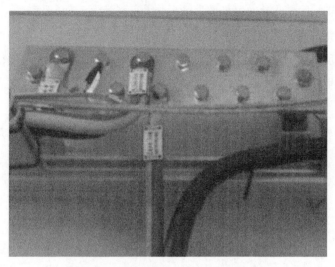

图6-9　接地线与接地排连接示意

（2）接地线布放具体要求

电源接地线和保护接地线与交流中线应分开敷设，不能相碰，更不能合用。交流中线应在电力室单独接地。

接地线如果遇到穿墙走线，则穿墙部分必须加套 PVC 管或波纹管来保护，穿墙孔 / 口必须用防火泥来密封。

机房接地线宜用紫铜带或铜编织带，每隔 1m 左右和电缆走道固定一处。

接地线应连接至大楼综合接地排，走线槽已经与综合接地排相连的，可连接至走线槽。连接业主线槽至大楼的接地网示意如图 6-10 所示。如果无法连接至大楼综合接地排，则可根据室内建筑综合接地情况，选择合适接地点。

因接地条件受限，通过连接业主线槽至大楼的接地网。

图6-10　连接业主线槽至大楼的接地网示意

接地线与接地网连接时，严禁形成倒漏斗（即形成积水漏斗），漏斗方向必须朝下。

接地位置必须高于接地网，馈线接地要求向着馈线下行方向，绝不允许向上。

室内设备保护地线禁止接至室外楼顶等高处避雷网带上。

馈线上的接地点直接用防水胶泥密封，再用胶布包裹，接地排或接地网上的接地点应做防水、防锈处理。如果接线端子与线料为不同材料，则接触面应涂防氧化剂。

设备的保护地线应采用截面积不小于 $16mm^2$ 的接地线保护接地。接地位置应符合设计要求。

交流地、直流地、保护地和防雷地应分开。每个接地位置要求接触良好，不得有松动现象，并做防氧化、防锈处理。

避雷针要求电气性能良好，接地良好。室外天线都应在避雷针的 45° 保护角之内。

工作在室外或潮湿环境中的设备与线缆，或天线与线缆，或线缆与线缆之间的所有连接的接头处必须采取防水措施。

6.2.4 其他线缆安装要求

1. 室内分布天线安装要求

室内分布系统主要采用支持单流或者双流的室内分布天线。天线的类型一般包括全向吸顶天线、定向吸顶天线、定向壁挂天线和定向窄波束天线（对数周期天线）等。

天线安装位置、规格、型号及支撑件必须符合工程设计要求，安装时应该使用相应的安装件进行固定，并且使其垂直、牢固，不允许悬空放置。

室内分布天线安装示意如图 6-11 所示。

图6-11 室内分布天线安装示意

（1）吸顶天线的安装

吸顶天线要求用天线固定件安装在天花板上，并确认所安装天线的附近区域无直接遮挡物，尽量远离消防喷淋头。施工条件允许的情况下，天线与铁管、日光灯、消防喷淋头和烟感探头等设备的水平距离应大于 1m，现场条件受限时不低于 0.5m。吸顶天线不允许与金属天花板吊顶直接接触，需要与金属天花板吊顶接触安装时，接触面间必须加绝缘垫片。天线与吊顶内的射频馈线连接良好，并用扎带固定。室内分布吸顶天线安装示意如图 6-12 所示。

图6-12　室内分布吸顶天线安装示意

（2）板状天线的安装

对于壁挂天线要求用天线固定件安装在墙壁上，采用壁挂安装方式或利用定向天线支架安装方式，要求天线周围无直接遮挡物，天线主瓣方向正对目标覆盖区，尽量远离消防喷淋头。施工条件允许的情况下，天线与铁管、日光灯、消防喷淋头和烟感探头等设备的水平距离应大于 1m，现场条件受限时不低于 0.5m。电梯内的天线必须用膨胀螺栓固定于电梯井壁，并确认所安装的天线附近区域无直接遮挡物。室内分布板状天线安装示意如图 6-13 所示。

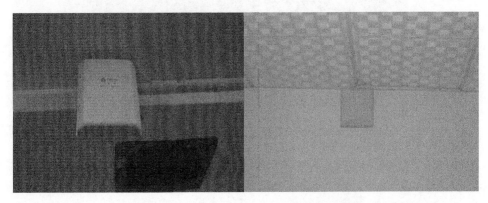

图6-13　室内分布板状天线安装示意

室内天线使用的天线吊挂高度应略低于房梁、通风管道、消防管道等障碍物，保证天线的辐射特性。室内分布天线安装注意事项示意如图 6-14 所示。

错误安装方式：
室内天线正下方有其他管道等障碍物，影响天线的辐射特性。

正确安装方式：
室内天线正下方无障碍物。

图6-14　室内分布天线安装注意事项示意

天线的各类支撑件安装应保持垂直，整齐牢固，无倾斜现象，所有含铁的材料都应做防氧化处理。

天线安装在天花板吊顶内时，仍需通过吊架或支架进行固定，不得随意摆放，如果天花板无维护口，依据设计要求开设维护口。天花板内安装室内分布天线示意如图 6-15 所示。

图6-15　天花板内安装室内分布天线示意

安装天线的接头必须使用防水胶带做好防水，然后用塑料黑胶带缠好，胶带做到平整、美观。

对于使用两个单极化天线的双通道室内分布系统，天线间距安装偏差应不超过设计图纸要求的 5%。天线间距控制在 1m 左右，应不小于 0.6m，不大于 1.5m。

室内天线的安装应用不小于 M6 的螺栓紧固。

部分安装于室外的天线，例如，覆盖隧道口、小区或者街道的天线，天线方向角、挂高应满足设计文件要求。避雷针安装应牢固可靠，天线应在避雷针 45° 保护角内。

全向天线安装时应保证天线垂直，垂直度各向偏差不得超过 ±1°；定向天线的方向角应符合工程设计要求，安装方向偏差不超过天线半功率角的 ±5%。

2. 全球导航卫星系统天线安装要求

全球导航卫星系统（Global Navigation Satellite System，GNSS）天线安装位置应符合工程设计要求，GNSS 天线应处在避雷针顶点下倾 45° 范围内。

GNSS 天线与通信发射天线在水平及垂直方向上的距离应符合工程设计要求。

GNSS 天线应垂直安装，垂直度各向允许偏差为 1°。

对于安装 2 套及 2 套以上的 GNSS 天馈系统，其 GNSS 天线间距应符合设计要求。

GNSS 天线安装在铁塔顶部时，GNSS 馈线应分别在塔顶、机房入口处就近接地；如果在机房入口处已安装同轴防雷器，则可通过防雷器实现馈线接地；如果馈线长度大于 60m，则宜在塔的中间部位增加一个接地点。

GNSS 天线设在楼顶时，GNSS 馈线在楼顶的布线严禁与避雷带缠绕。

GNSS 室内馈线应加装同轴防雷器保护。同轴防雷器独立安装时，其接地线应接到馈线接地汇流排。当馈线室外绝缘安装时，同轴防雷器的接地线也可接到室内接地汇集线或总接地汇流排。

GNSS 馈线安装在走线架中时，水平方向每隔 1m 用馈线卡固定一次，垂直方向也采取每隔 1m 用馈线卡固定一次的方式。

天线安装支架必须固定，同时做防氧化与接地处理。安装支架及抱杆必须良好接地，应采用直径不小于 $95mm^2$ 的多股铜导线或 40×4mm 的镀锌扁钢可靠接地。

3. 馈线安装要求

布放馈线时，应整齐美观，避免相互交叉。馈线长度应合适，富余的馈线应布放整齐。

布放馈线经过的线井应为电气管井，通常是指弱电井，不能使用风管或水管管井。馈线尽量避免与强电高压管道和消防管道一起布放，避免强电、强磁的干扰，馈线安装应采用专用的走线架或者走线管道。

对于不在机房、线井和天花板吊顶中布放的馈线，应套用 PVC 管，要求所有走线管布放整齐、美观，转弯处使用 PVC 软管连接。

馈线布放示意如图 6-16 所示。

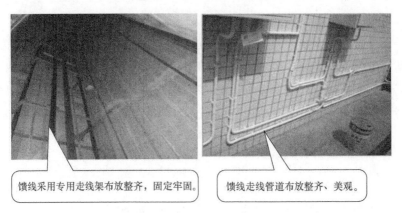

馈线采用专用走线架布放整齐，固定牢固。　　馈线走线管道布放整齐、美观。

图6-16　馈线布放示意

馈线安装在走线架（槽）中时，水平方向每隔 0.6 ～ 1.5m 用馈线卡固定一次，垂直方向每隔 0.6 ～ 1m 用馈线卡固定一次。如果无法用馈线卡子固定，则用扎带将馈线之间相互绑扎。馈线安装固定要求见表 6-2。

表6-2　馈线安装固定要求

	1/2 英寸馈线	7/8 英寸馈线
馈线水平走线时	1m	1.5m
馈线垂直走线时	0.8m	1m

垂直布放馈线时，要求合理安装，方便器件的制作。工作人员在穿 PVC 管时，每间隔 1m 用一个扎带固定。

横线穿 PVC 管时，要求布放平整，不可捆绑在细的线缆上。在天花板内每间隔 1.5m 用一个扎带固定，明线每间隔 0.6m 用一个扎带固定。

室内分布馈线应尽量在线井和吊顶内布放，并用扎带进行固定，严禁馈线沿建筑物避雷带或者楼宇消防管道、水管等捆扎。

应避免与强电管道、消防管道、热力管道、通风管道一起布放走线，如果不能避免，则应按设计要求采取相应的套管等保护措施。

馈线布放不能有交叉和空中飞线。如果走线管无法靠墙布放（例如，地下停车场），馈线走线管可与其他线管一起走线，并用扎带与其他线管固定。地下停车场的布线应高于排风、消防等管道，以免因布线过低而引起车辆挂断馈线的事故。

馈线、室外各种连接缆线和控制线的规格、型号、路由走向、布放、绑扎及接地方式等应符合工程设计要求，馈线拐弯应平滑均匀，弯曲半径应大于等于 20 倍线缆外径（软馈线的弯曲半径应大于等于 10 倍馈线外径）。馈线安装弯曲半径要求见表 6-3。

表6-3   馈线安装弯曲半径要求

线径	最小弯曲半径（多次弯曲）	最小弯曲半径（单次弯曲）
1/2 英寸馈线	125mm	80mm
7/8 英寸馈线	250mm	140mm

馈线的连接头应安装牢固，接触良好，并做防水密封处理。馈线进出口的墙缝应用防水和阻燃的材料密封。室外馈线从馈线口进入室内之前，要求有"滴水弯"（或斜向上走线），以防止雨水沿着馈线渗入室内。馈线及各种线缆标识应准确、清晰、完整。

室外馈线必须采用接地卡进行接地处理，按设计要求就近接地。

馈线与天线的连接处，馈线不宜太紧，接头处宜留有一定富余。天馈系统的电压驻波比应小于等于 1.5。

4. 漏泄电缆布放要求

漏泄电缆在敷设之前，必须进行单盘检验，单盘测试结果应符合技术规范要求。

按照设计文件的路由布放，要求走线整齐、美观，不能出现交叉、扭曲、裂损、空中飞线等情况。漏泄电缆安装示意如图 6-17 所示。

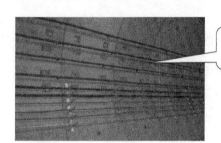

注意：漏泄电缆走线整齐、美观，不能出现交叉、扭曲、裂损、空中飞线等情况。

图6-17   漏泄电缆安装示意

漏泄电缆的连接头必须安装牢固，接触良好。

漏泄电缆布放时，不应从锋利的边或角上划过。如果不得不将漏泄电缆较长距离地从地面或小的障碍物上拉过，应使用落地滚筒等方式。漏泄电缆布线示意如图 6-18 所示。

图6-18   漏泄电缆布线示意

漏泄电缆布放时应注意与隧道照明电缆与铁路无线通信漏泄电缆等的隔离、交叉防护。

卡具安装注意防火卡具与普通卡具的设置。其中，卡具必须安装牢固、完全闭合，固定间距符合设计要求，在有衬砌隧道内，漏泄电缆采用卡具方式固定，卡具间隔宜为 1～1.3m。其中，每隔 10～15m 设置 1 个防火卡具；在无衬砌隧道内，漏泄电缆采用角钢支架和钢丝承力索加卡具的方式架设，吊具间隔宜为 1～1.3m。其中，每隔 10～15m 设置 1 个防火卡具。漏泄电缆卡具安装示意如图 6-19 所示。

图6-19　漏泄电缆卡具安装示意

漏泄电缆的漏泄口方向必须符合设计要求。漏泄电缆的漏泄口设置要求如图 6-20 所示。

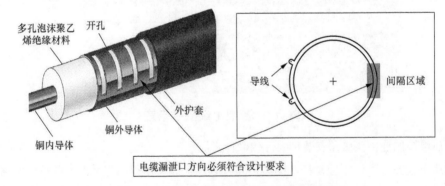

图6-20　漏泄电缆的漏泄口设置要求

避雷器和直流阻断器的安装需符合设计要求。

漏泄电缆布放时弯曲半径应大于 1m。

采用分缆布放的漏泄电缆平行敷设间距宜大于等于 0.5m。

漏泄电缆覆盖项目接地防护必须符合设计要求，要求漏泄电缆采用避雷器防雷接地方式，隧道口及洞室口采用馈线接地卡的防雷接地方式，原则上，避雷器放置于接地卡后端（以雷电引流方向为准），以便接地卡进行接地分流，避雷器及接地卡要求连接牢固，二者必须进行接地。

●●6.3 5G 室内分布系统的共建共享

5G 室内分布系统的共建共享可分为设备（信源）的共建共享和分布系统的共建共享两个方面。

6.3.1 设备（信源）的共建共享

设备（信源）主要是指厂家主设备，可通过采取频率资源共用、设备共用的方式，实现无线主设备的共建共享。目前，典型的设备共建共享方式是中国电信与中国联通的 5G 设备共建共享、中国移动与中国广电的主设备共建共享。

无线接入网共建共享技术是中国移动网络的基站共享，物理层面上是一个基站，而逻辑层面上是两个基站，两个基站分别上联接入各自核心网，而承载网需要两家电信运营商共享互通。中国移动网络的基站共享架构示意如图 6-21 所示。

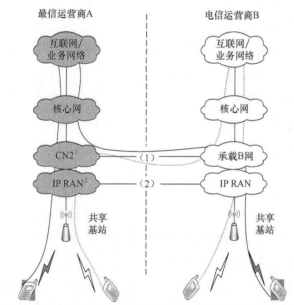

电信运营商A用户 电信运营商B用户   电信运营商B用户 电信运营商A用户

1. CN2（Chinatelecom Next Carrier Network，中国电信下一代承载网）。

2. IP RAN（Internet Protocol Radio Access Network，无线接入网 IP 化）。

图6-21 中国移动网络的基站共享架构示意

以下两种技术方案可以实现接入网共享功能，具体说明如下。

1. 独立载波

独立载波配置两个载波（单载波×2），在不同的载波上广播各自的网络公众陆地移动通信网络（Public Lands Mobile Network，PLMN）ID。共享双方小区独立，各家电信运营商调度各家独立的频率资源，不存在业务上互相争抢的情况，不需要考虑资源分配策略。

2. 共享载波

共享载波方案配置一个或两个载波实现频率资源共享。共享双方电信运营商的小区，小区内同时广播两个网络号，且使用相同的小区级特性参数，具体参数需双方协商统一配置。例如，需要协商分配空口资源，且采用相同的 QoS 策略。共享单载波的基站，两家电信运营使用同一个频点，在共享边界其中一方将引入异频组网。该方案的优点是载波带宽可配置，既适用于业务量低的区域，也适用于业务量高的区域。

6.3.2 分布系统的共建共享

分布系统的共建共享主要基于分布系统仅由一个建设单位负责建设和后期维护，多家电信运营商共用一套分布系统。分布系统信源可以是共享信源或者独立信源，可以通过多系统接入平台把多家电信运营商的多种制式的移动信号合路后引入天馈系统。

多系统接入平台利用多频合路器、双工器、隔离器和电桥等无源器件，使用同一套天馈系统接入各家电信运营商的多种无线信号。

分布系统的天线和馈线等器件（例如，天线、馈线、功分器、耦合器和合路器等）的频率范围应满足接入系统的频段要求。

1. 共享分布系统要求

应充分考虑原网络器件多系统共享时对网络性能的影响，保证共享后各系统的干扰隔离度满足要求。

应根据原有室内分布系统的网络结构和各系统的覆盖需求及指标要求，合理选择多系统合路接入点。原有无源分布系统应该充分利用，节省资源。

应兼顾各通信系统的技术差异及网络指标要求，不同系统频段的传输衰落，合理确定分布系统方案，保证各系统功率匹配和覆盖均衡。

2. 共建室内分布系统要求

共建室内分布系统应兼顾目标覆盖区建筑特点、用户分布情况及各通信系统的建设目标等因素，共同制定符合多系统合路组网方案。

3. 干扰隔离及频率要求

室内分布系统共建共享应综合考虑各通信系统的覆盖要求和干扰隔离要求，系统间的链路隔离能够抵消信源设备的杂散发射、互调等产生的影响，方便维护和升级。室内分布系统共建时应保证系统的可扩展性。

室内分布系统应根据所在建筑物室外信号的分布环境，选择合适的频点。各通信系统间干扰隔离度不能满足要求时，各通信系统间宜采用频率协商策略。

4. 分布系统共建共享的意义

如果电信运营商各自独立建设，则将造成重复建设、重复施工、资源浪费，造成楼宇难进或施工困难等问题。因此，在满足各家电信运营商各系统网络建设需求的前提下，实施室内分布系统共建共享有助于降低建设协调难度，可有效避免重复建设，节省投资，减少建筑物公共资源的占用。

6.3.3 共建共享的责任划分

共建共享基站的所有权属于主建方，因此，共建共享设施的维护由主建方负责。在共建共享各方协商基础上，由主建方负责制定共建共享设施详细的维护标准和要求、应急预案和抢修流程、事后通报处理流程及通报制度。对共建共享设施进行维护、网络割接、故障处理时，负责单位应事先书面通知有关共建共享各方，共建共享各方应积极配合。作业完成后，负责单位应向有关共建共享各方通报相关维护信息。维护单位应建立共建共享设施的技术方案和维护资料，并将其妥善保管，及时更新。共建共享各方可根据需要查阅共建共享设施的技术档案和维护资料。

共建共享各方如果需要操作责任范围以外的设施，则需报批主建方审批，并经主建方同意后方可进行，主建方应协调各共享方，确保共建共享各方通信网络的安全、可靠，并做好相关记录、变更等工作。

●● 6.4 5G 室内分布系统节能

5G 网络的速率、容量、时延、频谱效率和连接密度等能力有了质的飞跃，从而可以支撑更加丰富的业务场景和应用，赋能千行百业，实现数字化转型。但与此同时，5G 网络能耗的增加，也给电信运营商带来新的挑战。

"碳达峰、碳中和"是贯彻新发展理念、构建新发展格局、推动高质量发展的内在要求，5G 网络作为重要的数字信息基础设施，目前正处于规模建设及高速发展期，能耗与碳排放将持续快速增长，5G 网络实现绿色低碳至关重要。

在此背景下，大力研发和推广节能降耗技术，打造低功耗的 5G 网络是通信行业自身降本增效的需求，更是通信行业在实践中积极践行绿色低碳的社会责任。

5G 分布系统的节能主要从设备选型节能、室内分布配套节能、合理组织网络和优化网络等方面考虑。

6.4.1 设备选型节能

5G 网络的高性能，势必使带宽、发射通道数、频段、计算量及基站规模等增大，进而导致 5G 网络的能耗较之前网络制式有了明显增加。5G 网络能耗主要是基站能耗，而基站能耗主要为主设备能耗。降低主设备能耗对 5G 网络建设的意义重大。

提高主设备的能效，需要从设备硬件（例如，功率放大器模块、数字基带和收发机等）节能技术、设备软件节能技术和设备节能选型原则等方面考虑。

1. 设备硬件节能技术

5G 基站设备中主要包括功率放大器、基带 / 数字中频、小信号和电源等功能模块。各功能模块的能耗占比会随着业务负荷的变化而有所不同。当前，移动网络中主设备在满载条件下，功率放大器的能耗占比最高，可达 60% 或以上；在空载条件下，基带 / 数字中频部分的能耗占比最高，平均可达 40% 或以上。因此，要降低 5G 基站设备的能耗，需要做到提升功率放大器的效率，同时，降低基带 / 数字中频的基础能耗。5G 基站设备在不同负荷的情况下，其功耗的占比也不相同。典型的 5G 设备不同负荷下功耗占比如图 6-22 所示。

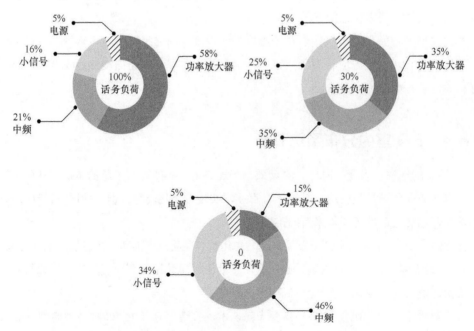

图6-22 典型的5G设备不同负荷下功耗占比

（1）采用低功耗基带芯片

目前，业界主流芯片的制造工艺可以达到 7nm，采用多核异构面向服务的计算（Service Oriented Computing，SOC）架构，按场景灵活分配功耗，优化电压、时钟、频率调制等低功耗技术，优化 5G 链路处理能效比。

（2）采用低功耗中频芯片

主流芯片的制造工艺达到 7nm，采用数据处理位宽可变、链路模块可关闭等低功耗技术。单芯片集成度高，功耗可有效降低。

（3）采用低功耗设计的收发信机

相比数字器件，收发信机是模拟器件，更难提升制程工艺，可采用 28nm 甚至 14nm 以下的收发信机可有效降低功耗。

（4）采用新材料功率放大器

选用更适合 5G 高频，大带宽特性的材料（例如，氮化镓）功率放大器，同时，配合采用高效率电路架构中先进的算法，有效提升功率放大器效率。

（5）创新的散热材料、结构及工艺

设备采用高导热材料与半固态压铸技术，达到导热系数提升的目的。

设备采用碳纳米管导热垫，将导热系数提升 5 倍。

对光模块精确控温，实现光模块故障监控及寿命预测。

优化设备正面散热结构，优化散热气流，避免热空气级联，提升散热效率。

优化设备侧面散热结构，反射太阳辐射，增加冷空气迎风换热面。

设备采用新型超导板，等效导热系数提升，远超合金材料。

设备采用新型的可见光高反射近红外高辐射涂层，提高热辐射散热效率。

2. 设备软件节能技术

5G 主设备还可以通过不同的软件配置，达到节能的目的。关键的几项节能技术包括符号（时隙）关断、通道关断、载波关断和深度休眠等，具体说明如下。

（1）符号（时隙）关断

基站不是任何时候都工作在最大流量的状态，所以对于子帧（SubFrame）中的符号（Symbol）来说，不是时时刻刻都填满了有效信息。开启符号（时隙）关断功能后，可根据负荷的繁忙程度，通过业务数据量预测，有源无线单元（Active Antenna Unit，AAU）/ 射频拉远单元自检测在无有效信息传输的符号时间内关闭功率放大器，或者将少量的用户数据调度集中在几个时隙传输，在剩余无用户数据的时隙上关闭功率放大器，使在更大的时间范围内可以获得符号（时隙）关断的节能收益，降低实时能耗。符号（时隙）关断示意如图 6-23 所示。

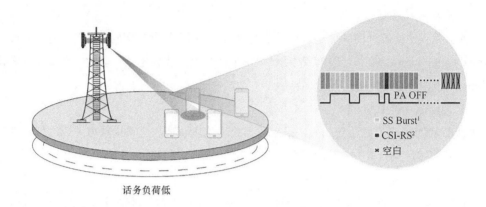

话务负荷低

1."同步块"SSB 携带 PSS、SSS 和 PBCH,并且它将在 SmS 窗口中在时间域的预定方向(波束)上重复,这称为 SS Burst。

2. 信道状态信息参考信号(Channel State Information-Reference Signal,CSI-RS)。

图6-23 符号(时隙)关断示意

(2)通道关断

通道关断是指当某小区负荷很轻时,允许关闭本小区的部分发射通道,以节省能耗。为了保证控制信道覆盖和业务不受影响,系统会自动调整小区用户的传输模式并提升控制信道的发射功率。当检查到业务负载增加后,退出关断模式,恢复原有的通道发射状态。通道关断 / 开启均需要判断相应小区的物理资源块(Physical Resource Block,PRB)利用率、无线资源控制(Radio Resource Control,RRC)连接用户数、语音用户数等负荷状态。通道关断示意如图 6-24 所示。

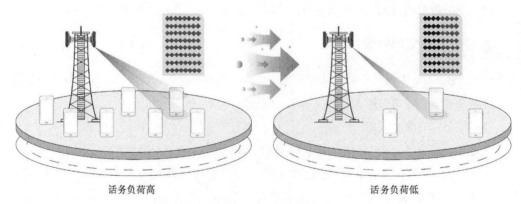

话务负荷高   话务负荷低

图6-24 通道关断示意

(3)载波关断

当网络有多频多制式小区同覆盖时,在小区话务负荷低的情况下,可以考虑关闭其中一个或者多个载波,从而降低站点能耗。

载波关断可以分为制式内载波关断（LTE 制式内或者 NR 制式内）和制式间载波关断（4G/5G 协同载波关断）。将其中一层作为覆盖层，另一层作为容量层，在小区话务负荷低的情况下，关断容量层，保留覆盖层。载波关断示意如图 6-25 所示。

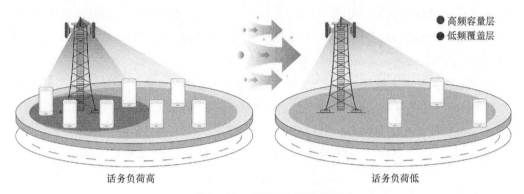

图6-25　载波关断示意

（4）深度休眠

基站关闭 AAU/RRU 功率放大器等大部分射频及数字通路，仅保留 AAU/RRU 上最基本的电源模块和增强型通用公共无线电接口（enhanced Common Public Radio Interface，eCPRI）处理模块，使设备进入深度休眠状态，以达到节能最大化的目的。深度休眠功能适用于 5G 话务负荷低场景或者时段，在设备进入深度休眠前会进行相应的用户迁移以保证用户体验不受影响。在宏微组网的场景下，同样可以对微站进行深度休眠，尤其针对 QCell 室内覆盖场景，每个 PRRU 均可以分别独立控制，在话务负荷低时段进行 PRRU 深度休眠。深度休眠示意如图 6-26 所示。

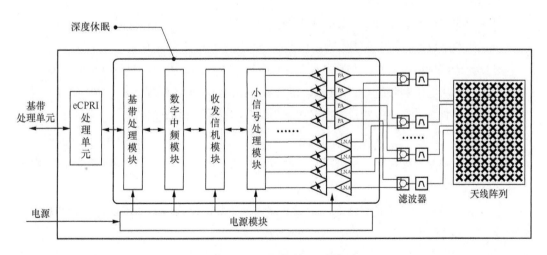

图6-26　深度休眠示意

3. 设备节能选型原则

① 在满足技术和服务指标的前提下，优先选用高度集成化、低功耗，采用节能技术的设备。

② 在基站软硬件节能功能上，引入大数据分析和人工智能技术，结合具体场景设置基站关断策略，并实时评估节能效果，在线迭代更新节能策略，在负荷预测的基础上实现多层多制式网络智能节能，达到能耗与性能之间的平衡。

③ 推广采用分布式基站（含基带处理单元集中）和室外一体化基站等新技术、新设备。

④ 5G 设备应可与 4G 设备共用基带处理单元，减少基带处理单元配置数量；建议采用同时支持 4G/5G 的 RRU/AAU 双模设备。

⑤ 在满足设备正常运行、维护要求的基础上，优先选用自然散热产品，减少风扇的使用。

6.4.2 室内分布配套节能

5G 网络基带处理单元的发热量大，且集中安装放置在设备较多的机房，应在基带处理单元机房考虑节能减排技术的应用。例如，基带处理单元机柜液冷系统和基带处理单元机房的新风系统等。

室内分布系统还应充分利用已有站址配套资源，共享机房、电源和空调等设施。机房配套应采用节能减排技术，例如，智能通风、智能换热和精确送风，充分利用自然冷源，降低空调能耗，大幅提升站点效率。

6.4.3 合理组织网络、优化网络

合理组织网络、优化网络，积极采用各种节能技术。

① 顺应通信技术演进趋势，使用 IP 技术架构网络。

② 优化网络设计，简化网络结构，提高网络利用率，避免设备闲置。

③ 制定无线网络方案时，在满足覆盖指标和质量要求的前提下，尽量减少基站覆盖的重叠区域，合理采用各种覆盖增强技术，以节省基站站址及设备资源。

④ 基带处理单元集中设置，实现机房集中化，推进基站极简建设模式，节省传输及基站机房资源。

⑤ 4G/5G 网络协同优化，使全网的能耗与网络性能达到最优比，实现多制式无线网络设备的智能能耗管理。

⑥ 构建网络智能节能技术体系，从设备级、站点级、网络级多个层面开展技术创新，多维度推动无线网络向绿色、高效、智能化发展。

5G 室内分布系统安全管理

Chapter 7

第 7 章

5G 推动了新一代信息技术的发展，5G 时代不仅是移动通信的新时代，也是 IT 技术发展的新时代。由于网络安全与信息技术产品总是"相伴而生"，5G 时代在解决原有一些网络安全风险的同时，又将面临新的安全挑战，对网络系统和网络服务提出新的要求。这也是网络安全服务发展的新时代。

本章旨在论述 5G 室内分布系统方面的安全：首先，分析了安全生产管理，具体包括安全生产责任、"设计技术交底、施工安全技术交底"、分布系统施工安全生产要求；其次，阐述了 5G 网络安全的挑战与要求；最后，解读了 5G 网络安全管理。

•• 7.1 安全生产管理

安全生产是保障施工从业人员的作业条件和生活环境，防止施工安全事故发生，其最根本的目的是保护人的生命和健康。安全生产要严格遵守《中华人民共和国安全生产法》《中华人民共和国建筑法》《建筑工程安全生产管理条例》《安全生产许可证条例》《通信建设工程安全生产管理规定》等法律法规，要贯彻"安全第一、预防为主、综合治理"的方针，强化和落实单位主体责任，建立单位负责、职工参与、政府监管、行业自律和社会监督的机制。

生产经营单位新建、改建、扩建工程项目的安全设施，必须与主体工程同时设计、同时施工、同时投入生产和使用。

7.1.1 安全生产责任

1. 建设单位的安全生产责任

① 建立健全通信工程安全生产管理制度，制定生产安全事故应急救援预案并定期组织演练。

② 工程概预算应当明确建设工程安全生产费，不得打折，工程合同中应明确支付方式、数额及时限。对安全防护、安全施工有特殊要求需增加安全生产费用的，应结合工程实际单独列出增加项目及费用清单。

③ 工程开工前，应当全面系统地布置、落实保证生产安全的各项措施，明确相关单位的安全生产责任。

④ 不得对勘察、设计、施工及监理等单位提出不符合工程安全生产法律、法规和工程建设强制性标准规定的要求，不得压缩合同约定的工期。

⑤ 不得明示或者暗示施工单位购买、租赁、使用不符合安全施工要求的安全防护用具、机械设备、施工机具及配件、消防设施和器材。

2. 勘察单位、设计单位的安全生产责任

① 勘察单位应当按照法律法规和工程建设强制性标准进行勘察，提供的勘察文件应当真实、准确，满足通信建设工程安全生产的需要。在勘察作业时，应当严格执行操作规程，

采取措施保证各类管线、设施和周边建筑物、构筑物的安全。针对有可能引发通信工程安全隐患的灾害提出防治措施。

② 设计单位应当按照法律法规和工程建设强制性标准进行设计，防止因设计不合理导致生产安全事故的发生。

设计单位应当考虑施工安全操作和防护的需要，对涉及施工安全的重点部位和环节在设计文件中注明，对防范生产安全事故提出指导意见，并在设计交底环节就安全风险防范措施向施工单位进行详细说明。

采用新结构、新材料、新工艺的建设工程和特殊结构的建设工程，设计单位应当在设计中提出保障施工作业人员安全和预防生产安全事故的措施和建议。

③ 设计单位编制工程概预算时，必须按照相关规定全额列出安全生产费用。

3. 施工单位的安全生产责任

① 施工单位应当设置安全生产管理机构，配备专职安全生产管理人员，建立健全安全生产责任制，制定安全生产规章制度和各通信专业操作规程，建立生产安全事故应急救援预案并定期组织演练。

② 建立健全安全生产教育培训制度。单位主要负责人、项目负责人和专职安全生产管理人员（以下简称安管人员）必须具备与本单位所从事的生产经营活动相应的安全生产知识和管理能力，并应当由通信主管部门对其安全生产知识和管理能力考核。

对本单位所有管理人员和作业人员每年至少进行一次安全生产教育培训，保证相关人员具备必要的安全生产知识，熟悉有关的安全生产规章制度和操作规程，掌握本岗位的安全操作技能，了解事故应急处理措施，知悉自身在安全生产方面的权利和义务。未经安全生产教育培训合格的人员不得上岗作业。同时，建立教育和培训情况档案，如实记录安全生产教育培训的时间、内容、参加人员以及考核结果等情况。

使用被派遣劳动者的，应当将被派遣劳动者纳入本单位从业人员统一管理，应对被派遣劳动者进行岗位安全操作规程和安全操作技能的教育和培训。

③ 严格按照工程建设强制性标准和安全生产操作规范进行施工作业。按照国家规定配备安全生产管理人员，施工现场应由安全生产考核合格的人员对安全生产进行监督。工程施工前，项目负责人应组织施工安全技术交底，对施工安全重点部位和环节以及安全施工技术要求和措施向施工作业班组、作业人员进行详细说明，并形成报告记录，由双方签字确认。

④ 建立健全内部安全生产费用管理制度，明确安全费用提取和使用的程序、职责及权限，保证本单位安全生产条件所需资金的投入。

⑤ 作业人员进入新的岗位或者新的施工现场前，应当接受安全生产教育培训，未经教育培训或者教育培训考核不合格的人员，不得上岗作业。采用新技术、新工艺、新设备、新材料时，应当对作业人员进行相应的安全生产教育培训。登高架设作业人员、电工作业人员等特种作业人员，必须按照国家有关规定经过专门的安全作业培训，并取得特种作业操作资格证书后，方可上岗作业。

⑥ 应当向作业人员提供安全防护用具和安全防护服装，并书面告知危险岗位的操作规程和违章操作的危害。井下、高空、用电作业时，必须配备有害气体探测仪、防护绳、防触电等用具。

⑦ 在施工现场入口处、施工起重机械、临时用电设施、出入通道口、孔洞口、入井口、铁塔底部、有害气体和液体存放处等部位，设置明显的安全警示标识。安全警示标识必须符合国家规定。

⑧ 在有限空间安全作业，必须严格实行作业审批制度，严禁擅自进入有限空间作业；必须做到"先通风、再检测、后作业"，严禁通风、检测不合格作业；必须配备个人防中毒窒息等防护装备，设置安全警示标识，严禁无防护监护措施作业；必须制定应急措施，现场配备应急装备，严禁盲目施救。

⑨ 建立健全生产安全事故隐患排查治理制度，采取技术、管理措施，及时发现并消除事故隐患。事故隐患排查治理情况应当如实记录，并向从业人员通报。

⑩ 依法参加工伤社会保险，为从业人员缴纳保险费，为施工现场从事危险作业的人员办理意外伤害保险。

4. 监理单位的安全生产责任

① 监理单位和监理人员应当按照法律、法规、规章制度、工程建设强制性标准及监理规范实施监理，并对建设工程安全生产承担监理责任。

② 监理单位应完善安全生产管理制度，建立监理人员安全生产教育培训制度。单位主要负责人、总监理工程师和安全监理人员必须具备与本单位所从事的生产经营活动相应的安全生产知识和管理能力，未经安全生产教育和培训合格不得上岗作业。

③ 监理单位应当按照工程建设强制性标准及相关监理规范的要求编制含有安全监理内容的监理规划和监理实施细则，项目监理机构应配置安全监理人员。

④ 监理单位应当审查施工组织设计中的安全技术措施和危险性较大的分部分项工程安全专项施工方案，是否符合工程建设强制性标准和安全生产操作规范，并对施工现场安全生产情况进行巡视检查。

⑤ 监理单位在实施监理过程中，发现存在安全事故隐患的，应当要求施工单位立即整

改；对情况严重的，应当要求施工单位暂时停止施工，并及时向建设单位报告。施工单位拒不整改或者不停止施工的，监理单位应当及时向有关主管部门报告。

7.1.2　设计技术交底、施工安全技术交底

1. 设计技术交底

建设工程勘察单位、设计单位应当在建设工程施工前，向施工单位和监理单位说明建设工程勘察、设计意图，解释建设工程勘察、设计文件。

设计单位应当就审查合格的施工图设计文件向施工单位做出详细说明。

设计技术交底需在开工之前进行。

设计技术交底内容应按照本项目实施内容编制。

设计单位、施工单位、监理单位（如有）均需参加。参加人员需签字确认。

2. 施工安全技术交底

工程项目施工应实行安全技术交底制度，接受交底的人员应覆盖全体作业人员。

工程施工前，项目负责人应组织施工安全技术交底，对施工安全重点部位和环节以及安全施工技术要求和措施向施工作业班组、作业人员进行详细说明，并形成交底记录，由双方签字确认。

施工安全技术交底应包括以下内容。

① 工程项目的施工作业特点和危险因素。

② 针对危险因素制定的具体预防措施。

③ 相应的安全生产操作规程和标准。

④ 在施工生产中应注意的安全事项。

⑤ 发生事故后应采取的应急措施。

⑥ 施工前检查现场安全员及其安全证、施工员上岗证、特种作业证，以及施工机具和安全防护用品。

7.1.3　分布系统施工安全生产要求

分布系统施工主要集中在市区等人口、建筑密集的市区、城区及公路、铁路隧道等。在市区、城区施工时，应采取措施保证施工人员及周围人员的安全、车辆的安全、周围基础设施及其他设备的安全，防止发生人员伤亡事故、车辆损坏事故、设施被破坏事故。公路上施工时，应采取措施保证施工人员、材料及路上过往车辆的安全，防止发生交通事故，

防止工程材料被车辆压坏。铁路附近施工时，应采取措施保证施工人员的安全、铁路设施的安全和铁路的通畅，防止发生铁路交通事故，防止损坏铁路路基及信号系统。

1. 施工现场人员安全

① 在公路、高速公路、铁路、桥梁等特殊地段和城镇交通繁忙、人员密集处施工时，必须设置有关部门规定的警示标志，必要时派专人警戒看守。

② 在城镇的街巷拐角、道路转弯处、交叉路口、有碍行人或车辆通行处、挖掘的沟、洞、坑处、打开井盖的人（手）孔处等地点作业时，应根据有关规定设立明显的安全警示标志、防护围栏等安全设施，并设置警戒人员，夜间应设置警示灯，施工人员应穿反光衣；必要时，应架设临时便桥等设施，并设专人负责疏导车辆、行人或请交通管理部门协助管理，架设的便桥应满足行人、车辆通行安全，繁华地区的便桥左右应设置围栏和明显标志。

③ 在天线安装、吊装现场（包括市内楼顶安装、吊装）应划定安全禁区，设置警示牌，禁止车辆及人员穿行，施工现场人员必须佩戴安全帽。

④ 施工现场的安全警示标志和防护设施应随工作地点的变动而转移，作业完毕后，应将其及时拆除、清理干净。

⑤ 施工人员应阻止非工作人员进入施工作业区，接近或触碰正在施工运行中的各种机器与设备。

⑥ 在城镇和居民区内施工有噪声扰民时，应采取措施，防止或减轻噪声，并在相关部门规定时间内施工，需要在夜间或在禁止时间内施工的，应报请有关单位和部门批准。

⑦ 在通信机房作业时，应遵守通信机房的管理制度，按照指定地点设置施工的材料区、工器具区、剩余料区。钻孔、开凿墙洞应采取必要的防尘措施。如果需要动用正在运行设备的缆线、模块，则应经机房值班人员许可，严格按照施工组织方案实施，离开施工现场前应确认设备运行正常，及时清理现场。

⑧ 从事高处作业的施工人员，必须正确使用安全带和安全帽。

⑨ 施工现场有两个以上施工单位施工时，建设单位应明确各方的安全职责，对施工现场实行统一管理。

2. 施工现场防火安全

① 施工单位应当在施工现场建立消防安全责任制度，并确定消防安全责任人，制定用火、用电、使用易燃易爆材料等各项消防安全管理制度和操作规程。

② 施工现场应配备必要的消防器材。消防器材设置地点应合理，便于取用，使用方法

应予以明示。

③ 施工现场配备的消防器材应完好无损且在有效期内。

④ 人员首次进入施工现场，应首先了解消防设施、器材的设置点，不得随意挪动。

⑤ 在光（电）缆进线室、水线房、机房、无（有）人站、木工场地、仓库、林区、草原等处施工时，严禁烟火。施工车辆进入禁火区必须加装排气管等防火装置。

⑥ 电缆等各种贯穿物穿越墙壁或楼板时，必须按照要求采用防火封堵材料封堵洞口。

⑦ 电气设备着火时，必须首先切断电源。

⑧ 机房着火时，应正确使用消防器材和灭火设施。

3. 设备和通信安全

（1）一般要求

① 设备开箱时应注意包装箱上的标志，不得倒置。开箱时，应使用专用工具，不得猛力敲打包装箱。雨雪、潮湿天气不得在室外开箱。

② 在已有运行设备的机房内作业时，应划定施工作业区域，作业人员不得随意触碰已有运行设备，不得随意触碰消防设施。

③ 严禁擅自关断运行设备的电源开关。

④ 不得将交流电源线挂在通信设备上。

⑤ 使用机房原有电源插座时应核实电源容量。

⑥ 不得脚踩铁架、机架、电缆走道、端子板及弹簧排。

⑦ 涉及用电作业应使用绝缘良好的工具，并由专业人员操作。在带电的设备、头柜、分支柜中操作时，不得佩戴金属饰物，并采取有效措施防止螺丝钉、垫片、金属屑等金属材料掉落。

⑧ 铁架、槽道、机架、人字梯上不得放置工具和器材。

⑨ 在运行设备顶部操作时，应对运行设备采取防护措施，避免工具、螺丝等金属物品落入机柜内。

⑩ 在通信设备的顶部或附近墙壁钻孔时，应采取遮盖措施，避免铁屑、灰尘落入设备内。如果对墙、天花板钻孔，则应避开梁柱钢筋和内部管线。

（2）安装机架和布放线缆

① 设备在安装时（含自立式设备），应用锚栓对地加固。在需要抗震加固的地区，应按设计要求，对设备采取抗震加固措施。

② 在已运行的设备旁安装机架时应防止碰撞原有设备。

③ 布放线缆时，不应强拉硬拽。在楼顶布放线缆时，不得站在窗台上作业。如果必须

站在窗台上作业，则应使用安全带。

④ 布放尾纤时，不得踩踏尾纤。在机房原有 ODF 上布放尾纤时，不得将正在使用的光纤拔出。

⑤ 截面积在 $6mm^2$（含）以上的电源线端头应加装"线鼻子"，尺寸应与导线线径吻合。封闭式"线鼻子"应用专用压接工具压接，开口式"线鼻子"应用烙铁焊接，压接或焊接应牢固可靠。

⑥ 交流线、直流线、信号线应分开布放，不得绑扎在一起，如果走在同一路由，则间距应符合工程验收规范要求。

⑦ 布放电源线时，电源线端头应做绝缘处理。连接电源线端头时应使用绝缘工具，操作时应防止工具打滑、脱落。

⑧ 电缆等各种贯穿物穿越墙壁或楼板时，必须按要求用防火封堵材料封堵洞口。

（3）设备加电测试

① 设备在加电前应进行检查，设备内不得有金属碎屑，电源正负极不得接反和短路，设备保护地线应引接良好，各级电源熔断器和空气开关规格应符合设计和设备的技术要求。

② 设备加电时，应逐级加电，逐级测量。

③ 插拔机盘、模块时应佩戴接地良好的防静电手环。

④ 测试仪表应接地，测量时仪表不得过载。

⑤ 插拔电源熔断器应使用专用工具，不得用其他工具代替。

4. 临边作业安全

① 作业人员在楼顶临边作业时，任何工具、器材都严禁放置在"女儿墙"上。

② 楼顶没有围栏或围栏不牢固时，应在楼顶距离边缘 1.5m 的作业范围内围上警示线，警示线高 1m 为宜，以防止施工人员过于靠近楼顶边缘。

③ 楼顶有沙石等杂物时，作业前应将作业范围清理，并采取防滑措施后再开始施工。

④ 楼顶有电力线经过时，应提前确认电力线是否漏电，并检查与楼面接触的电力线外观是否破损。

⑤ 在楼顶临边作业时，楼上及楼下施工人员必须佩戴安全帽，并注意工具及设备的安全使用，防止高空坠物。

⑥ 风力达到 5 级以上时，禁止楼顶施工作业。

5. 高处作业安全

移动通信工程的天线和馈线安装、室外基带处理单元安装和室外光电缆布放等作业为登高作业，所有高处作业人员应持有登高证。施工单位应根据场地条件、设备条件、施工人员、施工季节编制高处施工安全技术措施和施工现场临时用电方案，经审批后认真执行。

① 登高作业的每道工序应指定施工负责人，在施工前应由施工负责人向施工人员进行技术和安全交底，明确分工。

② 在塔上安装天线和馈线工作中，应先认真检查塔的固定方式及其牢固程度，确认牢固可靠后方可上塔作业。

③ 在塔上有作业人员工作期间，指挥人员不得离开现场，应密切观察塔上作业人员的作业情况，发现违章行为，应及时制止。

④ 未经现场指挥人员同意，严禁非施工人员进入施工区。在起吊和塔上有作业人员时，塔下严禁有人。

⑤ 施工现场应无障碍物。如果有沟渠、建筑物、悬崖等，则应采取有效的安全措施后，方可施工。

⑥ 施工区内有输电线路通过时，作业前应先联系施工区内停电，并配有专人在停电现场监督，直到恢复供电后方可离开。

⑦ 施工机具在使用前应进行检查，应根据其负荷大小、结构重量、安装方法等选择不同的安全系数。

⑧ 遇到下列气候环境条件时不得上塔施工作业。

● 气温超过 40℃或低于 −10℃时。

● 6 级风及以上。

● 沙尘、浓雾或能见度低。

● 雨雪天气。

● 杆塔上有冰冻、霜雪尚未融化前。

● 附近地区有雷雨。

⑨ 经医生检查身体不适宜上塔的人员，严禁上塔作业；严禁酒后人员上塔作业。

⑩ 各工序的工作人员应使用相应的劳动防护用品，不得穿拖鞋、硬底鞋或赤脚上塔作业。

⑪ 塔上作业时，必须将安全带固定在铁塔的主体结构上。配发的安全带必须符合国家标准。严禁用一般绳索、电线等代替安全带。

⑫ 塔上作业人员不得在同一垂直面同时作业。

⑬ 塔上作业人员踩踏塔体部件时，应确认安全后，方可踩踏。

⑭ 塔上作业应背有工具袋，暂时不用的工具及小型材料应放在工具袋内；所用工具应

系有绳环，使用时套在手上。塔上使用的大小件工具都应使用工具袋吊送。

⑮ 在地面起吊物体时，应在物体稍离地面时，对钢丝绳、吊钩、吊装固定方式等再做一次详细的安全检查。

⑯ 上下塔时应按规定路线攀登，人与人之间的距离不得小于 3m，行动速度宜慢不宜快；不得在防护栏杆、平台和孔洞边沿停靠、坐卧休息。

⑰ 吊装天线和馈线等物件时，应系好尾绳，严格控制物件上升的轨迹，应使天线和馈线与铁塔或楼房保持安全距离；拉尾绳的作业人员应密切注意指挥人员的口令，松绳、放绳时应平稳，不得大幅度摆动；向建筑物的楼顶吊装时，绳索不得摩擦楼体。

6.通信设施拆除安全

基站设备拆除前，应逐一核对。拆除施工顺序应先拆除线缆，后拆除设备。拆除工作完成后，应清点拆除设施数量并做好拆除设施明细记录，清理施工现场，及时办理交接手续。

（1）通信线缆的拆除

① 在施工过程中，施工人员应佩戴防滑手套，听从现场负责人的统一指挥。

② 线缆拆除前应逐条核对线缆路由、业务类型等相关信息，核实没有业务后，拆除标签。

③ 拆除的线缆两端应做好绝缘防护和标记，拆除线缆时应注意对非拆除线缆的保护。线缆翻越电缆槽时应在下方垫衬保护垫，避免划伤线缆外皮。

④ 拆除的线缆应按规格、型号、长度分类依次盘好，整齐摆放到指定地点。

⑤ 拆除尾纤时，不得影响其他尾纤的正常运行。

（2）通信设备的拆除

① 通信设备拆除前，应先通过网管中心逐一核实需要拆除设备的正确位置。通信设备拆除时，应首先切断设备供电电源，断电后应通过网管中心再次确认断电设备是否为需要拆除的设备，如果断电错误，则应立即按照应急预案恢复断电设备正常运行。

② 通信设备断电后，应对需要拆除的通信设备进行统一的标记，再拆除通信设备。

③ 拆除过程中应防止通信设备碰撞。拆除通信设备板卡时，应佩戴防静电手环。

④ 拆除的通信设备应做好标识、记录，装入专用的搬迁保护设施中，进行归类摆放、打包。

⑤ 可重复利用的通信设备拆除后，应安全运输至指定地点，在搬运中应防止通信设备碰撞损伤。

（3）天线和馈线及室外单元的拆除

① 施工前应勘察需要拆除设施的整体状况，制定拆除吊装方案；应由专人在施工现场

协同业主对站点进行摸底，做好周边居民工作。

②拆除工作需要动用电、气焊等明火时，应经相关部门批准后方可在指定地点、指定时间作业。

③作业中使用的用电机具、仪表，应做好接地保护，电源引线不得有短路、破损、老化现象，不得超负荷运转。夜间施工使用大功率灯泡照明时不得靠近易燃物。

④施工现场应使用警示隔离带划定安全禁区。

⑤吊装用的绳索和滑轮应固定牢靠、位置合理，强度应满足相关规范的要求。

⑥高空作业人员操作中，安全带应固定牢靠、位置合理。施工现场设专人看护，塔下无关人员、车辆不得进入施工作业区，塔下作业人员不得进入安全禁区。

⑦高空设施拆除前，应将拟拆除设施固定在副绳上，拉紧主绳，系好尾绳。拆除吊装时，应有专人指挥，塔上、塔下施工人员应协同作业、紧密配合，保证被拆除的设施与铁塔或者楼房保持一定距离，并采取可靠措施控制摆动幅度。在建筑物楼顶上拆除吊装时，应在绳索与建筑物有接触的地方垫木板、轮胎等。当拆除设备翻越铁塔平台或楼顶"女儿墙"时，应采取有效措施，防止发生碰撞。

⑧拆除施工前应了解天气情况，宜选择良好的天气时进行施工。如果遇到6级以上大风及雷暴雨、大雾、沙尘暴等恶劣天气，不得进行高空作业，同时，还需采取可靠措施将正在拆除吊装的设施固定在铁塔上。

（4）电源线的拆除

①拆除电源线前，应首先核实电源回路，断开电源线两端开关，确定断电后方可拆卸电源端子及电源线。

②电源端子拆卸后，应做好线缆端子的绝缘防护。

③拆除电源线时，应首先剪开绑扎带，再从供电端至末端整根移开抽出线缆。抽出电源线时，应小心拽出。如果遇到有与其他缆线缠绕或被压在其他缆线下方，则可剪断被拆除电源线后，将其小心抽出。

④拆除后的电源线宜盘成直径合适的圆盘，并标明规格、型号和长度。

7.2 5G 网络安全的挑战与要求

7.2.1 5G 网络安全的挑战

5G 时代在解决原有一些网络安全风险的同时，又将面临一些新的安全挑战，对网络系统和网络服务提出了新的要求，这也是网络安全服务发展的新时代。

1. 虚拟化的挑战

互联网初期网络不够稳定，所有业务都以 IP 包方式独立选择路由。对视频类的长 IP 流也切成小包选择路由，效率较低。5G 引入网络功能虚拟化（Network Functions Virtualization，NFV），通过硬件通用化（白盒化）和软件定义网元功能，可以根据业务流的需要灵活采用 1.5 层、2 层或 3 层转发，增加了网元功能动态变化的能力，提高了转发效率并显著降低了时延。NFV 实现同一网元在同一时间对不同的应用业务提供不同的转发功能，例如，以路由器模式转发传感器的 IP 包，以交换机模式交换话音介质访问控制（Medium Access Control，MAC）帧，以交叉连接模式来中继以太网码块，需要说明的是，各种应用间仅是逻辑隔离而非硬件隔离，存在不安全因素，而且软硬件解耦增加了对外接口，虽然提供了对设备软硬件供应商的可选择性，但多供应商的互操作解决方案增加了互联互通的测试认证与故障时责任认定的难度。另外，开放接口易受外部攻击，需强化硬件锚定（认证）可信机理，维护应用与底层硬件间信任链。

由于数据中心虚拟化的网络、计算与存储资源及 5G 网络虚拟化模糊了网络的物理边界，基于逻辑拓扑定义的虚拟安全域将随虚拟机的迁移状况动态变化，传统依赖网络安全硬件外挂方式的安全机制难以起到良好的效果。另外，我国有很强的电信设备定制化产品优势，但 NFV 的白盒化仍依赖国外的通用芯片，存在一定不可控风险。

2. 切片化的挑战

5G 需要支持从 kbit/s 的传感器数据到高达 Gbit/s 的虚拟现实，需要支持从静止状态下的话音到行进中高铁的通信，需要支持远程医疗和车联网等高可靠业务，但大量的应用对可靠性要求不高。

为了在同一物理设施上支持业务需求各异的应用，按照业务流的带宽、时延、可靠性等需求，在集中的网络运维支撑系统（Operational Support System，OSS）管理下组织网络资源，以信令方式自动生成网元的编排与服务的编排，实现端到端切片的产生、终止、指配拓扑和协议等生命周期管理，为各业务流提供与其属性对应的逻辑上的 VPN 通道。现在 5G 的网络切片面临 VPN 海量规模、实时性、端到端通道组织等难题，虽然 VPN 的服务在中国电信网络中很早就有，但过去都是预约建立，而不是实时的，而且仅对极少数业务流开通 VPN 服务。跨电信运营商网络建立 VPN 连接更是难以想象的任务，前提是电信运营商间必须相互开放网络资源与业务数据，这基本没有可操作性，而且也会引入网络安全管理上的复杂性。通常集中控制系统容易成为网络攻击的对象，而底层网络资源共享将挑战切片间安全隔离。5G 在功能上还考虑支持将切片开放给客户来组织、生成和管理，并提供按需实时动态调整权限，虽然增加了对垂直客户的吸引力，但网络资源有被恶意的第三方控制的可能。另外，网络切片是按用户需求提供资源分配优先权，如果用户不可信或需求不准确，则会出现滥用网络资源的情况。

3. 开放化的挑战

相对 4G 专用协议，5G 采用通用互联网协议，可直接承载现有网络上的各种业务，但也为互联网上的病毒打开了一扇门。

5G 采用服务化架构（Service Based Architecture，SBA），SBA 构建一个业务开放平台，承接各种业务智能单元以 App 方式按需添加，通过模块化的智能单元组合产生相应的智能，便于灵活调用网络服务和组织网络切片。用户身份管理、认证鉴权、密钥管理、安全上下文管理等功能也可以采用服务化的方式调用和开放，提升业务生成能力，适应新业态的不可预见性。SBA 以开放接口承接外部生成的 App 时，存在恶意 App 进入的风险。另外，5G 还具有业务外包能力，开放移动性、会话、QoS 和计费等功能的接口，垂直行业企业可租用这些服务自定义与调配业务，但也面临被误用和滥用的可能，而且怀有恶意的第三方容易通过获得的网络操控能力对网络发起攻击。因此，5G 在网络安全与信息安全的防护方面要比 4G 下更大的功夫。

4. 开源化的挑战

5G 使用的深度学习等软件很多来自开源软件。开源软件的优点是具有可移植性，可以在操作系统上，也可以在专有硬件上运行，硬件和软件生态系统的脱钩有利于创新，还增加了对其恶意攻击的难度。但开源软件的开发通常落后于商业软件的开发，开源软件的漏洞较多、版本升级频繁，执行未知来源程序面临安全威胁，软件测试与漏洞分析检查的工作量太大。另外，需要注意的是，5G、云计算、大数据和人工智能大量使用的开源软件及其开源社区多为国外主导，而且开源软件并非自由软件，存在受到开源社区管理者限制的可能。

5. 大连接的挑战

5G 将物联网从窄带物联网扩展到可支持 100Mbit/s 业务的宽带物联网和可支持每平方千米百万个传感器接入的大规模机器类通信的物联网。5G 物联网还具有接入移动物联网的终端能力，根据需要可提供与物联网终端的人机对话功能，还可以利用一体化接入回传（Integrated Access and Backhaul，IAB）技术支持物联网终端间数据接力。物联网所感知的数据可通过 5G 低时延直接上云，相当于云端能力虚拟到终端，可以说，5G 将人工智能（Artificial Intelligence，AI）与物联网（Internet of Things，IoT）无缝融合成为智联网（AI+IoT=AIoT），进一步，可将 AI 芯片及其操作系统直接嵌入 IoT 模块组成 AIoT 终端，相当于边缘计算能力下沉；更进一步，嵌入区块链能力到 AIoT 终端，保障物联网设备接入认证、数据加密及设备控制授权安全。

但是 IoT 类型很多，需有多种身份管理机制，而不仅是常规移动终端使用的对称密钥，海量 IoT 连接需使用分层管理与群组认证或多节点分布认证，以免出现信令风暴。IoT 还需要具有多对多的端到端联合加密功能，既要简化密钥，又要有足够大的强度。IoT 终端由于功耗的限制而难有较强的安全防御能力，而且大连接和长时间在线的特性，易被木马入侵成为分布式拒绝服务（Distributed Denial of Service，DDoS）攻击的跳板。车联网点到多点和广播式及绕过网络的车辆对车辆（Vehicle to Vehicle，V2V）直接通信也带来新的安全问题。

6. 智能化的挑战

5G 会借助 AI 技术来优化网络的运营管理，但 AI 目前水平还是"大数据、大算力、小任务"，不确定性的概率计算模型需要巨量的空间和时间来训练，而且 AI 结果还不可解释。神经网络目前的本质是分类器，依赖大量正确标注的数据，但很多场景仅有小数据。当一些事件和图像处于 AI 模型的辨识分界线时，或者受到样本攻击时会使 AI 误判。攻击者也会利用 AI 技术来发现网络基础设施的漏洞，高级持续性威胁（Advanced Persistent Threat，APT）攻击出现的概率更大。

7. 数据私密性的挑战

传统的基于外挂的防火墙、防病毒和入侵检测的安全措施，因网络和算力设施的虚拟化而作用有限，但它不需要对被保护系统详细了解，不涉及被保护系统内部的数据。

依赖免疫能力的内生防御方式需要对被保护系统有较深入的了解，会跟踪系统的数据，且仍需要与外部网络交互安全威胁情报，数据存在外泄风险。数字孪生数据可能会通过外网传输，仅靠加密仍难避免数据"被劫持"，会映射误导或遭遇外界"勒索"。数据跨境流动因云化而难以定位到最终落地点，增加对网络安全事件追溯的难度。在跨企业数据融合时，如何保证数据能共享且敏感数据不外泄，也是很大的挑战。清华大学姚期智院士提出大规模并行计算机（Massively Parallel Computer，MPC）的概念来应对这一难题。MPC 协议是一种分布式协议，使用秘密分享、同态加密、混淆电路、不经意传送四大技术，按照明文数据及计算工作没有离开本地的原则，允许各参与方只提交密文分片，通过既定逻辑共同计算出结果，但 MPC 的计算量很大，性能还有待改进。

8. 数据资产化的挑战

数据是生产要素，通过将数据分布存储和加密可以防备数据被盗窃或被篡改。但通常对加密的数据难以进行安全扫描检测，而且即便是加密的数据流，也会被劫持成为 DDoS 攻击的"炮弹"。需要注意的是，一些外部攻击并不以窃取数据为目的，而是以勒索为目的，强行将数据再加密使原有数据的拥有方也无法读取数据。因此，需要实时对数据进行审计，及时与版本核对，防止因数据（不论是否已加密数据）被恶意再加密，防范的关键是堵塞网络被入侵的漏洞。

9. 应用行业化的挑战

能源、交通等融合基础设施的信息系统与生产系统紧耦合，对网络信息安全的管理比对通信网络系统更困难，即便是内网也会因管理不慎出现安全事故。

工业互联网底层可编程逻辑控制器（Programmable Logic Controller，PLC）、多点控制器（Multipoint Control Unit，MCU）、数据采集与监控系统（Supervisory Control And Data Acquisition，SCADA）等设备与系统多为国外产品，对其安全隐患的风险把控不足。企业的工控软件也有类似情况，一旦与外网关联，则有被利用的风险。企业会大量应用边缘计算，而边缘计算的安全能力不及中心云，也有被劫持的可能。IPv6 海量的地址有利于实名制，但攻击者可以大量利用 IPv6 地址而掩盖真实攻击源身份，增加了溯源攻击者路由的难度。

10. 网络安全生态化的挑战

网络安全是涉及业务、管理、流程、团队等各个方面的系统工程，不仅在技术方面，还在管理方面，在企业内要覆盖业务全环节，实现 IT 与 OT 团队融合，还要与外部（生产装备供应商、供应链、网络安全服务商、电信运营商、政府、客户等）实现网络安全威胁信息共享和协同联动。网络安全需要有法律法规保障，需要国际合作，但基础是建立我国自主可控的网络安全技术、产品和服务的完整体系。

7.2.2　5G 网络安全要求

当今社会，每个企事业单位、政府、学校、医院等都可能是网络安全攻击的对象，每个单位都应成为网络安全责任的主体，需要从网络安全的制度建立、组织管理、队伍建设、资金投入等方面全面部署。5G 时代由于网络安全事件越来越复杂，仅靠本单位的努力往往不够，需要借助第三方网络安全服务机构的支持。

1. 网络安全是产业，更是服务

产业讲究通用性，而网络安全服务通常具有个性化及永久性。为了降低网络服务的成本，需要将网络安全能力做成模块化可扩展，前提是需要有很好的总体架构设计和接口的标准化。由于安全配置和管理复杂化，需要自动化管理安全功能部署、编排、配置、调用等以提高效率。

网络安全服务机构不仅要把客户当成服务对象，更要把客户当成合作对象，让安全和业务深度融合，实现从销售硬件为主，向安全服务为主转变，服务中还应包括网络安全人才的培训。

2. 网络安全服务需要在企业制定网络建设方案

企业网络建设方案的制定需要从网络安全角度来审议，网络基础结构应具有灵活改变的能力，以钝化恶意攻击。要假定网元不可信情况下设计网络架构，即零信任机制，但前提是涉及网元的每步操作都需要有信任认证，需要为网络设备生成并签名可信赖代码，例如，为 SDN 交换机生成并签名可信代码、完整或部分验证 NFV 中虚拟网络功能的代码，在验证和执行之间保持代码的完整性。很多安全挑战是内生的，需要增强内生免疫能力，但一些内生安全防御方案仍难以对抗 DDoS 攻击。企业制定的网络建设方案需要进行网络安全评估，最好邀请专业的网络安全机构来协助进行，或事前听取网络安全服务机构的咨询建议。

3. 网络安全部署需与基础设施同步建设

网络建设全过程需要有可依据的安全标准体系、制度规范和法律法规，网络安全软硬件应与基础设施一同部署，不应作为补丁事后再加入。对于已有的基础设施，也需要定期进行网络安全检测。政府应该支持第三方的应用服务安全检测环境和生命周期的安全风险评估平台的建立和开展服务，包括定期发布网络安全态势，在政府指导下，委托企业开展网络安全风险评估，提出网络安全改进的建议。

4. 网络安全需要有大数据支撑

SDN、NFV、网络切片、智能化运维和网络安全保障都需要精准获得全网业务流与网络资源的实时大数据，工业互联网的安全运行也需要获得企业生产系统与网络安全有关的完整数据，在制度上需要保证网络安全实施主体能集中管理网络安全有关数据，而且数据标注与清洗能按标准进行。由于企业需要维护好商业秘密的安全，所以不可能向其委托的网络安全服务机构提供较全面的数据。网络安全服务机构需要使用数据增强技术从有限的数据样本中进行模型训练，以便优化模型，发现安全隐患。

5. 开发并应用软件代码可信赖检测技术

鉴于从开源软件中发现安全漏洞的工作量很大，网络安全服务机构需要开发通过使用自然语言标准文档的机器翻译来快速提取开源软件信息的方法，所提取的信息用作自动化遵从性测试、正确性证明、协议执行完整性检查等，确保网络内代码值得信赖。

网络安全是个大系统工程，网络安全总是"道高一尺，魔高一丈"。在数字经济时代，网络安全的影响愈加严峻，网络安全的重要性前所未有。随着 5G 等新一代信息技术应用的进一步深入与普及，网络安全新挑战层出不穷，网络安全技术与产业及服务也将得到更大的发展，网络安全的技术与管理创新永远在路上。

7.3 5G 网络安全管理

在网络建设时要按照《中华人民共和国网络安全法》、等级保护和关键信息基础设施保护的要求同步规划，建设网络安全设施。

第二级安全保护能力：应能够防护免受来自外部小型组织的、拥有少量资源的威胁源发起的恶意攻击、一般的自然灾难，以及其他相当危害程度的威胁所造成的重要资源损害，能够发现重要的安全漏洞和处置安全事件，在自身遭到损害后，能够在一段时间内恢复部分功能。

第三级安全保护能力：应能够在统一安全策略下防护免受来自外部有组织的团体、拥有较为丰富资源的威胁源发起的恶意攻击、较为严重的自然灾害，以及其他相当危害程度的威胁所造成的主要资源损害，能够及时发现、监测攻击行为和处置安全事件，在自身遭到损害后，能够较快恢复绝大部分功能。

室内分布系统应按照第二级安全保护能力进行规划和建设。

7.3.1 网络与信息安全的重要性

移动网络工程建设阶段必须考虑网络与信息的安全。当前，移动通信网络可能面临来自外部黑客、间谍、竞争对手的侵入或内部人员不合规访问等问题，并可能导致严重的政治、经济、财产损失。

为了预防和遏制网络与信息安全事故，及时处理网络各类信息安全事件，减轻和消除突发事件造成的经济损失和社会影响，确保网络畅通与信息安全。具体工程设计和建设过程中需要关注以下内容。

① 工程参与各方都应建立网络与信息安全工作管理团队。

② 工程参与各方都应制定网络与信息安全工作相关的制度和流程，具体包括访问网络的账户管理、信息安全监控、设备入网安全管理、终端接入管理、远程接入安全管理、客户信息管理等。

③ 工程参与各方都应建立突发网络信息安全事件的应急机制和方案。

7.3.2　5G 安全总体目标

5G 垂直行业与移动网络的深度融合带来了多种应用场景，包括海量资源受限的物联网设备同时接入无人值守的物联网终端、车联网与自动驾驶、云端机器人、多种接入技术并存等。IT 技术与通信技术的深度融合带来了网络架构的变革，使网络能够灵活地支撑多种应用场景。因此，5G 安全应保护多种应用场景下的通信安全与 5G 网络架构的安全。

5G 网络的多种应用场景中涉及不同类型的终端设备、多种接入方式和接入凭证、多种时延要求、隐私保护要求等，5G 网络安全应保证如下内容。

① 提供统一的认证框架，支持多种接入方式和接入凭证，从而保证所有终端设备安全地接入网络。

② 提供按需的安全保护，满足多种应用场景中的终端设备的生命周期要求、业务的时延要求。

③ 提供隐私保护，满足用户隐私保护与相关法规的要求。

5G 网络架构中的重要特征包括 NFV/SDN、切片以及能力开放，5G 安全应保证如下内容。

① NFV/SDN 引入移动网络的安全，包括虚拟机相关的安全、软件安全、数据安全、SDN 控制器安全等。

② 切片的安全包括切片安全隔离、切片的安全管理、UE 接入切片的安全、切片之间通信的安全等。

③ 能力开放的安全既能保证开放的网络能力安全地提供给第三方，也能保证网络的安全能力（例如，加密、认证等）能够开放给第三方使用。

7.3.3　5G 网络安全架构

5G 网络与信息安全架构在网络与信息安全架构的基础上，基于 5G 网络特性进一步演进与优化，形成"终端—网络—业务与数据信息"一体化安全检测与防御体系，满足 5G

网络公网 / 专网，以及 eMBB、uRLLC 和 mMTC 三大业务场景的安全需求，提升电信运营商的安全运营与管理能力。5G 网络安全架构如图 7-1 所示。

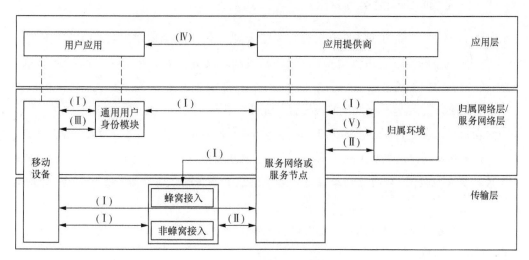

图7-1　5G网络安全架构

结合 5G 网络安全架构，5G 有以下安全域。

① 网络接入域安全（Ⅰ）：一组安全功能，使 UE 能够安全地通过网络进行认证并接入服务，包括蜂窝接入和非蜂窝接入，特别是防止对无线接口的攻击。另外，针对接入安全，它还包括从服务网络到接入网络的安全上下文传输。

② 网络域安全（Ⅱ）：一组安全功能，使网络节点 / 功能能够安全地交换信令数据和用户面数据。

③ 用户域安全（Ⅲ）：一组安全功能，对用户接入移动设备进行安全保护。

④ 应用域安全（Ⅳ）：一组安全性功能，使用户域和应用域中的应用能够安全地交换消息。

⑤ 基于 SBA 的信令域安全（Ⅴ）：一组安全功能，使 SBA 架构的网络功能能够在服务网络内与其他网络进行安全通信。这些功能包括网络功能注册、发现和授权安全，以及对基于服务的接口的保护。

⑥ 安全的可视性和可配置性（Ⅵ）：一组安全功能，使用户能够获知安全功能是否在运行状态。

5G 无线网属于网络接入域安全（Ⅰ），其无线认证、接入及无线接口网络安全是通过核心网实现的，本章仅论述无线网侧本身的安全要求，主要针对无线基站提出网络正常运行、运维保障等安全性要求。

7.3.4　5G 无线网络安全要求

1.5G 无线网络安全运行要求

① 5G 无线网系统的网络安全应符合《5G 移动通信网安全技术要求》（YD/T 3628—2019）《5G 数字蜂窝移动通信网 6GHz 以下频段基站设备技术要求（第一阶段）》（YD/T 3929—2021）的有关规定。

② 重要保障基站应按高安全等级设置，宜采取下列方式。

应在机房或靠近设备的仓储空间设置备用的基站设备或板卡，设备接口应冗余配置。

基站至核心网应设置双上联，承载网应配置双路由。

基站机房应设置"1+1"两路供电，蓄电池应具备传输设备 12h 和基站设备 3h 供电能力。

③ 5G 无线网建设中对 2G、3G 和 LTE 系统的天线及架设方式整合应以有关系统的安全稳定运行为前提。

④ NSA 方式下新建 5G 基站、优化调整 LTE 或 5G 基站应以 5G 和 LTE 网的安全稳定运行为前提。

⑤ 共享 5G 无线网方式下，无线网应兼顾承建方和共享方的网络安全要求，各方对无线网的操作不应影响另一方网络的安全。

2.特殊类分布系统的安全策略

特殊类分布系统是指一些低功率、低成本、即插即用的基站接入设备，通过基于 IP 的有线宽带回传链路和网关接入核心网，即非常规的信源分布系统。

特殊类分布系统一般是指皮基站，其通过光调制解调器专用接口接入皮基站专用网络，不允许通过互联网接入网关，安全网关断开与公网的链路。皮基站通过 MSE 动态获取专用地址，并与网关建立互联网络层安全协议（Internet Protocol Security，IPsec）VPN 隧道，网关解密后再转发到 EPC 核心网。

（1）皮基站设备接入安全策略

① 皮基站设备接入鉴权：网关可通过 EAP-AKA、数字证书等方式对皮基站进行接入认证和鉴权，保障接入的合法性。

② 皮基站设备接入位置限制（接入安全辅助手段，按需求规划皮基站位置接入限制数据并在网管上进行设置），要求皮基站能够向皮基站网管上报以下位置接入限制功能所需要的信息。

基于位置接入限制：限制皮基站只能在一定 ECGI 信息范围内使用。

基于 IP 地址的位置接入限制：限制皮基站在特定 IP 段范围内使用。

基于 TAC 地址的位置接入限制：限制皮基站在特定 TAC 范围内使用。

（2）皮基站的网络信息安全

① 虚拟专网：皮基站接入专用网络，对其分配私有地址，限制皮基站和网管只能在专用网络互通，该网络与互联网隔离。

② 隧道承载：皮基站与安全网关之间的数据传输通过 IPsec VPN 承载，IPsec 的报文可以保证数据的安全性和完整性，网管流量、控制信令都通过 IPsec 隧道到达皮基站。

③ 转发平台路由器安全策略：在与安全网关对接的转发平台路由器上配置访问控制列表，只放行皮基站和安全网关之间的 IPsec 相关流量、皮基站和安全网关之间的 UDP 分片报文、皮基站和时钟服务器之间 PTP 流量、皮基站和初始化服务器之间的配置流量。

④ 网关设备安全分析（如果采用数字证书鉴权方式）

网关设备鉴权：通过 AAA 服务器向网关颁发数字证书的方式，对接入网关进行授权，并通过已安装证书的皮基站（和网关在同个 AAA 服务器下）对接入网关进行鉴权，保障接入网关的合法性。

⑤ 皮基站与初始化服务器之间的安全策略

皮基站与初始化服务器之间使用 HTTPS 加密传输配置信息，保证 IPsec 隧道配置参数、账号密码、网关地址等敏感信息不泄露。

3. 无线网运维安全保障

无线网在正常运行期间，应进行网络运行维护的安全保障，以便及时发现安全隐患并进行排除。

运行维护管理单位应建立健全完善、专业可行的维护管理制度，并应加强对维护质量的检查，并按照运行维护的要求对设备进行例行检查、定期检查、日常巡检，各类检查应形成检查记录。运行维护管理单位应对维护工作建立技术资料档案并妥善保管，技术资料应真实、完整、齐全。专业技术维护人员应具备相应的资格、持证上岗。

（1）基站设备日常维护

① 应检查基站告警状态，并应立即处理影响通信服务的紧急或严重告警事故。

② 应观察基站业务量统计报告，对业务负荷高、接入遇忙、排队时间长等较差的小区应提出解决方案。

③ 应分析全网基站各项性能指标变化趋势，并应及时优化、调整网络资源配置。

④ 应通过监控系统对基站运行的环境温度、湿度、电源等进行监控。

⑤ 在重大政治、经济、体育等活动的重点区域，做好通信保障任务。

（2）基站定期维护

① 定期巡检机房，检查机房环境以及设备运行情况。

② 应定期对蓄电池进行充放电试验。

③ 对于基站收发信机功率、频率及天馈系统驻波比指标，应每年进行一次检测。

④ 应定期维护室外天线和馈线支架、铁塔及检查接地系统。

⑤ 应定期对主要室内基站及重要道路进行路测。

（3）基站优化

① 观察基站业务统计报告，对业务负荷高、接入遇忙、排队时间长等较差的小区应提出解决方案。

② 定期对主要室内基站及重要道路进行测试。

③ 分析全网基站各项性能指标变化趋势，并及时优化调整网络资源配置。

参考文献

[1] 吴为. 无线室内分布系统实战必读 [M]. 北京：机械工业出版社，2012.

[2] 高泽华，高峰，林海涛，等. 室内分布系统规划与设计 [M]. 北京：人民邮电出版社，2013.

[3] 广州杰赛通信规划设计院. 室内分布系统规划设计手册 [M]. 北京：人民邮电出版社，2016.

[4] 汪丁鼎，许光斌，丁巍，等. 5G 无线网络技术与规划设计 [M]. 北京：人民邮电出版社，2019.

[5] 张建国，杨东来，徐恩，等. 5G NR 物理层规划与设计 [M]. 北京：人民邮电出版社，2020.

[6] 李江，罗宏，冯炜，等. 5G 网络建设实践与模式创新 [M]. 北京：人民邮电出版社，2021.

[7] 周亮，金明阳，万俊青，等. 基于广角漏缆的 5G 室内低成本覆盖分析 [J]. 移动通信，2022（2）.

[8] 陶昕，万俊青，李益锋，等. 基于射线追踪传播模型实现 5G 室内分布系统仿真的研究 [J]. 电信科学，2022（2）.

[9] 徐辉，万俊青，于江涛，等. 5G 频段材质穿透损耗模型及其应用研究 [J]. 电信工程技术与标准化，2022（8）.

[10] 贾帆，徐羲晟，李益锋，等. 白盒化基站设备在 5G 网络室内覆盖的研究 [J]. 信息通信技术，2022（4）.

[11] 李益锋，金超，陶昕. 5G 网络在地铁民用通信覆盖中的实现 [J]. 电子技术应用，2020（8）.

[12] 邬贺铨. 5G 时代的网络安全挑战与服务 [J]. 中国信息安全，2020（11）.